U0175760

目 ——————— 录

Content

怎样点中餐

How to Order and Eat in Chinese

How to Cook and Eat in Chinese

中国食谱

献给艾格尼丝·霍金（Agnes Hocking）。是她叫我写的这本书。

前　言 [1]

杨步伟

"赵太太，新版的菜谱里，为什么不加些更奇特的菜呢？炖蛇、猴脑、蜜汁鼠肉、银网鱼翅……那些人们听过而没吃过的菜。"

我的回答是——这本书的许多读者也可以作证——我写这本书的首要目的是让人理解，而不是让人钦佩。每个人都要做饭、吃饭。如果你生活的地方可以找到特别的中国食材，那很好；如果不能，你也总可以用西方的食材做出中国菜来。自从本书上一版写成以来，很多原本被视为外来的蔬菜水果也在西方大城市的平民市场中出现了，比如中国白菜、大豆、橘子。新结婚的小两口们恐怕不知道，不久以前佛罗里达的橘子还需要中国橘子的花粉才能长得甜呢。

所以这本书的主要内容还是会从一位普通主妇的厨房出发。当然，这个配备现代厨具的厨房是用来做中国菜的。这本书里没有祖传的秘方，只有人们日积月累的一般原则，而且都是公开的。书里没有福州的切片蜗牛或是昆明的山羊奶，而有长岛或旧金山生产的大豆腐——如今在路易斯安那就可以买到。换句话说，没什么稀奇的事物，只是寻常百姓的家居日用，你我这样的普通人用的普通东西。

自本书上一版以来，厨房用具的长足进步体现在冰箱上。这使得中国食品有了更多新用途。在原来的冰箱里，鱼肉如果放了几天，极少能

[1] 这是 1968 年英国版《中国食谱》再版前言。《中国食谱》1945 年在美国初版（John Day Company, N.Y.）；1956 年英国版初版（Faber & Faber ltd., London），1972 年重印（Johndickens & Co. ltd., Northampton）。本中文版基于 1972 年版译成。—— 编者注

保持鲜味，至少不能做那些对新鲜程度要求高的中国菜了。但随着冷冻技术的出现，我惊喜地发现冷冻的食材在解冻后立即烹调的话，其味道和新鲜食品一样新鲜。不同食品适合的冷冻时间当然不同，但我发现冰箱说明书中所列的各种食品的冷冻时间，大体上也适用于中国菜。有经验的读者和主妇当然知道，在反复冷冻、解冻之后，食物就不好吃了，尤其是肉类，简直会味道尽失。正确的方法是，一旦解冻了，就要一次煮完，煮好的菜如果剩下了，可以再冻起来，这与生食材的再次冷冻是两回事。另一种我常用的方法，是把肉分成小块——降价时买来的大块肩肉、朋友钓来的六七千克的斑纹鲈鱼或是随便什么。每一块的大小都正好一次用完，把它们包起来，单独冷冻。要是把碎肉塞进冰箱里本该放制冰盒的空间的话——我常常做这种事——注意别塞得太满，否则你得把整个冷冻室都解冻了才能把肉拿出来！小包冷冻有个显而易见的好处，那就是你可以用很多方法料理一大块肉，今天这样做，明天就换另一种方法。

自本书上一版出版以来，我在许多国家的家庭和餐馆里品尝了许多中国菜——也包括中国，我想说的是——事实上我在 1959 年再次访问的是台湾，它是中国大陆的一个缩影。就像在其他许多方面一样，在烹饪方面中国大陆各省在台湾都有很好的代表。台湾的亲朋好友们得知我写过一本在欧美出版发行的食谱且欣赏烹饪方面奇思妙想，就轮番邀我到家里（有些家里有出名的厨师）或是他们喜欢的饭馆，一边喝着温热圆润的绍兴米酒（台北酿制的），一边向我展示美食。有些人提前向餐馆打好招呼，告诉他们要来的是何许人物，以免他们砸了自己的招牌。这样过了三个月，我吃了不下两百场宴席。我既没有生病，也没有增重，这充分说明了台湾的食物定量状况。

　　和中国其他省区的大都会一样，台北的餐馆反映了各省著名的烹饪风格：山东、四川、福建、广东，还有其他地方。出于相似的原因，没有哪个省的餐馆坚守纯粹的原有风格。上海的食客会告诉湖南或四川馆子，少放一些辣椒；广东的食客会告诉扬州餐馆的侍者，少放点油。因此各省极端的特色都有所减弱。然而这并不意味着中国菜未来会成为大熔炉，更可能发生的场景可能是：闪亮的北京烤鸭落了扬州餐馆的盘子里，扬州炸锅巴落入了四川汤里，升起一股蒸汽弥漫在广东餐馆。这类事情在海外的唐人街已然发生了，就像在上海和台北一样。总的来说，台北的餐馆还是信心十足地保持了它们各地的风味。本书新版中也会收入他们的一些菜谱。要是我让侍者告诉厨师，不要放太多油，那么厨师也要侍者转告客人：您以为您是谁，可以教我怎么做菜？我如果敢说："我是赵太太。"他肯定会说："赵太太是谁？"鉴于这本食谱在台北已经有了盗版书，我的名声就不仅限于那里的学术界和医疗界了。

　　我还注意到餐馆的另外两样做法。第一是在菜上浇油。许多中国菜油大了才好吃，但油怎么用是有讲的。如果餐馆或家里的厨师用的不是自己的油，那么他就能按照正确的方法用油：用足够多的油，尤其是在炒菜时，炒过之后多余的油可以沥出来。这样菜吃起来油而不腻，也不会吃胖。但你跟你的厨师如果搭伙的话，那么他在实际做菜时只放很少的油，但出锅后会在菜上淋一些油，这样他能省不少油。这样做出来的菜看起来好，但吃起来很腻。这是家里做菜和餐馆做菜的区别之一。餐馆的另一个做法是放太多酱油和调味粉。如本书中所写，中国菜有红烧和白烧。不加区分地乱放酱油，没什么比这更能把所有菜做成一个味儿了。更不用说常常有西方人在米饭上浇酱油，这种做法只会惹中国人发笑。不过，白煮的肉蘸着酱油（生抽或一等酱油）吃是可以的，和红烧肉吃起来大为不同。餐馆已经惯于滥用调味粉，也就是名目不同的味精，尤其是那些便宜餐馆。因为这样能更简单也更廉价地让菜味儿变得鲜美，而那些鲜味本来应该是来自于食材的。香菇、弗吉尼亚火腿都那么贵，不如所有的菜里都放一撮调味粉吧？他们就是这么干的。调味粉在众多调料中占有一席之地，但如果所有菜里都滥用，它就抹杀了不同风味的特性，甚至也抹杀了舌头辨味儿的能力。吃了太多中档餐馆，就会是这个结果。[1]

再讲讲我对世界各地中餐馆的印象。我发现英国的中餐馆大多是四川和山东人经营的，两省皆以烹饪闻名。遗憾的是，在英国的中餐馆里吃顿像样的正餐，对一般人来讲太贵了，不能常去。然而法国的中国小馆子不可胜数，经营者来自中国各地。因为法国菜的食材和做法都与中国菜相若，这让事情简单很多。在德国，中餐馆的老板通常来自宁波和更北的一些地方。和英国一样菜的价格贵，高于便饭的一般价格。

日本的中餐馆生意红火。和我的学生时代比起来，如今日本的中餐丰富多了，不但中餐馆多了，而且有一些中国菜融入了日本菜单里。基本上每家餐馆，包括百货商店里的速食店，都卖中华荞麦面（chūka soba），也就是中国面条。日本的大城市里，四川、山东、广东菜的馆子都会有。即便按伦敦标准来看，菜的质量和价格有时也会很高。至于中国菜的食材，日本不但很多，而且甚至要出口到美国，卖给中餐馆。

结束我的旅程，回到美国。过去十年间，优质中国餐馆增加了很多，尤其是在纽约、华盛顿、波士顿、旧金山这样的大城市。照例，超过某一个价格之后，吃的就不再是饭，而是格调。如果你对格调很有追求的

---

[1] 中档是指质量，不是说分量和价格。中国城里有些小馆子，价格公道，口味一流，而有些又大又贵的饭店，菜也只是中档水平。

话，那去某些馆子也算物有所值。另外，中餐馆有没有好厨师，这是一个值得探求的问题。如今餐馆的数量增长太快，训练厨师或是让厨师移民都来不及。现在厨师的市场仍然很活跃，餐馆聘厨师比大学聘教授还要激烈。让这一情形加剧的原因是，有些厨师是性情中人，不为金钱所役。旧金山有个著名餐馆，从香港花大价钱请来一位厨师，不料没几个月，厨师辞职要回香港，因为他受不了美国的生活节奏。

经常有人问我各个城市有哪些地道的中餐馆。我的一般建议是：去中国客人多的餐馆，那里最好很少或是没有白人顾客。我曾经担心，这样一建议，越来越多的白人去这些餐馆，餐馆的老板也就觉得要做些白人喜欢吃的，结果使餐馆的口味滑坡成为大路货。但我惊喜地发现，事情并非总是如此。有一家餐馆，白人食客的比例从 1/4 升至 3/4，只是上菜的手法约略有些变化，而良好的烹调方法则完全没变。

抱歉我忘记了，这是一本食谱而非旅游手册。我本来是要讲第二版的变化，结果直到现在还没讲到两项主要的新增内容——从目录中也可以看出来。第一，新增了整整一章，讲豆制品。无论从营养还是美食角度来讲，豆制品都很重要。另外，还增加了一章，讲的是中国的健康饮食。我总是发现，在美国下馆子会让我增重，而在家里吃中国菜让我体重下降。我说过，中国人显然不需要专门的健康饮食，因为中国菜事实上已经相当有益健康。当然，事情也没有这么简单，而有时候人们确实会因为吃中国菜而变胖。因此有了这一章，用来解释这是怎么回事。

菜谱部分做了若干增订，反映了中西方厨具的最新发展。

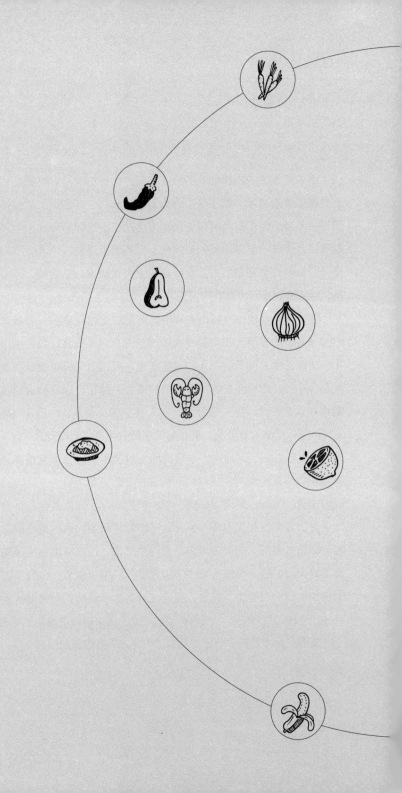

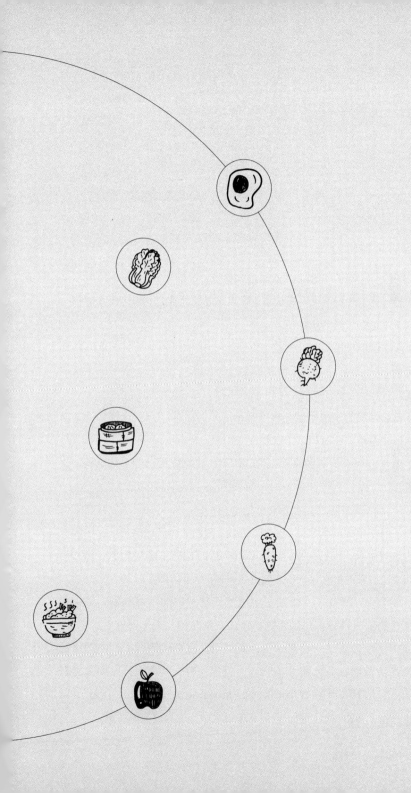

序　言
胡　适

很久以前，孔子评论说："人莫不饮食也，鲜能知味也。"

考虑到孔子还曾宣称"饭疏食，饮水，曲肱而枕之，乐亦在其中矣"，那么这一评论就更值得玩味了。

中国饮食的精髓在于一种传统的坚持：即便是最普通又廉价的鱼虾蔬菜也要有味道或风味。饮食的乐趣在于味道，而主妇、厨师或美食家的技艺就是找到合适的方法，赋予食物味道。

公元 8 世纪的一位中国美食家曾留下一句格言："只要火候恰当，所有食材都能做得美味可口。"（火候，字面意思就是火烧的时间。）请注意，这位专家并没有说美味取决于正确的调料。决定好厨艺的不是别的，正是火候。

赵太太说："好厨艺，在于充分地利用食材。作料只应凸显食材的天然味道，而不是取而代之。"在这句话里，我们的作者已然总结出中国烹饪的艺术与哲学。本书列举的所有 20 种烹饪方法——从耗时的红烧和清炖，到快速好看的炒和氽——其实都是火候的不同层次。

杨步伟夫人准备了一本关于中国烹饪艺术的非常好的书，其中作料和烹饪的章节是分析与综合的杰作。在女儿和丈夫（一位语言学家）的帮助下，她创造了一套新术语、新词汇。没有这些词汇，中国烹饪艺术就无法恰如其分地被介绍到西方世界。有一些词汇，比如去腥料（defishers）、炒（stir-frying）、烩（meeting）、氽（plunging），以及其他一些，我冒昧地揣测，会留在英语之中，成为赵家的贡献。

　　当然，我没资格评判她的菜谱，甚至也没资格赞扬它们。但我必须要讲一个故事，证明她的描述有多么准确。在她把校样还给出版商之前，我正好在赵太太家里。我随手拿起一张，读了一个菜谱的结尾。"哎呀！"我叫出来，"这一定是徽州锅！"我找到前一页，果然，标题是"徽州锅"。我相信这是赵太太从我太太那里学来的。这是我老家的菜，是我最熟悉不过的。

　　23年前，我有幸成为赵元任博士与他夫人的两名证婚人之一。不拘礼数的新娘为我们四人做了晚餐。自那晚以来，我至少吃了一百顿赵太太做的饭。她不但成为了一位真正绝妙的厨师，而且，本书可以证明，她也成为了颇具分析和科学精神的老师。因此，作为家庭朋友和对赵太太的美食心怀感激的"品鉴者"，我现在很荣幸地把这本书介绍给英语世界。

　　如赵太太在书中所说，中国菜并不难学。一点思考和一点实验精神，就能让你颇有进境。以下是我们的作者关于炒栗子的话："美国的烤栗子永远不好吃，有的裂口，有的太生，这是加热不均匀且断断续续导致的。中国的栗子是在沙子里炒的，不断搅动热沙子，这样栗子四面八方的温度都适宜。最后，栗仁又软又香，像是烤得恰到好处的地瓜一样。"

　　她的几百张菜谱，正如这张用沙子炒栗子的食谱一样，是无数节俭朴素、心灵手巧的男女思考和尝试的结晶。它们如今被准确地记录在这里，是为了让所有愿意思考和尝试的人获益并感到快乐。

导　言
赛珍珠

　　我希望以一位美国家庭主妇的身份来写这篇导言。我每天负责一个大家庭的饭菜，偶尔也招待客人。在说明观点之前，我首先要承认，第一次读到这本食谱的时候——那时它还是草稿——虽然那正是工作日当中，我把书放下，然后冲进厨房，忍不住做了一顿中国大餐。效果好极了，我本来就是很好的中餐厨师，但我这样说不是出于自傲，因为菜色的完美都要归功于赵太太的食谱。

　　现在我刚刚第二遍读完这本食谱，而这次我没有允许自己像第一次读时那样，屈服于童年时在中国尝到的美味的诱惑。我谨慎地想起我如今身处美国，只能买到美国的肉和菜，油和水果。作为一个美国女人，我要说这本食谱非常适合我。这些书页上的菜，没有哪一道是美国主妇所不能做的，而且她们会毫无畏难情绪地去做。这虽然很好，但还不是本书最好的地方。很少有食谱真正告诉人做什么、怎么做。赵太太具有关于美国女性和美国菜市场的丰富知识，知道要讲些什么、怎样讲。作为中国人，她恰好知道我们所不了解的东西。若美国女性们能学会中国人做蔬菜的方式，快速便捷，没有水和废料，那这本书的价值就抵得上和它同等重量的黄金和钻石了。若美国女性们能摒除恶习，不再把煮好的米饭放在凉水龙头下冲洗以致其全然失味，那么这本书就抵得上翡翠和红宝石。若她们能学会不止把肉当主料，而是用它的味道去配其他食材，那么这本书善莫大焉。切记，正是吃着这些最简单的中国菜，中国的男女们长期辛劳，展示了惊人的忍耐与力量；他们的食物培育了人格。

　　简言之，我全心全意地认可这本食谱。我希望我能在圣诞节把它送到每个参与养育我们民族的男女手中。

　　至于赵太太，我想要提名她获得诺贝尔和平奖。因为要取得世界和平，还有比围坐一桌享用鲜美菜肴更好的方法吗？即便我们没有吃过，但我们注定会享受并喜爱那些菜肴的。还有什么比这更好的促进友谊的方法吗？和平只能建立在友谊之上啊。我认定这本食谱对促进各国相互理解做出了贡献。从前我们大体上知道中国人是世界上最古老最文明的民族之一，如今这本书证明了这点。只有高度文明的人们才会这样享用食物。

作者笔记

我为写了此书而惭愧。首先，因为我是一个医生，应该治病救人而非做饭。第二，这本书并不是我写的，我的方法是述而不作。大家知道我不怎么说英语，写得更少。所以我用中文讲我的菜，我女儿如兰把中文译成英文，而我丈夫觉得那英文有点干涩，又把许多英文译成了中文。因此，当我称呼一道菜"蘑菇炒虾"（Mushrooms Stir Shrimps），如兰说英文不是这样说的，而应该是"虾和蘑菇一起炒"（Shrimps Fried with Mushrooms）。但元任表示反对：既然电影中 Mr. Smith can go to town（史密斯先生能去镇里），为什么 Mushrooms Stir Shrimps（蘑菇炒虾）就不可以？所以蘑菇炒虾是你应得的，或者说是这道菜有了你？

上大学（东京女子医学院）之前，我从未炒过鸡蛋。因为觉得日本食物无法下咽，我才不得不自己动手做饭。我一向低看做饭这事，但我痛恨低头看着一盘日本菜摆在鼻子前[1]。因此等我成了医生，我也就几乎成了厨师。等我回到中国，为了庆祝我的医院开业，我准备了足足 16 道菜的盛宴，这让我的亲友大吃一惊。

我怎么学会了做如此多的东西？我的答案是：敞开心胸，也敞开嘴。我小时的观念是淑女不应下厨，但正如之前告诉你的，首先生活上的需要让我改变了观念。进而，因为经常在各种情况下被抛到一个新地方，

---

[1] 原文为："I had always looked down upon food and things, but I hated to look down upon a Japanese dinner under my nose.""look down upon" 既有瞧不起之意，也有看下面之意。——译者注

手头只有我自己的器具，这让我觉得做饭、上菜和进餐的各种习俗都有一点点迂腐。知道中国、美国和营养学上的准确做法，这固然很好，但什么也替代不了自己动脑。如果你找不到牛肉，就用猪肉，找不到打蛋器，就动动脑筋。

张嘴很重要，因为你应该对什么东西都愿意尝试一次。我总是责备我的孩子们说：你不尝尝又怎么知道不喜欢呢？我时常扬言，凡是我吃过的东西我都能做出来，只要你给我足够多的时间试验。因为我知道它尝起来应该是什么味，我可以自己做判断，看我每次的尝试是更接近那味道还是离得更远了。这就是学习的方法。

张嘴的另一个用处是可以问别人。孔子对弟子说："不耻下问。"通过这种方式，我学到了很多本地习俗和菜谱。近年来，我常常陪着丈夫去调查方言。当他问知情人这个词或那个短语如何发音时，我也有我的知情人来告诉我这道菜或那道点心如何做，原料从哪里来。因为接待他的人包括了各个阶层的人，我们就有机会在一个地方吃到很多种不同的食品。

我从未想到自己会对做饭感兴趣，更从未想到自己会写一本关于做饭的书。我并没有怀着科学的目的去了解那些菜。我获得这些新菜谱是因为我喜欢和陌生人说话，也希望对自己的国家有更多了解。对很多菜谱我甚至并没有记录，最近我试着做做这些菜，只是凭着记忆中它们的味道。在我的尝试成功之前，家里人不得不吃了一些味道奇怪的菜。

如致谢页上所说，是霍金太太（威廉·厄内斯特·霍金的太太）叫我写这本书的。所以说到感谢，我必须感谢霍金太太第一个点燃了厨房的炉火。每当她叫我做一些事，我总是觉得非做不可。她是如此地信任我，以至于我几乎也开始信任自己了。所以三年前我开始了试验和讲述，而如兰开始了写作。

我和如兰不知道经历了多少责骂、问答和拌嘴。要不是好朋友们（他们人数太多，帮了太大的忙，这里无法逐一致谢）赶来增援，在最后的午夜帮忙把书稿匆匆完成，我们紧张的母女关系肯定已经破裂了。摩登的女儿碰上自以为摩登的妈妈——你明白的。加上我们母女都有复杂的吃饭、做饭、谈话、写作的经验，事情就更微妙了。既然我们写完最后一张菜谱后已经和解了，那我就可以放心地声明：本书的所有优点都归功于我，所有对缺点的指摘都归于如兰。

接下来，我必须责备我的丈夫，为了他对本书成形所做的负面贡献。在许多地方，他把如兰的好英语改为糟糕的英语，他认为公众会更喜欢糟糕的英语。他最大的贡献甚至更为消极：每当一道菜做得不好或是做得太频繁，他就不动它。这总是让我生气，何况过去这些年，我积攒了三四百道拿得出手的菜。而他唯一会做的菜只有一道，那就是菜谱13.1——炒鸡蛋。我让他自己来写这道菜谱。但他写得如此唠叨，我不得不阻止他再去写别的菜。除此之外，据我理解，他给我的支持主要是口头上的。

最后，诚挚的感谢归于赛珍珠和我的安徽老乡胡适，感谢他们的赞美之辞。我希望读者会觉得他们的赞美还不算特别夸张。

杨步伟

马萨诸塞州，剑桥

习惯用法及提示

1. 菜谱编号

菜谱用两个数字编号。第一个数字显示章节数，第二个数字是菜谱号。因此，第 8 章讲鸡肉，菜谱 8.16 就是第 16 道鸡肉菜，也就是纸包鸡。第一组数字 1-16 的菜谱是菜，17 是甜品，18 是米饭，19 和 20 大多是面食。

2. 菜谱中的各部分顺序

(a) 一般说明
(b) 原料列表
(c) 备菜方法
(d) 标准做菜方法
(e) 上菜和食用方法
(f) 剩菜用法
(g) 变化做法

其中有些部分可能略掉。

3. 数量

若无特别说明，按照西式吃法，菜谱中的量适合 6 个人当一道主菜来吃。按照中国吃法的话，一顿饭有好几道菜，那么食材就应该减少，但调料减少的比例要少一点，这样才适合配米饭吃。

如果按照西式吃法，吃饭的人数少，那菜量可以按比例减半或减为1/4。

4. 常见术语

广东（cantonese）：大多数情况下这个词都是广义的，包括了广东省全境。尤其是指广东首府广州的西南四区。

唐人街：这是一种缩写，完整的写法是"你周围最近的能找到中国东西的地方"。它或许是鲁伯特街上的一家香港货店，或甚至是一些意大利商店或市场，那里能买到干栗子、蚕豆、味索（Vesop，很像酱油）、干菇，等等。

清炖：不用酱油慢炖。

煮：除了一般的含义，也用作描述炒了之后加上调料汁，用大火持续煮。

杯：1 杯的容量是 237 毫升。

姜：试着在唐人街或你的高级杂货铺买子姜。别用姜粉替代子姜。整个的干姜倒是可以替代子姜，除非在某些姜也要吃的菜里，比如菜谱5.4。

火腿：火腿一般是指中国火腿或作为替代物的两年火腿。如果指新鲜火腿，会特别说明。

Hse：我说英语时，不区分男他(he)和女她(she)，统一用 Hse 代替。

肉：猪肉，除非另作说明。

红烧：用酱油慢煮。

平底锅：平底的薄煎锅。

炒：大火浅油连续翻动快炒切碎的食材加上调料汁。（见第6章）

汤匙：1 汤匙的容量是 15 毫升。

茶匙：1 茶匙的容量是 5 毫升。

其他术语见索引。

5. 中国词汇

中国词汇一般是用威妥玛拼音系统来写的——我丈夫是反对这样做的。那些唐人街卖的食材或是海外中餐馆的菜名，都用广东话来写。我说带有安徽口音的普通话和带有普通话口音的广东话。若你想说带有英语口音的中国话，就学习一下下列近似音：

Letter	*as in*	*Letter*	*as in*
a	*a*lmond	*p*	*b*ean
ch	*j*am	*ê*	st*ir*
ch'	*ch*ard	*e*	*e*gg
h	*h*am which you try to spit when it is rancid	*f*	*f*ish
hs	between *h*eat and *sh*eet	*p'*	*p*ea
i	p*ie*ce	*r*	*r*aw
ih	sh*r*ed	*s*	*s*oy
j	between *r* in *r*um and *j* in French *j*ambon	*sh*	*sh*red
		t	*d*ough
k	*g*ame	*t'*	*t*ea
k'	*k*ohl-rabi	*ts, tz*	ad*ze*
l	*l*ard	*ts',tz'*	ca*ts*-up
m	*m*eal	*u*	f*oo*d
n	*n*oodle	*ŭ*	si*z*zling
ng	puddi*ng*	*ü*	French s*u*cre
o	sl*aw*	*w*	*w*ine
		y	*y*um

在拼写广东话的词时，字母的用法差不多。广东话 h 质感更光滑，

正如在 *fresh ham* 这个词中一样。*aa* 代表长 *a*，如英语的 *Ah*！连字 *eu* 的读音和 hors-d'œuvre 中的 œu 一样。广东话有 9 个声调，但我不会发，所以就不写了。

6. 先做什么

各种烹调方法中，炒肉最难，炒蔬菜其次，红烧最易。只要你不烧煳了锅，唯一的风险就是煮太久之后，食物变得比较少（虽然量越少，味道会更好）。你是先尝试最安全的菜还是最具中国风格的菜，这取决于你有多爱冒险。但如果你严格遵循菜谱，并仔细学习了作为入门的第一部分，你就可以从任何一道菜开始尝试。

7. 先吃什么

对于中国菜的初尝者，最好吃些家常菜，而不是立即跑去吃大餐。（见第 21 章）

8. 客人突访

因为是群体进餐，也就是说每个人从共同的盘子中取菜，中国家庭要招待几位意料之外的客人，比英美家庭就简单多了。只需要加副碗筷，他的晚饭就有着落了。如果你手脚足够快，你可以告诉他们原本就预备着他们来访呢。

9. 中国食品与维生素

因为烹饪的过程很短，炒特别有助于保存食物的维生素，尤其是绿叶菜。萝卜中的维生素倒是不怕热，煮得再久也没事。[1]

10. 中国健康饮食

中国菜强调吃非淀粉类的蔬菜并且少吃肉（即便是有钱人家），所以中国饮食对中年人很有益处。我手头没有数据，但我看到的中年人里，中国人（我这个阶层的）更少患肥胖或风湿。中国人较少讲究健康饮食，因为中国饮食本身就很健康。"健康饮食，快快乐乐！"这可以用来做中国餐馆的招牌。

---

[1] 我写下这些之后，有人在麻省理工学院做了关于本书菜谱的特别实验。结果表明大多数菜，包括长时间烹饪的菜，都很好地保持了维生素。让我吃惊的是，即使是红烧肉也基本没有损失维生素。

做饭与吃饭

Cooking and eating

第 1 章　导言

1. 用餐方式

　　无论是吃饭之时还是两餐之间，中国人都会吃东西。有条件的话，多数中国人一日三餐，富人可能在两顿饭之间来个加餐。一顿饭字面上的意思是"米饭时间"。餐间的小加餐称为点心，一些"点缀内心"的东西。我的菜谱基本上写的是正餐用菜，但在完成本书之前，我也很乐意讲一讲，并且吃上一点——餐间的"点缀内心"。

　　在中国各地，用餐的方法颇为不同。但不管在哪里，都把饭（狭义上的）与菜相互区分开来。多数穷人吃米饭比较多（大体上来说）或是其他粮食作为主食，而只吃一点菜。吃菜只是为了配米饭。这与美国的用餐方式正好相反。在美国，吃面包是为了配菜。一旦得到允许，中国的小孩子们就喜欢少吃米饭多吃菜，就像是美国的大人那样。但即便是在殷实人家，大人也喜欢小孩多吃米饭。这些表明了中餐里饭与菜的区分。如果有面条或者馒头，它们会被视为"饭"，也就是粮食。[1]

　　在不同的用餐方式中，每顿饭各不相同。我后面会给出菜单样例（第21章），这里我只简要介绍每顿饭是什么样。在实行一日三餐的地方，有些地方的三顿饭类似，都是米饭配着几种菜。这样的地方包括湖南和安徽——我的老家。在其他地方，第一顿饭是简易早餐。早餐中的大米不是干的，而是稀的。英文管这叫 congee（稀饭），但大多数美国人在到东方之前从没听说这个词。早餐配的菜叫做小菜，多数是咸的、比较

[1] 我无法称之为 cereal，因为 cereal 是早餐食品，而且我们早餐的时候并不吃它。

开胃的物事。这类早餐常见于长江下游的苏杭等地。根据中国谚语，"上有天堂，下有苏杭"，那一带的点心也很美味。

在南方和西部，一日两餐在平常人中很平常。他们早晨和下午吃饭，那正是一日三餐的人不吃饭的时候。然而，如果你有能力、有时间又能找得到地方，就可以在两餐之间塞进三顿小餐，成为实际上的五顿饭。所以，在广东，你可以起床后来一顿简便早餐；晚上吃一顿正常早餐；中午，你准备好了喝些茶，并来一顿种类繁多的点心，比如饺子和馄饨（菜谱20.4和20.5）；下午来个加餐；无论是为了工作还是享乐，一晚忙碌之后，再来一顿小餐，上床前，吃一些美味的稀饭或是面条。一些最有名的广东餐馆里，午茶比晚餐要更出名。

许多来中国旅游的外国人，甚至一些定居中国的外国人，吃中国菜的场合仅限于那些只有"正菜"（courses）的正式晚宴，全然不知中国的家常饭是大为不同的。典型的家常饭会同时上几道菜。在家里、店里、田里，人们一起吃饭，分享几道菜，从没有一个人独享一盘菜的事。也并没有正菜这一说。假使八口人的一个小家庭围桌而坐，桌上有一盘肉，一盘鱼，一盘蔬菜和一盆汤，他们不会先把每道菜都取一些到自己碗里。如果有小孩子这样做，他或者她会被责备为贪吃或是多占食物。菜只要端上桌就算上菜完毕。每个人只是夹一筷子这道菜，吃一口饭（饭碗永远是各用各的），夹一筷子那道菜，从他自己的碗里吃一口饭，喝一勺公共的汤，以此类推，顺序随意。这样一来，你会觉得你一直在和其他人进行一场友善的对谈，即便压根没有人说话。美国人吃饭时总得不停说话，以便显得礼貌一些。这是不是因为他们各吃各饭的方式太缺少社交了？

若把家宴比作是水平的，那么酒席（chiu-hsi），"铺开的酒（wine-spread）"，就是垂直的。除了开始和结尾，你一次只吃一道菜，[1] 而且直到最后才能吃米饭。或许你压根不吃米饭，但你最好一直喝酒。一顿典型的酒席（见 21.5 章的菜单）会以 4 道或 8 道事先已摆上桌的小冷盘开始。主人举起酒杯，这是让客人致谢的信号。客人会举杯饮酒并说"多谢多谢！"主人把筷子悬在菜上，所有的客人也一样行事。谁碰菜越晚，就表示谁越有礼貌。所以和一堆礼貌的人在一起，恐怕要等上好一阵才能真的吃到东西。然而主人可以给客人夹菜，推动事态发展。但男人通常不相互夹菜，女人常这样。

热菜一个个端上来，标志着酒席的正式开始。4 道中等菜式会连续上来，一般是炒菜。然后可能是 4 份更大的菜，其中或许包括汤。若其中之一是鱼翅（菜谱 12.13），客人必须对主人说："真的，您不该如此麻烦！"[1] 一些特色菜，比如北京烤鸭配薄饼或是火腿褐菇蒸鲥鱼，要在靠近结束时上桌。最后，一起上 4 道大菜和几道小咸菜。到了上米饭或稀饭的时候了，不知你是否还能吃下；大多数身经百战的食客却是可以的，因为他们对这一套程序谙熟于胸，并且懂得"等、拣、狠"的格言。它的意思是："等待，躲闪，攻击！"也就是说，一开始你要等待并且避免吃太多，但当一些真正的好东西上桌时，发起冲锋！

有时等待、躲闪过后，却不能攻击，这就是当你要赶赴另一场饭局之时。在中国，事前已然有约还不能让你名正言顺地躲过饭局。你应该至少到饭局喝一些酒，吃一两道菜，然后再赶赴他处。一些留美学生试图一顿饭只赶一场饭局，结果常常得罪了人；但他们以为可以先牺牲自己，以换来移风易俗。不管怎样，我丈夫就以此为挡箭牌逃过许多饭局。如果一晚要赶赴三四场酒席，就常常不能正经吃到东西，因为你要花很多时间在路上奔波，还要问候、感谢并请辞。为了确保多少吃一些东西，身经百战的食客往往会在辗转于宴席之前，先在家里饱餐一顿。或者，你也可以尽量赶上最后一顿宴席的最后 4 道大菜。你最后赴宴那家会觉得你最喜欢他的宴会。你先前赴宴那家也会高兴你赏光到来。大家的共识就是：来了总比不来强。

---

[1] 中文没有虚拟语气完成时，但我们会用声调。——赵元任

各地置办酒席的方法不同。甜点会穿插在不同阶段，或是在宴席当间，或是在一开始，但从不会在最后。餐后水果的习惯是从欧洲舶来的，真按中国的方式，水果只会在两餐之间吃。

点心，"点缀内心"，这个名字指简餐或是简餐中的食品，点心绝对不是一道菜。你也许会吃面条、糕点或是其他英语中无以名之的东西。大多数点心是面制糕点，也就是将面粉烤、炸或是煮，做成甜的或是咸的。它们或许成为酒席的一个环节，但在家常饭中则不会。吃点心的时候，你可以喝茶，别人也默认你要喝茶，但家常饭时并不喝茶——除非是在南部海边的一些地区或是美国的中餐馆里。在有些省份，主宾落座之前，会吃一些点心。

2. 本土和国外的餐馆

本书大多在讲烹饪，但那些想要知道在中餐馆里如何吃、吃什么的食客们，想必也会感兴趣——不论他们去不去中国。在中国，多数人在家里或是工作的地方吃饭，所以提供工作餐的餐馆不多，大多数餐馆乃是为了享受而设，即便在城里也是如此。餐馆会如上所述那般奉上正餐或是非正式的小餐。对于非正式的一顿饭，要根据有多少人就点多少道菜，加上一两份汤。根据菜的分量、饿的程度以及预算的多少，可以做些调整。如果喝酒，你需要在开头加些冷盘，并在下饭的菜上来之前，先来几盘炒菜下酒。有时为了节省零点的麻烦，可以选择店家事先准备好的菜单。这叫做和菜，"和谐的菜"。根据不同的人数和价位，有不同的选择。只有在赶时间的时候你才应该点和菜，但当你去中国的餐馆时，你想必都是不赶时间的。

除了最大的餐馆之外，酒席都要事先预定。除非主人家有钱，可以养得起一位厨师，烹制一桌16道菜的晚餐，要不然最好还是选择在饭店待客。城市里一种并不鲜见的做法是让饭店送一桌酒席和一位助理厨师来家里。他们在开席前约莫2小时到家。耗时的菜品事前已经备好，只需要加热。炒菜已经备好原料，上桌前只需下锅翻炒。在这种点餐里，主人最关心的是请来一位好厨师，厨师最关心的是有一炉好火。因为炒菜是最显技术的，但炒菜也最考验火力。

各地的食物风格大为不同。旅行之时，你当然会注意到这点，但即便留在一个地方，只要是北平这样的大都会，你也能体验到各省风味之不同。关于这些地方菜馆，唯一的问题是，时间一长，比如两百年，它们就会逐渐失去各省的特色。当客人总是说请不要太辣，味道不要太冲，请不要放那么多香菜（一种味浓的中国欧芹），长此以往，这些餐馆的口味就不得不变得更加全国化。有些餐馆出了名，乃是因为它们本身，而非它们所来自的省份。可是当顾客，尤其是酒宴的主人，恰好来自该省并指明口味要地道，那么他就有幸吃到最地道的家乡菜了。本地餐馆当然不会以本地或本省为名。所以在上海，你会看到招牌上写着京苏大菜，但在北平和苏州就不会有这样的招牌。

中心城市最著名的餐馆一般来自山东、河南、四川（重庆所在省份）、湖南（长沙所在省份）、江苏（南京所在省份）、广东（广州所在省份）、福建等地。大体来讲，山东和河南餐馆略胜一筹。四川烹调味道均衡，只是做菜时和上桌后，辣椒会随意添加。湖南是鱼米之乡，也是一个吃辣大省，会用大盘端上味道浓厚的菜，配上硕大的汤匙和加长的筷子。有故事说，湖南人坐在桌边相互喂饭，因为他们的筷子太长了，自己的筷子竟伸不到自己的嘴里！江苏菜加很多糖，而且是在咸味的菜里。福建以及浙江的一部分，尤其是宁波，擅长海鲜。广东菜恐怕在所有菜系中最为全面，对各类菜品均有造诣。他们擅长凸显食材原味，天然去雕饰，比如慢火煲鸡、纸包蘑菇，等等。

多数海外中国人——尤其是美国华侨——大多来自广东。我正好借此谈谈不去中国而能吃到中国菜这个问题。除了少数例外，比如华盛顿的一家天津餐馆，纽约的两家宁波餐馆和天津餐馆，巴黎的一家保定餐馆[1]，我所知道的大多数海外餐馆都由广东人或者广义的广东人经营。现在我经常被问及：在美国的中餐馆能吃到正宗的中餐吗？回答是，如果你想吃，你就能吃到，尤其当要的人多的话。如果你说你想吃正宗的中国菜并且按照中国吃法来吃，也就是说，几盘菜大家一起用筷子吃，那么他们就知道你懂行。若不知道点什么，你可以点和菜（用广东话说是wo-ts'oi）并且强调要做得地道。很多时候问题是，客人不知道在中国食物中什么好吃，他们经常点一些中国人不常吃的东西。餐馆的人，从他们的角度来讲，会迎合公众的喜好。所以经过一段时间，美国中餐的食物和吃法逐渐自成传统，与中国不同，与广东或是其他地方也不同。这个传统颇具有趣之处，也不无品位，只是并不是地道的中餐。正如各省餐馆在北京变得全国化了，如今我们看到全国化的餐馆在纽约变得国际化了。或者更准确地说，是在纽约中城（mid-town）国际化了。因为在美国的唐人街，那里的客人多数是中国人，所以那里的中国菜和吃法就更为正宗。

3. 餐桌礼仪

有言曰，好的礼仪让他人舒适。此言对于中美的礼仪同样适用。但双方实施此原则的方式则大为不同。有时，看上去中国人简直是在吵吵打打，其实我们只是在力求谦恭。关键的是，在那种貌似争吵的氛围中，每个人都快乐自如，因为事情正该如此。

餐桌礼仪从一场"谁后进餐厅"的战斗开始。在亲友之间，这会发展为真正的推搡，虽然还不至于拳脚相向。经过一段恰如其分的长期僵持，某些年长的客人会屈服并说道："恭敬不如从命。"接受现代教育的主人或许会说让他来带路，并就此以打破僵局。当大家都进入餐厅之后，新的一轮战斗开始。这次争夺的是座位中的下座。座次系统在各地的变

---

[1] 根据作者自传《杂记赵家》，他们夫妇曾多次去此餐馆。——译者注

化太大，这里无法尽述。但大体而言，上座要么在北，要么在内，而南面或是靠近传菜门的座位是最下级的，要留给主人或是女主人。因此，贵宾永远坐得离主人最远，而不是最近。没有客人会试图抢主人的位子，因为主人最后总会得胜。

酒必须与人同饮，除非是在家里。没有主人邀请，客人不能饮酒；如果你着实迫不及待，那可以邀请主人和其他客人同饮。通常只有主人有权邀请某人饮酒。因为在猜拳游戏中输家要喝酒，所以餐桌的惯例是每个人都应该不愿喝酒，非要经他人力劝才最终接受。

关于吃的技术细节，在描述一顿饭的时候我已经讲一些了。由于菜是大家一起吃的，如果有好几道菜，你的胳膊就常常要远涉餐桌彼端。你不必担心在他人面前伸筷，当然你也不该太过妨碍他人。把一盘菜满桌子传来传去之举，对多数中国人来说十分奇怪。若你希望伴作端庄，

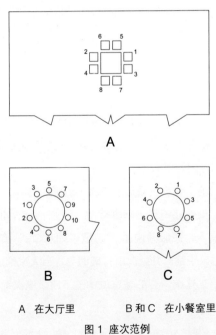

A　在大厅里　　　　B 和 C　在小餐室里

图 1　座次范例

只需拣眼前的菜吃，妇女们尤其如此。但女主人比主人更多地为客人夹菜，以免他们不便。

近来，出于卫生的原因，学校、聚会和某些家庭中开始试用公筷之法。除了个人使用的筷勺，菜旁会摆几副公共筷勺。你用它们来取你想吃的菜，然后用自己的一套筷勺来吃。中国人总是无法习惯一劳永逸地取来足量的菜，而喜欢一次只取少量，多次取来。因此公用餐具之法把吃饭变得十分复杂。在施行此法的酒席上，我总是忘记并直接用公筷吃起来。然后我想起此事，就会迅速转换，用回我原来的筷子。觉得此法难用的不止我一人，而且我经常看到，这样的晚餐总是以每人有两副筷勺而告终。但是，我也曾见识过此法流畅运转，但那需要有机警的女主人和一两个居于战略要津的干练客人加以维持。

菜的做法要根据吃法而定。正是这点，让美国人在碰到整虾或是又长又热的汤面时捉襟见肘。要如我这般行事。我先在筷间夹住一只虾。咬掉虾的一半。另一半仍然悬在筷间之时，用舌头和牙剥掉了这一半虾的壳，无声地把壳吐在骨碟里，然后把虾吃下去。如今在美国人占多数的聚会中，我施展这一技艺时需要不少勇气，即便我自己是女主人。因为在我初次来美之前就被告知，吐东西到桌上不合美国礼仪，无论如何你应把壳吐到手上，然后放下它。但是，要让我照美国的吃法来，把一整只油乎乎的虾用手剥开，或是吐壳在手里，那么我可得需要更多的勇气。因为我从小就被教育不能用手碰任何餐桌食物，也不能吐东西在手上，中国晚餐中的热毛巾要等到结束了才会端上来，那么当你拾起筷子和饭碗的时候，你怎么处理油乎乎的手指呢？

有一些菜最好趁热吃。吃它们的诀窍是略微张嘴吸入空气，使得蒸发加快，香味弥漫。在吸气使得液体的表面波动时，此法尤为有效。因此热汤、汤面、热粥等最好以尽可能大的声音吸入嘴里。这件事上，我又一次面临内心的冲突，因为我想起曾被教导，在外国喝汤必须尽可能安静。虽然如此，我从来无法像美国人那样，在公共场合擤鼻涕。因为这一动作往往在声音上比吃面条更大，在诱人程度上却大为不及。

　　最后，还有一项深入孩子骨髓的重要餐桌礼仪，那就是饭后留下一个干干净净的碗。浪费一点蔬菜或肉尚且可以原谅，但不能浪费粮食。那是你同胞们汗水的果实。大人编出一些故事来吓唬小孩子，以促使他们把饭吃光。例如，如果你碗里有剩饭，你将会娶一个麻子老婆（若你是女孩，那就是麻子老公），而且你剩的米粒越多，她或他的麻子也越多。想要避免这样的恶果倒也容易，当你碗里的米饭少了，用筷子难以拨出来，那你就像喝水似的把碗放在嘴边，用筷子从旁扒拉。这样就能轻易把米饭吃个精光。事实上，如果你的米饭淋了肉汁，更是吃米饭的不二法门。因为米饭在湿的时候会散开，而你又不能拿勺子吃米饭——除非你是三四岁的小孩儿。定居中国的美国人，尤其是与中国人杂居的，即便在回到美国以后，也喜欢在中餐馆里扒拉米饭。但是，在教会学校念书的中国学生们不愿在美国人面前展示这种吃法，因为当他们学会用美国吃法时，他们觉着吃任何食物都应该这样。我自己对此也有体会，因为我也曾上过教会学校。

　　既然与我们会面并一道进餐的人有着不同的经历和习俗，我很难建议应该怎么做，或是分辨怎样是对的。我所能做的仅仅是告诉你，在中国我们怎样做，以及这样做的原因。当你更加懂得这种习俗是什么以及与你同桌的是什么人，你就可以灵活应用"最好的礼仪让每个人都舒服"这条原则，以达到最好的效果。

4. 食物与节庆

　　特别的食物与特别的节庆相关。节庆食品不属于菜，而属于点心，或是餐间零食。这就部分地解释了为什么孩子总是热切地盼望节日到来。在一般所称的南部（中东部），新年的点心是肉馅或甜馅的黏米蒸糕。（菜谱17.7是一个示例。）农历五月初五，节庆食品是粽子。那是用一种特殊的苇叶包裹成的黏米四面体。七月十五是鬼节（All Soul's Day），大家吃炸茄饼。中秋节前后，临近满月之时，大家会吃月饼，在美国唐人街的商店就可以买到。枣泥馅儿的薄皮月饼是最好的，虽然只在北方容易买到。

除了节庆食品，其他食物也有许多习俗含义。我们不吃生日蛋糕，但用面条来祝愿过生日的人长寿。馒头和生的面条也会被做成桃子的形状，桃子是长寿的象征。

如有一家人搬家，尤其是搬入新建的房子，你就送他们一种特别蓬松的糕点，叫做"发糕"——"发扬繁茂的糕点"。

不吃一些东西有时是出于宗教原因。佛教僧侣或是和尚全都茹素，不碰肉食。有些佛教的俗家弟子长期吃素，有些在特定的日子吃素，而有些则不通过禁忌来表达他们的信仰。[1] 回民不吃猪肉，所以他们在植物油之外，还使用鸡油和鸭油。许多城市里，一些回民餐厅也常常有一般大众光顾。

---

[1] 作者本人的家庭与佛教渊源甚深。她的爷爷杨仁山是著名居士、佛学家，创设南京金陵刻经处。——译者注

第 2 章　食材

　　称一道菜是中国菜，可能因为它用了中国食材，或用了中国烹饪技法。我曾到过美国的一些地方，那里除了洋白菜、猪油、猪肉、胡椒、盐以及一些最基本的材料之外，简直什么食物也没有。即便如此，我还是能做出地道的中国菜。当然，如果用中国特色的食材，比如酱油或是豆腐，那你的菜会更别致，更为与众不同。

　　食材是食材，作料是作料。配菜介于两者之间。作料如此重要，所以我们叫它们"制作的材料"，我会在下一章详细介绍。食材实在太多，我只好在菜单中予以详细解说。此处我只给出一些非常笼统的描述。

　　食材有新鲜的，也有保藏的。保藏的食材其实常常比新鲜的尝起来更鲜，比如干贝。中文的"鲜"既有新鲜的意思，也指味道鲜美，比如干虾、干贝、罐装鲍鱼的味道。这些东西或许有些变质，但变得恰到好处，尝起来味道更好而不是更糟。许多中国食物都是处于这种状态。

1. 肉类和禽类

　　在中国，我们用"鸡鸭鱼肉"来概括肉类。但当我们说肉的时候，除非特别说明，我们指的是猪肉，因为猪肉最为常见。不同的菜需要不同部位的肉，这点我们会在菜谱部分说明。虽然牛羊肉是回民的主要用肉，但它们远没有猪肉常见。对回民来讲，猪肉是不洁的。

　　吃鸡是一件乐事，其次分别是鸭子和鹅。这两样肉中国人做得比西方人要好。

　　至于野味，有野鸭和野鸡——也就是雉鸡，都颇为常见。它们很适于红烧。熊掌（通常是干的并且处理过的）和鹿肉有时会在宴会上出现，但不常见。野兔和家兔经常可以很好地替代雉鸡。虽然说到美食时我们总是"山珍"与"海味"并称，但山珍其实比海味要珍稀一些。

有传言说南方人吃蛇，此言不虚，我自己在广东就吃过。把蛇肉切碎，和鸡肉一起做，尝起来有点像鸡，又有点像乌龟。此外，还有关于吃老鼠的传言，但我从没亲眼见人吃过鼠肉，从没遇到吃过鼠肉的人，也从没遇到亲眼见过吃鼠肉的人。

中国饮食中，乳制品并不太重要。内蒙古有很好的黄油，云南有上等羊奶酪——不过似乎也没有那么好。但在多数省份，人们不喝牛奶，也不制作或使用任何乳制品。

动物内脏常常比普通瘦肉更受欢迎。早在人们谈论维生素之前，中国人就把肝脏当作好东西了。在北平，甚至猫都把肝当作下饭的标准食物。如果烹调得法，腰、肺、肠、肚都能异常美味。猪皮、羊皮可以做得很烂，甚是美味；牛皮太硬，但牛筋可以炖成胶状。如果酱油使用得法（菜谱6.1和6.2），那么炖牛肉就不是那么复杂了。

与在美国一样，在中国鸡蛋是最常食用的蛋类，鸭蛋、鹅蛋次之。鸽子蛋——煮熟后蛋白是透明的——也是一道佳肴。蛋既可以单独吃，也可以当作料。我们在菜谱部分会提到。

2. 河鲜与海鲜

鱼如果烧得好，会非常好吃。虽然中国人对"海味"评价甚高，事实上我们更喜欢淡水食材。鲨鱼让人生出敬意，鲤鱼让人感到亲切。[1] 波士顿有种鱼叫做"水牛鲤"。这种鱼在上海极多，叫做青鱼，非常鲜美。但最受欢迎的家常鱼则是鲫鱼，金鱼即是由它培育而来。有时它也出现在美国市场，但它如此不同寻常，以至于连个固定的名字都没有。有些渔人叫它"小鲤鱼"，其他人叫它"沙鲈鱼"，还有一些人在你要小鲤鱼

---

[1] 原文是："We respect the shark, but we love the carp." 朗朗上口颇有谐趣。——译者注

或是沙鲈鱼时压根儿不知道你在说什么。我一般叫它"给我来点儿那个鱼"。它看起来像鲤鱼,只是它的头后侧不直,而是像它的面部一样斜着。它尝起来鲜美清淡。它学名叫 carasius pekinensis——若你想知道的话。

鲱鱼每年会从海里溯游到长江,那时鱼肉十分美味。我们一致认为鲥鱼多刺是世间七憾[1]之一。鳜鱼没有小刺,用中式或美式烹调,都很美味。鱼类太多了,我必须先放一放,直到我们按照菜谱烹调它们。

贝类和鱼一样好吃。龙虾、对虾、小虾,都叫做虾,但小河虾是最好的,而且遍布中国。螃蟹之中,淡水蟹是最好的。它们曾被引介到欧洲,但从未来到美洲。它们有着圆壳,长在湖沼里。去壳以后,特别适合搭配上鱼翅。但最好的吃蟹方式终归是蒸,这是一项独立的活动,像是美国的烤蛤聚会,唯一的差异就是螃蟹要好吃一千倍。(见 21.6 章 f)

3. 蔬菜

说到新鲜蔬菜,那简直无穷无尽。对于美国买不到的品种,我肯定不会多提,因为讲到它们我会口水直流,而你对它们的味道依然毫无感觉。在菜谱中我会约束自己,只写你可以买到的菜。有一些蔬菜在美国和中国都可以买到,我能想到的包括菠菜、萝卜、黄瓜。有些菜从西方传到中国,并成了中国菜的一部分,比如西红柿、龙须菜、洋白菜、芹菜。我始终认为它们是融入了中国菜的外国蔬菜,但对我的孩子们来说,它们似乎本来就是中国土生土长的。玉米肯定是很久以前就传入中国的,以至于我这代人都觉得它是中国本土的粮食。美国也在种植许多中国的蔬菜。大白菜引入美国已经大约 25 年了,只是至今还没有被煮熟过,因为你们都习惯生着吃。如今你需要做的就是学会把它煮熟。中国蔬菜很

---

[1] 应为五恨,典出自 [宋] 释惠洪《冷斋夜话》卷九——(渊材)尝曰:"吾平生无所恨,所恨者五事耳。……第一恨鲥鱼多骨,第二恨金橘大酸,第三恨莼菜性冷,第四恨海棠无香,第五恨曾子固不能作诗。"——译者注

少能进入大众市场。黄豆芽、豆芽、冬瓜（"冬天的瓜"）、小白菜和一种非常肥嫩的叫做菜心的绿叶菜，这些东西在长岛、佛罗里达、旧金山的郊区、西雅图等地都有种植，在唐人街就可以买到。豆荚中的软豆是一种鲜脆的青菜，但在美国它们卖得太贵，只适合做配菜。美国餐馆的扬州锅面中总是会放上几片。

关于中国蔬菜需要谨记，土豆、甘薯、山芋和类似的淀粉根茎并不被视为蔬菜。我们的淀粉摄入主要来自大米、小麦和其他粮食。这就解释了为什么"菜"这个字用来指配"饭"的东西，而"饭"用来指一餐的主要部分或是压根儿就指一餐本身。爱尔兰土豆在中国从未流行过，而甘薯主要用来做餐间零食。

4. 保藏食品

保藏的方式包括盐腌、风干，偶尔也做成泡菜或果脯，近来也做成罐头。人们一般看不上做成罐头的中国食品，除非是一些名产，比如鲍鱼或是凤尾鱼。但在美国这里，某些食材只能买到罐装的，比如冬笋或是红豆腐乳，而且能买到就已经算走运了。

中国有些商店专卖保藏食品。最好的保藏食品来自南方或是中东部的沪甬一带（后者也自认为是南方），因此这类商店常常取名为南货店，"南方货物的商店"，即便其中一些商品产自北方。差不多所有东西都能腌制。咸虾、虾籽、咸鱼，从 2.5 厘米的小鱼到鱼翅，松花蛋（hunred-year-old-egg）——约莫 100 天时味道最好，中式火腿（可以用两年的火腿完美替代），这些是最常见的保藏荤食。干黄花菜或是"金针"、木耳（一种松软的黑色菌类）、干蘑菇、竹笋、干粉丝、各种咸菜（比如重庆榨菜）、雪里红（"雪中的红色"，用腌辣菜可以替代）、腌萝卜、酱油黄瓜、各类酱菜，这些是最常见的保藏蔬菜。做饭前要准备好干菜，第一步是发（"发展"）干菜，要把它们放在温水或是微开的水里，几小时到几天不等，各类食品时间不同（见第 5 章和菜谱）。保藏食物可以单独吃，也可以配着新东西。后者往往更好。上海的一道名菜是腌笃鲜，将腌肉和鲜肉清炖在一起。

5. 水果和坚果

虽然水果和坚果会在宴会开席时食用，但它们主要还是餐间零食，是吃着玩的。它们也会被用作某些菜的配菜或是填料，但那是次要用途。因为交通不便，鲜果基本上只有在产地才能买到。唐玄宗为取悦他的妃子，曾用快马运送荔枝，从广州到长安（今日西安）。近来，人们从广东到上海空运荔枝。但总的来说，即便是太平年月，河北和山东的水蜜桃也只在小范围内知名，至少只有附近的人才体验过桃汁顺着手腕淌下来的感觉。干果和坚果可以运很远，最终被运到"南货店"。

中国有许多种西瓜。它们名叫西瓜，"西方的瓜"，因为它们是从中国的最西面引进过来的，如今几乎各地都在种了。除了把吃西瓜当作一项特别的活动之外（见第21.6章g），你还可以用西瓜皮做炒菜。西瓜子来自特种的产子西瓜。那种瓜的瓜瓤要么不甜，要么很少。人们有时候被请去吃瓜，为的是得到瓜子。中国香瓜比哈密瓜更脆、更嫩也更香。

莲花在中国是顶有用的。莲藕可以当水果吃，切片炒，把黏米填入管孔里蒸着吃，做一道甜点。莲叶适合包食物；嫩的时候，它用来为粥和蒸肉增加清香。莲花又高贵又芬芳，新鲜莲子如水果一样水嫩，可以生吃或是煮了糖拌。唐人街有时会有罐装鲜莲子。当莲子成熟，硬如坚果，就可以晾干了。吃的时候"发"起来，煮了，它们能单独做一道甜点，或是作为其他甜的——甚至咸的菜的一部分。莲子不仅美味，而且名字好听，一语双关，莲子也指"连续生儿子"。

北方省份最常见的水果是桃、杏、鸭梨、苹果、山楂和柿子。鸭梨并不面，而是脆且多汁。美国梨近来也被引入中国，叫做烟台梨，以它生根的地方命名。中国苹果不如美国好。北平的柿子最好，在太平年月里又好又便宜，是穷人的水果和补品。南方各省有橘子、橙子、柚子（一种较为干的葡萄柚）、金橘、枇杷、甜甘蔗、香蕉、杨桃，间或也有木瓜。因为橘子（tangerine）而非橙子(orange) 是柑橘属植物的代表，译者们逐渐不把"orange"译作橘子。枇杷看起来像是杏，但果核不同。我最近在波士顿的干草市场（Haymarket）买了一些。杨桃是广州地区一种树生水果，横截面是五星形的。

为了做菜，荸荠（经常是罐头）和或生或熟的菱角都是很重要的水果或坚果。菱角有时也被马马虎虎地叫做水栗子。菱角做的淀粉在中国烹饪里常用来勾芡，在美国只好用玉米淀粉替代。

中国没有椰枣，但枣子看起来像是椰枣，晾干了再吃，与椰枣更加无异。枣子虽然经常被当作水果吃，但把它晾干用处更大，我们将会在菜谱中认识到这点。

对做饭来讲，最重要的干果是栗子和核桃，在咸的和甜的菜品中都很有用。用杏仁的菜会少一些，花生主要用来榨油。其他坚果主要作为零食来吃，不常入菜。

如果你把芝麻归类为坚果，那么它是极为重要的一种坚果；若你把它归类为谷物，它就是极为重要的谷物。不管怎么说，它极为重要。它是许多糕点和饼干的重要成分，它能做成一种酱，看起来像花生酱但味道极其不同。除此之外，芝麻油是最重要的调味油，沙拉、馅料、汤都需要芝麻油来画龙点睛。在美国你只好用色拉油代替它。

6. 粮食

我们已经知道，中餐的主食主要是大米和小麦，其次就是玉米。荞麦、小米和高粱被认为是粗粮。大米通常直接煮，小米时常也直接煮。其他的一般要磨成粉，做成馒头、面条等。所有的粮食都能酿酒，但高粱酒最多。那种尝起来像是雪利酒的著名米酒——看名字就知道——是用大米酿的。等到第 18 章和第 20 章，我们再把大米和小麦说个仔细。

种类繁多的淀粉根茎之中，有两种十分重要的辅食。第一种是红薯。

它很少入菜，也替代不了大米和小麦的主食地位，但在艰难的年月，它总能临危受命，表现不俗；它是穷人家的美味。第二种重要辅食是豆子：红豆，蚕豆以及最重要的大豆和豆制品。豆浆和大豆在美国被视为特色菜，但在中国，白菜豆腐是穷人家的家常菜。大豆不仅产淀粉，而且是蛋白质的最重要来源，因为大多数人还吃不起肉。因此，豆类和豆制品不算纯粹的饭，也不算纯粹的菜，而是两者的结合，是各个阶层都喜欢的食品。

第 3 章　作料

　　作料 [1] 的作用是让食材烹调得恰到好处，或是要增加食材的味道，或是作为补充。为了烹调，我们用 1. 加热料（heaters）和 2. 包裹料（binders）。为了增味儿或是调味儿，我们用 3. 咸味剂（salters），4. 甜味剂（sweeteners），5. 去腥料（defishers），6. 香料（spices）和 7. 调味料（flavourers）。最终，还有 8. 配菜（garnishes）作为菜的一部分，同时也用来调味。有些作料不止一种作用。比如，酱油既是咸味剂，也是调味料；又如青葱，既是去腥料，也是配菜。以下清单中，一样东西我只写在一个地方，在其他地方会加以说明。

　　有一件重要的事情需要牢记，菜谱中我列的作料用量，是按照这道菜是主菜来定的，也就是说，这道菜你会吃比较多。在中国吃法里，如果一道菜是用来下饭的，你会希望味儿浓些。至于要多浓，那取决于你的老家是哪里。

1. 加热料

　　烹调中的主要加热料，就是水和油。它们的温度不同，做出来的食物质感也不同。关于水，没太多要说的；蒸的过程中，水是蒸汽状态的，这也无需多言。（关于煮和蒸，请看第六章的 1、2 部分）

　　中国菜中的猪油最好是从市场卖的板油里熬出来，这比盒装的现成猪油好多了。把板油切成 5 厘米的块，用平底锅加热。全部熔化之后，轻压肉块挤出液体。于是板油缩成油炸小块，成为猪油渣。又热又脆的

---

[1] 如第 2 章开头提到的，这里的作（音同昨）料是指制作时需要的材料，而不仅指调味品。——译者注

时候，此物甚是美味，而且它可以用来配蔬菜。当油渣变褐，熬猪油便大功告成。将其倒入耐热的器皿里冷却，需要的时候就舀上一勺。猪油在用于油炸之后，你需要谨慎考虑还能用它做什么。炸过鱼的油再炸别的东西，会有一股味道，恐怕没有丈夫能接受得了——除非是用来炸味道更重的鱼。猪油之外，还可以用鸡油，菜谱中的猪油永远可以用鸡油替代；鸭油也很好，只是榨油时你要去掉鸭屁股。

中国最常见的植物油是豆油和花生油。后者美国也有。在苏州，蔬菜的种子用来榨油。芝麻油太贵，用来做菜有些浪费，一般是直接用于调味，像是橄榄油一样。起酥油是不适合用来做中国菜的，因为它凉了会凝，坏了食物的质地。做饼干的时候，用它来起酥或许还可以。

菜谱中会注明所需的是猪油还是植物油，或两者都用。一般来说，植物油做的菜可以凉着吃，也可以重新热了吃，而猪油做的菜凉了就不再好吃了。

做饭之时，空气并不是一种重要的加热材料。烤东西的时候，一般不用空气加热，而是靠热辐射把东西做熟的。

对有些东西，沙子是特别管用的加热材料。美国的烤栗子永远不好吃，有的裂口，有的太生，这是加热不均匀且断断续续导致的。中国的栗子是在沙子里炒的，不断搅动热沙子，这样栗子四面八方的温度都适宜。最后，栗仁又软又香，像是烤得恰到好处的地瓜一样。

2. 包裹料

最重要的包裹料是淀粉。中国常用的食用淀粉来自菱角、豆粉或是洗面粉的浆水。洗面粉是为了把面筋洗去。在美国，推荐用玉米淀粉做上述淀粉的替代品。下锅前，把食材用淀粉调的糊滚一下，炸的时候食材表面就会受到保护，水分会留在里面。淀粉也可以反着用，让蛋花更碎。要想做这个，只需在汤里先放上淀粉，然后再打蛋花。

面粉是一种更强的包裹料。炸鱼的时候，经常给鱼裹上一层面粉，使鱼皮不至于炸碎。油炸的东西经常先在面粉和鸡蛋调的面糊里蘸一下。除了鱼，煮熟的蛋类（鸭蛋很好）也经常切片，这样蘸一下，然后炸。

某种意义上，脂肪也是一种包裹料。在烩菜里（见第 6 章，方法篇，第 10 项），各种料通常要先炸一下，这样一起煮的时候就不会散开。

网油，猪的肠膜油，是一种包裹用油。蒸鲱鱼的时候，把鱼用它裹起来，汁水就会留住（见菜谱 10.2）。

有一些东西只用来包裹，不能吃。比如纸包鸡（菜谱 8.16）和粽子是用芦苇叶或是竹叶包着的，但叶子不能吃。

3. 咸味剂

最主要的咸味剂，不用说当然是咸盐。中国用的咸盐通常没有提炼，因此尝起来更咸。做菜用盐和桌上的调味盐大不相同。各种品牌的味道也不同。最咸的情况下，做菜用盐会比调味盐咸上三四倍。菜谱里说到的盐，永远是指做菜用盐。

酱油中含有盐，因此更咸一些。我会在 7. 调味料部分详述。

一点重要的提醒是，盐和酱油是不能随意调换的。如果用"白"的方法做菜，一定要用盐，一点酱油就会毁了一锅菜。虽然这样的菜做好之后，可以直接蘸着酱油来吃。但即便用"红"的方法做菜，如果菜谱说 1 汤匙盐、2 汤匙酱油，那你也决计不能为了让菜同样咸就只用 4 汤匙酱油。菜谱里每样东西的量是均衡的。

4. 甜味剂

中国的大部分地区，做菜时很少甚至完全不用糖。只有糖果和甜点是甜的。广州和江苏无锡以在咸味菜中大胆用糖而知名。有一些菜，比如红烧肉，总是会加一些糖。

甜味剂按重要程度排序，依次是砂糖、红糖、晶糖，很少用蜂蜜。

5. 去腥料

做好菜的最大诀窍，就是去掉腥味，无论腥味来自鱼还是其他东西，比如鸡或鸭。最重要的用料是料酒。普通的米酒是中国用的料酒，这可以用普通的雪利酒或是白葡萄酒代替。绝对不要用蒸馏酒做菜，会让味道全变。

醋不但能提供一种最为有趣的味道，而且是去腥料。中文里，吃醋也指嫉妒。对于鱼虾等物，醋一般用来做上桌后的蘸料，而烹调的时候不加醋。最好的蘸料用醋是镇江醋，唐人街里曾经有售。

春天时在唐人街可以买到子姜。做菜时，切成 0.16 厘米 [1] 的小段。姜段一般不用来吃。姜丝配上醋可以做蘸料，蘸东西的时候会一起吃下去。

香葱和大葱很像，一般被当作同一种东西，只是它更小些、味儿更淡。山东人会生着吃大葱，据说这让他们身体健康、身材魁伟。做鱼的时候，葱姜总是要并用。

6. 香料

香料是指味道比较浓烈的作料。菜谱中我提到的黑胡椒，指的是"胡椒和盐"中的那种胡椒。一般它都是黑的，也有一种白的，尝起来几乎一样。黑胡椒会用在酸辣汤中，也会和盐混在一起做成椒盐，用来蘸炸的东西。

辣椒是那种蔬菜样子的果实。甜的辣椒只是蔬菜，辣的辣椒是中部和西南部重要的调味料，比如四川和湖南。

四川胡椒，或叫花椒，粤语中的 ch'ün-tsin（Xanthoxylum piperitum），是一种非常迷人的香料。它只有一丁点辣味，但会把很多

---

[1] 英文版原书使用的食材计量单位为英制单位，为方便中文读者理解，统一将数量换算为国际单位，如英寸换算为厘米。——译者注

东西的味道带出来。即便只是用花椒和盐把花生煮一煮，也会让从未尝过的人感到耳目一新。

八角、洋茴香、大料（"很大的香料"）和花椒类似，但味道更丰满一些。

姜自然也是一种浓烈的香料。在去腥料部分我们已经提到过它了。

"中国欧芹"，或叫香菜（唐人街里叫做 yinsöi-ts'oi[1]）比美国欧芹更嫩，味更浓。一些人——即使是中国人——也要努力学着喜欢它。而当他们一旦喜欢上了，就会觉得努力没有白费。通常在汤端上桌之后，放一些香菜进去。少许温度让香菜的味道发挥出来。在放香菜之前，一个体贴的主人会问："大家都要香菜吗？"

7. 调味料

中国菜最重要的调味料当属黄豆酱油，或者简称酱油。只需酱油在手，即便只用市场中常见的菜，你也可以做出花样繁多的中国菜。根据是否放酱油，中国菜分为红烧和白烧。但即便是白烧的菜，尤其是慢菜，也多会蘸着酱油吃。有一件事我们却是从来不做，那就是把酱油淋到米饭上。当美国人这么做时，那看上去很奇怪，吃起来的味道恐怕也难以恭维。

酱油是用加盐的发酵黄豆做的，美国可以买到几种。用处最少的一种广东话叫做 chū-yau，"珠油"。一种深色浓稠的酱料，没有太多味道，主要用来给菜上色，餐馆里常用。另一种是生抽，"生着提取的"，淡褐色，味道鲜美，但对红烧来说颜色不够重，也买不到太多。做家常菜最适合的一种油是抽油，"提取的酱油"。幸好美国和加拿大都有几家公司生产。在广东话里，各种酱油也都叫做豉油。

有几种酱油的替代品，依次是：意大利的 Vesop，德国的 Maggi和法国的 Kub。

---

[1] 唐人街里通行广东话，所以这里是广东话的读音。——译者注

一种和酱油类似的东西叫做豆酱，它更稠。在中国，发酵的面酱更常见。广东把豆酱叫做 mo-shi。

此外，有一类白色的调料，一般用面粉的面筋作原料。菜谱中我们叫做调味粉。其中年代最久远的一种原料是干的发酵面筋（字面意思是"面粉的筋肉"），一般是家里自己做的。大约 30 年前，日本人从水解过的面筋中生产出一种叫做味之素（aginomoto）的粉末，"味道的主要元素"。晚些时候，中国公司开始生产味精，"美味的精华"，如今在唐人街的货架上也能找到。Pickup 和 Mee Boan 等调味粉是美国生产的，但主要在唐人街销售。

你会发现，本书很少有菜谱用到调味粉。因为好的厨艺讲究把食材的味道充分发挥出来。作料应该加强食材自身的味道，而非取而代之。调味粉近年来的流行已经使得烹调的水准下降，也让所有菜吃起来都是一个味儿。在食堂吃饭的人开始抱怨没有胃口，因为所有的菜吃起来都差不多。当然，如果谨慎地使用调味粉，只在食材平淡无味的时候加上一点，比如在菠菜蛋花汤里，那么菜就会大受欢迎。而且这样做的话，调味粉的味道也只是诸多味道中的一种而已。

其他常见的调味料是蚝油、芝麻油和腐乳。福建菜会用虾酱，一般人对于它的味道需要适应一下。鸡汤和肉汤常用来给其他材料提味儿。在大厨房里，有一大口通用汤锅。不同用途的肉会被放进去，然后捞出来烹调。这样汤里就有不同肉的味道。这叫做高汤，或是通用汤。

如果用了某些配菜，比如火腿、虾米、竹笋、蘑菇或雪里红，那么就基本不需要调味料了。

8. 配菜

配菜是介于食材和作料之间的东西。如果多放一些，它就是食材。如果少放一些，它就是作料。例如，在食堂里，你常常分不清一道菜是肉丝配一些雪里红，还是雪里红配上一点肉丝。所以中文只能叫它雪里红炒肉丝。[1]

配菜中有一些属于食材，最常见的是火腿片、干菇、竹笋、雪里红和辣椒。配菜中有一些只能做作料，不能做食材，包括葱、蒜、洋葱、香菜、姜和虾米。因为本书其他地方已然提到，这里只是提及，不再赘述。

为方便读者在中国商店里购物，下面是一张物品清单。

中文名称	普通话发音	粤语发音	英文名称
1. 花椒 川椒	hua-chiao ch'uan-chiao	fa-chiu ch'ün-chiu	fagara, Szechwan pepper
2. 八角	pa-chiao	paat-kok	aniseed, star anise, Chinese anise
3. 芫荽 香菜	yen-sui hsiang-ts'ai	yin-söi ——	coriander, Chinese parsley
4. 蚝油	hao-yu	hou-yau	oyster sauce
5. 麻油	ma-yu	ma-yau	sesame oil
6. 酱油 豉油 抽油	chiang-yu —— ——	—— shi-yau ch'au-yau	soy sauce, soy-bean sauce
7. 生抽	sheng-ch'ou	shang-ch'au	(first quality) soy sauce
8. 甜面酱	t'ienmien-chiang	t'inmin-cheung	flour jam
9. 原豉酱	yuanshih chiang	yünshi-cheung	bean sauce
10. 海鲜酱	haihsien chiang	hoisin-cheung	hoisin sauce

---

[1] 在这个菜的名字里，雪里红和肉丝两者没有主次之分。——译者注

第 4 章　炊具餐具

1. 炊具

中西方的炊具和餐具有些相同，有些则颇有差异。

家里最好备些各种尺寸的盆和锅，可以随时取用。一般来说，做得慢的菜要用厚一点的锅，而做得快的菜要用薄一点的。菜谱中提到的煎锅（skillet）是指任何浅的、薄的平底锅，可以让油很快热起来，用于各种方式的煎炒。而要是炸东西，当然要用一些足够深的锅，让油能没过所炸的东西。

中国家庭的厨房，可以没有烤炉，却不能缺少蒸锅。美国的双层锅里，汽碰不到食物，所以不算是中国意义上的蒸锅。干蒸的时候，需要一个带孔的上层蒸屉。蒸面食的时候，屉上铺一层棉纱布，防止粘锅，也常用芦苇叶和松针代替棉纱布。在菜谱里，我用屉（tier）这个词来指代穿孔的夹层。如果你买不到屉，你可以自己做一个，很简单。找一个比你的锅小且矮的锡盒或罐头。用一根大钉子和锤子，在盒底上敲出一些直径 0.64厘米的洞来。把盒子倒着放在锅里，它就成了个屉。湿蒸的时候，不需要什么特别的器具，只需要有一个足够大的锅，能在装下碗的同时，还余下空隙让蒸汽跑上去。

为了处理正在烹调的食物，你可以用普通的长勺、漏勺、带孔的铲子。我们有时用筷子把食物从锅里夹进夹出，如果你还没学会用筷子，可以用手指、叉子或是长勺。

在准备食材的时候，最重要的工具当属切菜刀，其实也是切肉刀。它大概 8 厘米宽，20 厘米长，刀背 0.32 厘米，刀口 0 厘米，还有一段 8 厘米长的圆把。一把这样的菜刀在手，你可以砍骨头，为鲤鱼去鳞（但不能为鲱鱼去鳞，因为鲱鱼压根不需要去鳞），剁肉馅，当然也能切菜。在剁馅儿时，两只巧手各持一柄这样的刀，按照流行民歌的节奏起落，馅儿便倏忽而成。绞肉机或许比菜刀更省力气，但最好的馅儿，尤其是包饺子时的白菜馅儿（菜谱 20.6），还是手工剁的好，这大概是因为剁馅是把食材切碎而不是磨碎。菜刀有时在唐人街可以买到。有时厨师备两套菜刀，一套用来切，一套专门用来砍。砍刀要钝一些，但这种差异不是很大，所有的菜刀看起来都差不多。无论厨师手里握着哪种菜刀，都不要和他们争吵，而要尊称他们为大师傅。

至于其他厨房用具，比如菜板、和面碗、擀面杖，中国美国都差不多。美国商店的厨具部有很多有用的东西，即便中国人从来不用它们。事实上，每次我从美国回来都带上一堆，开罐器啦，搅蛋器啦，不一而足。但我从来不买量杯、标准汤匙、标准茶匙或是发条表。虽然我行医的时候会用温度计和发条表，但在厨房里，我展现的是作为中国人的自我，而不是位营养师。中国的厨师或主妇从来不对空间、时间或物质做精确度量。他或她只是倒一些酱料，撒一撮盐，翻炒一会儿，然后他或她从勺沿儿上尝一尝滚烫的汁儿，或许补上点作料，然后菜就直接出锅了。直到写这本书时，我才开始量这量那，以便清楚地告诉你们我是如何做菜的。如果不测量，连我自己也不知道我是如何做菜的。这样一来，我不仅需要普通的量具，还需要一把英制尺子，因为我经常要量一量，才知道一块东西要切多大，或是糕点的直径是多少。最终，我还建议准备一个煮蛋计时器，因为许多炒菜所需的时间和煮溏心鸡蛋差不多。

2. 餐具

上菜会用盘子、盖碗和锅。但按照中国的吃法，分菜的环节不是很重要，因为菜从厨房分到碗里，然后大家都是从同一个碗里夹。按中国吃法，桌上不会有公用的勺或铲或其他餐具。按照西洋方法来吃中国菜，则要预备两套筷子和勺子，一套用来分菜，一套用来进餐。当有西方客人时，应该备些叉子以防万一。但如果客人坚持要练习用筷子，就不要勉强了。调料小碟或是蘸水要均匀摆放，以便大家方便取用。除了在某些特殊场合，比如煮螃蟹或涮羊肉，每种调料的数量总会比客人数目少。喝酒的时候，每人面前摆一只酒杯。中国白酒最好温着喝，有一些家里用双层底的酒杯，夹层之间有热水。上米饭、稀饭或是汤面的时候，每位客人都有一只碗。最近普及开来的做法是，每人面前摆一个小碟，放壳和骨头。按照中国方式，客人面前从来不会有一个大盘子，因为不会一次取那么多食物。在中国的餐馆里，晚餐结束之时还会端出来半杯热水。不，不要喝，因为它不是洗手用的！这是用来漱口的。漱过之后吐在事先准备好的痰盂里。这些动作要在众人起身的混乱之际，悄悄完成。许多人——包括我——不喜欢这个习俗。另外一件非常重要的东西是滚烫的毛巾，在晚餐结束时奉上，家里或是餐厅里都一样。因为中国流行沙眼，所以讲究卫生的人会养成习惯，用热毛巾的时候不碰到眼睛。热毛巾这东西太好了，一旦习惯之后，如果少了它，却只有一块干巴巴的餐巾奉上，就总会觉得自己的嘴巴还油乎乎的，没有擦干净。

3. 筷子

筷子作为餐具是如此重要，我必须要单独说明。筷子曾被叫做"箸"，和"帮助"一词有关，帮助你吃东西的东西。

但因为它的发音和"住"的读音一样，船夫们觉得不吉利，所以他们重新起了个名字叫筷子——"快东西"，而不是受阻停住。所以筷子的名字是这样来的。广东话里，筷子读作 faai-tsi，在美国的中餐馆里要这样发音。用筷子时，要区分上筷和下筷。下筷抵在拇指根儿（图 2 中的 D 点），而食指根儿（U）和无名指侧面（U'）都提供向上的力支起筷子。让下筷停在那里，或是滑或是滚。上筷悬空，拇指尖儿按住它，作为支点（F）。食指和中指的指尖儿两侧用力，在靠近食物的一端夹住筷

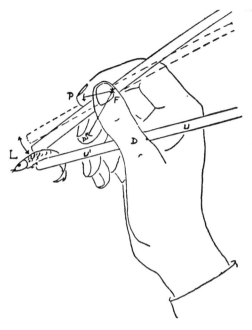

图 2 怎样使用筷子

子。若食指在 P（power，力）点用力，L（load，负荷）端就会向下，
与固定的那支筷子合力夹住食物。当中指在 P' 点向上用力，筷尖儿就会
张开（到虚线所示位置），就可以夹下一口菜了。这个张开筷尖儿的动作，
若有力的话，也可以分开食物，比如煮得特别烂的肉或鸡。在上下移动
之际，上筷有一点滚动是正常的，是由于筷子上端碰到了食指侧面；但
这轻微的滚动不影响大局。有效用筷需注意两点。第一点是筷子下端必
须对齐，不能一根比另一根长。另一点则是两根筷子必须在一个平面上。
不需要精通几何原理就能知道，若不符合这两条，筷子是夹不到一起的。

4. 压力锅

中国人不用压力锅，但我发现它们很适合做中国菜，所以我希望特此讲讲。无须赘言,压力锅只适合烹饪时间长的菜。它们的好处也正在于让烹饪的时间变短。用压力锅的话,大部分菜只需用 6.8 千克压力煮上 20 分钟。这里说的是受压时间,也就是压力锅已经达到预定压力后的时间。然而要记住的是,在熄火以后,要把压力锅静置 20 ~ 30 分钟,甚至更多。这个步骤很有必要,因为唯有这样,调料的色和味儿才会渗入食物里。然而红烧肘子(菜谱 1.1)在打开锅盖之前,须得放上 1 小时。如果煮过之后太快打开,食物会没到火候,丢了中国风味。

压力锅煮法绝对不限于红烧。白烧菜,比如菜谱 5.6,也很适合压力锅。

注意:不要堵住空气孔,把锅盖炸开了!由于压力锅特别适合汁儿浓的食物,你应该少加水,绝不超过锅的 2/3,宁可更少点。煮的时候有些东西会溅到通气孔,如果积得太多,孔就堵住了,而锅内的压力不断上升,最终会爆炸的。有些锅有保险丝,会在关键时刻熔化,把一场潜在的爆炸化为喷泉。但喷泉最好去外面看,而不是在家里。

但也不需要太害怕这类事情。一个主妇只要是稍加注意,就像她对于盆、锅、油、火那么注意,那么她就能驾驭压力锅,大有收获。

5. 火炉

做中国菜要有大中小三种火,而且说要就要,不能延误。因此我曾说,煤气灶台是最好的,而电炉台,上热慢、消热也慢,不适合做中国菜。各种老式中国炉子介于两者之间。但积累一点儿经验之后,我发现只要对一事略加注意,电炉子就会很好用,那就是:需要快火的时候,把炉子预热;需要骤然停火的时候,把锅端下来放在一边就好。一旦养成了正确的习惯,你会发现电炉台和煤气灶台一样来得方便。

6.冰箱

食物不分中国、美国,用冰箱来保存都很有效。除了能保存新鲜食材,冰箱还能存放半成品,包成一份份,一份的量解冻后正好够一次用。做好的菜用冷冻来保存也有效。我的一个朋友去人家里做客,女主人端上了一道菜,和这位朋友自己家里做得"一模一样",这让朋友惊讶不已。"你什么时候学会做这么好的红烧肉了,卡波特夫人?""这是你去年给我的剩菜,记得吗,陈太太?"

菜谱中会提到对冰箱的一些特殊运用,例如菜谱22.3的冻豆腐。

第 5 章　备菜

　　食材下锅之前可能要费些工夫准备。因此有些 3 分钟做好的菜，要花上好几个小时。当然，大多数菜准备 5 分钟就行。

1. 清洗

　　食物当然需要洗，但也有一些明显的例外。例如四川泡菜（第 6 章 18），泡之前就不能洗。以洋白菜为例，剥去一两层外皮之后，里面比用未杀菌的水洗过更干净。当然，大多数东西还是应该洗的。洗米用米篮，通常换两道水。如果用流水洗，相应地调整用量。面条不用洗，但煮好之后，可以用冷水过一下。如果想吃热的，可以再换上热水或是热汤。胗、肚和肠很难清洗。对于胗，要把它切开，把里面的沙子涮掉。市场上有时会卖清理好的肚。中国人清洗肚和肠的方法是把它们在粗糙石头上搓揉，它们如此美味，所以值得大费周章。

2. 切

　　炊具中，我没有提到锯子，因为我假设那些费力的工作已经由肉贩代劳，比如把一整个火腿切片，或是卸开猪脊骨。厨房里最浩大的工程，无非就是处理鸡鸭。关于切鸭子的描述，当然也适用于鸡，请参见菜谱 9.8 盐水鸭。说到切肉，用来红烧或是剁肉馅的大块肉，随便你怎么切都行。但在切片的时候，要牢记垂直于肉的纹理切，也就是垂直于肉纤维的方向。这对牛肉尤其重要，虽然也适用于其他肉类禽类。

　　一种切蔬菜的方法叫做滚刀块。以胡萝卜为例：先沿着胡萝卜轴心

图 3　滚刀块

以 30° 切上一刀。然后把剩下的胡萝卜旋转 1/3（120°），再用相同手法切一刀。这样一刀下去，既切到了原来的切面，也切出新的一面。若切的角度、转数和长度合适，会得到圆柱和椭圆的美妙组合。（见图 3）胡萝卜、芦笋、小黄瓜以及任何圆柱形的蔬菜都能切成滚刀块。

特殊的切法会在菜谱中涉及，我这里只讲一些特别常见的。整个肘子或是整条鱼这样的庞然大物，需要让汤汁或油尽快渗入，这就需要在表面打上刀花。但做鸡鸭的时候一般不这么做。鲜蘑应该切成 qIIp × TTTT 状的切片，也就是竖着切，与茎垂直。柱状的东西切成滚刀块。但需要非常细的片时，就用同一个角度平行着切，像是切西兰花一样。

3. 摘

我所说的摘，是指把有用的部分拣出来，没有用的扔掉。中国人的原则是能吃的就吃，而美国人的原则是能扔的就扔。对于大型动物的肉，这很简单，你只需要买你想吃的一块。卖家事先会扔掉你不想要的，但有时连你想要的也会扔掉。对于鱼类尤其如此。在美国要按照中餐方式烧一条鱼，第一步就是和鱼贩吵一架。你挑了一条新鲜鲤鱼，告诉他留着鱼头。结果习惯成自然，他顺手就把鱼头扔了。到家后你开包一看，发现没了头脑[1]。下次再去，你抱怨上次的事，他连忙道歉，让你满以为这次可以按照中式做法来。于是当他处理鱼的时候，你两度叮嘱他，留着鱼头里的舌头，因为那是鱼最美味的部分。他从没听说过这类事，所以找不到舌头，把它和鳃一起给扔了。但鱼贩是个好人，若你能控制住脾气，你很快也就能控制住自己的舌头。[2]

虾是否去壳，要根据菜品而定。要注意把虾背上的沙线去掉，菜谱中，我有时简称为"去沙"。

对于肉类和家禽，中国做法唯一的不同在于要留着猪皮，有时羊皮也留着。我们不吝时间地用镊子为皮除毛。对于鸭子，有些人不喜鸭尾的味道，尤其是清炖做汤时（菜谱 15.20）。除非事先确知所有人都能接受，最好还是除掉鸭尾，包括其中的腔上囊。然而有些人将之奉若至宝，犹如鲤鱼舌。

中国人摘菜有时摘得比美国人更仔细。因为炒菜需要非常嫩的材料。摘四季豆时，两端去掉 0.64 ~ 1.3 厘米（末端少去一点儿），并且在去头的同时，试着把豆荚侧面的硬丝拉下来。腌白菜时，要把外面的叶子多摘下一些。脏老的叶子扔掉，剩下的虽然不够嫩，不能用来腌制，但可以煮汤。豆芽在中国一般要剪短，当然在美国可以整根儿吃，因为这里找到些豆芽不容易。

4. 混合搅拌

食材和作料准备好后，有时还要做不少准备。菜谱中凡是提到混合，那就是彻底的混合，无论我是否强调。有些东西下锅前需要浸泡一段时间。有些烹调时间短的菜会用这种方式，比如炸童子鸡（菜谱 8.8）。

盐腌是一种常见的备菜方法。把食材用盐腌上一两天，做之前再把

---

[1] 原文是"you have lost your head"，一语双关，既指丢了鱼头，也指因生气等失去理智。——译者注

[2] 原文是"Keep your temper and you will soon be able to keep your tongue." "Keep your tongue."一语双关，既指说话谨慎，不责怪鱼贩，也指留住鱼舌头。——译者注

盐冲去一些。用到这种方法的菜包括镇江鲜腌肉（菜谱 5.4）和熏鲤鱼（菜谱 10.12）。

关于机械搅拌，我不必说太多，比如打鸡蛋、揉面团、拌馅儿、做鱼丸（菜谱 10.10）这类特殊的搅拌会在菜谱中详细谈到。

5. 预煮

最重要的预煮是发（develop）。如前所述，为了便于保存，也为了口味的缘故，我们用许多干菜、腌菜。这些菜下锅之前，需要用热气或潮气让它们软下来。有时会把它们煮半熟、静置。每样菜发的方式不同，详见菜谱。

第二重要的预煮是预炸。炸小肉丸（菜谱 4.1）蘸椒盐吃还不错，但太干也太平常。大肉丸不这么做，而是先预炸一下，之后做成狮子头（菜谱 4.3）才真正显示出魅力。

水煮作为一种预煮方式自无须赘言。最典型的就是著名川菜回锅肉（菜谱 5.7）。

如果你做的菜需要预煮，并且要储藏在冰箱里，那么最好在水煮之后放入冰箱，而不是生着或是完全做好之后。这适用于叉烧肉（5.11）、烤鸡（8.22）、烤火鸡（8.23）和炒蟹肉（12.14）。

第 6 章　烹调

　　当食材全都准备好了，你就可以做以下 21 件事。你可以（粗体是比较重要的）1. 煮，2. **蒸**，3. 烤，4. **红烧**，5. **清炖**，6. 卤，7. **炒**，8. **炸**，9. **煎**，10. **烩**，11. 干煸，12. 汆，13. 涮，14. 凉拌，15. 滋（sizzle），16. **腌**，17. 酱，18. 泡，19. 做干，20. 熏，再加上——如果前面都做对了——21. **吃**。我下面会逐项解说。

1. 煮

　　中国菜很少全程大火水煮。我们从不会吃水煮土豆。煮了东西之后，最自然的问题是：接下来做什么？快煮一下往往只是为下一步烹调做准备，比如回锅肉（菜谱 5.7）。不是没有例外，比如清水煮白菜，加上一些盐和猪油，或是煮甜薯，蘸着糖吃。但白菜和甜薯是不需要厨艺的菜，无论怎样做都好吃。要学更精巧的水煮方法，请看下面的解说。

　　若你的丈夫很有科学头脑，比如我家的这位，他们会强烈反对水烧开后继续用大火，因为水温无论怎样也不会超过 100 摄氏度。如果你想让他满意，可以调到中火。但至少要保证锅内各处都达到沸点，尤其当锅又大又高的时候。火要足够大，让你能看到蒸汽冒出来。然而这个说法仅供参考，因为如果你说看到了蒸汽，这可能要招致另一场争论，因为"蒸汽是看不见的"，懂了吗？

2. 蒸

蒸最考验食材的质量。因此最新鲜的淡水鱼常常用这种方法烹调，当然不仅限于此。有时直接蒸食材，比如火腿（或是打散的鸡蛋，只放些盐和水）；有时先要把食材搅拌好。蒸碗放在蒸锅里，水量要不至于烧干锅，也不至于会进入蒸碗里。蒸的时间从半小时到 5 小时不等，取决于蒸的是什么。有时蒸碗中不需要加水，天然的汁水和蒸汽就含有足够的水分了。

许多点心都是用蒸屉或穿孔托盘蒸出来的。所谓的清煮螃蟹其实是用屉蒸的，而不是煮的。

3. 烤

烤不是中国的家常做法，因为家里一般没有设备。只有餐馆会烤东西，广东菜馆尤精于此道。鸡鸭鹅——整个儿烤——十分常见，烤猪少一些，牛羊更难得一见，但都做得很好。烤箱仅用来烤点心，烤肉用的是炭火，肉一圈圈缓缓旋转。烤肉时不时要加些酱料，里面外面都加，这样烤出的肉表皮光滑，不会粗裂，口感多汁，不会柴。中国烤鸭，比如北京著名的那种，其实是一种软烤（soft-broiled）的鸭子。家里可以去熟食店买烤好的肉，凉着吃。但要想吃脆皮多汁的新鲜烤鸭，那就必须去餐馆了——那种有两百年历史的老店。

你一定注意到了，我没有提到烘焙。饼干这类东西是用炉子烘焙的，但它们不是菜。把准备好的食材放入烤箱烤熟，这不是中国菜的常见做法。

4. 红烧

红烧是用酱油炖。有些材料需要先炒一下，有些则不必。之所以叫红烧，是因为酱油产生一种红色。[1]

红烧是典型的家常做法。它不是厨师们所谓"出菜"的做法，因为很多食材下锅，煮出来只有一点，它显得很少。大多数食材都要煮上很久，所以红烧的菜在餐馆中一般不单独点，除非是提前几小时特别预定。对于主妇来说，它具有慢菜的共同优点，那就是剩菜可以保存得很好，而且可以凉着或是加热了再吃。凉的红烧肉冻、鸡冻格外好吃。如果你每次吃完后把菜热一下，加热到沸点，那这锅菜可以保存将近两周。另一个居家建议是，你可以不断加新鲜的蔬菜到吃剩的红烧菜里，比如菠菜、芹菜、洋白菜、豆面，等等。如此这般，几乎可以将一锅菜无限延伸开去。

一般特别适合红烧的食材有：猪肘、带皮五花（新鲜咸肉）、鲜火腿、炖牛肉（尤其是带腱子的）、羊肉、羊腿（带皮也很好）、整鸡、整鸭、鲤鱼、青鱼。烹饪的时间要 2 ~ 6 个小时，取决于食材和买菜的水平。细节详见诸多红烧菜谱。

5. 清炖

清炖和红烧有诸般不同。"清"是因为不用酱油。第二，它有更多水，慢煮的过程产生清汤，餐桌上会喝。除了少数要发的干菜比如干冬菇，大多数清炖的食材是肉和鱼。水一烧开，就要变小火。一旦水持续滚沸了一阵，汤就变得浑浊难喝了。一般用来清炖的材料有：猪肘、带皮五

---

[1] 如果用淡色的酱料，会产生奇怪的效果。就像闭着眼睛喝白波特酒时，你总会以为是红酒。用这种料时，吃起来像是红烧，但看起来却不像。为了避免这种情况，厨师、主妇或是厂商会把本来淡色的酱油调成深色。

花、肩肉、整鸡、整鸭、整只甲鱼、整条或是半条鲱鱼。有人喜欢在第一遍煮猪肉鸭肉的时候撇去浮沫，这让味道变淡，也可以撇一些油出来。鸭子要去尾。清炖家禽和鱼的时候，用料酒准没错。火腿片和冬笋会为汤增味，但不会过分。

清炖时，食材高下立见。好厨师以能做好清炖为荣，普通厨师不愿做清炖，因为它需要太多食材和时间。清炖实用之处在于，它既是主菜，也是汤。

6. 卤

卤和红烧类似，但它食材更多，时间更长，香料也更多。熟食店比家里更多用到卤。大家庭会常常卤东西。先把鸡、鸭、大块肉比如肘子——连皮带骨一股脑儿，水开后炖 1 小时。然后加入葱、姜、八角和不拘量的料酒和酱油。炖上一整天，直到食材快要碎了，然后捞出。剩下的是老卤，以后卤菜可以用。

卤东西时，把食材切成中等大小的块，放入已然煮沸的水中煮 3～5 分钟，然后捞出，放入老卤中炖 1～2 个小时。然后取出，冷食热食皆可。

用了三四次后，老卤需要用酱油、盐、酒和香料来提味儿。放置一旁之前，只要碰到了生的食材或是未杀菌的勺子，卤料就要加热杀菌。据说有些老卤已经传了两三百年。卤味店老板最怕兵乱，担心多年老卤被破坏。

卤蛋是特别受欢迎的一种食物。这种蛋先是带壳煮，煮得久了又会变软。因为鸡蛋光吸收味道，不释放多少味道，所以不能用来做老卤。

虽然卤的过程麻烦，它的优点是一劳永逸。尤其是在中国，你总要招待意想不到的客人。

7. 炒

炒是最具中国特色的烹调方法。要理解炒，必须要懂点中文，因为中文的炒这个字——连着它的送气和抑扬音调——实在无法恰如其分地译为英文。粗略地讲，炒可以被定义为：大火浅油连续翻动快速油煎切碎的食材加上调料汁儿。我们要叫它翻炒，或是简称炒。西方厨艺中最接近的方式是嫩煎（saute）。

最适合炒的食材是里脊或猪牛羊的其他部分，但不能有腱子，而是齐整的肉；家禽要用胸肉；鱼背上的肉最好。菜要炒得嫩，切肉时注意要垂直于肉的纹理切。

虽然炒本身一般只要两三分钟，准备食材却颇为费事。

首先要把食材切成条、片、丝或块，不一而足。不同食材需要的烹饪时间不同，要注意下锅的时间，以便使所有食材同时做好出锅。

把菜下锅前，油首先要加热。基本不用加水，尤其是有新鲜青菜的时候，它们自己的汁就足够了。要注意每样食材的烹饪时间，以便同时做好，然后整盘菜立即上桌，立即享用。往往这时要女主人出面干涉，让男人们不再三句话不离本行地滔滔不绝。菜可以放在低温炉子里保温一会儿，但这会让菜的美味流失。

因为炒菜对时间要求高，做得非常快，可以叫它"闪电做饭"。又因为炒菜要尽快吃掉，所以需要"闪电吃"。餐馆厨师常喜欢炫耀炒菜的技艺，人们也往往据此评价厨师的水平。炒是最讲究"出菜"的一种做菜方式。

8. 炸

中国菜里的炸更多是一种备菜的方式，而不是做菜的全过程。点心往往是炸的，但它们不算是菜。

准备炸的最常见方法是把东西切成中等大小的块（对于要整条上桌的鱼，那就割几道缝），在调好的调味料里泡一阵，然后在热油中炸。有时会用淀粉或是蛋清面粉裹一下食材。炸的东西一般蘸椒盐吃。当炸好的食材加上其他食材和调料汁，那就成了烩。具体见下面的第 10 部分。

9. 煎

煎和炸一样，都很少是烹饪的整个过程。面点有时会煎一下，尤其是煮过之后，比如煎饺。煎过之后，正宗的吃法是蘸着调料直接吃。煎过之后又加其他食材，那就成了烩、干煸，等等。详见下文。

煎常用来代替炸，这是为了省油，或是防止食物太干，或只是因为锅太浅，不能让鱼或其他东西全部没入油里。

10. 烩

把一些事先处理的食材放到一起，加些调料，一起烧，通常只是简单的水煮，这个过程叫做烩。两种食材里，数量较少的那种"烩"了另一种，比如虾饼烩白菜（菜谱 11.11）。你可以把很多东西烩在一起，比如罗汉斋，菜谱 14.28，那真是名副其实的大集会。

11. 干煸

煎东西的时候，有时煎好了蘸料吃。然而在把东西拿出煎锅之前，把调料倒入锅里，闷上 15 秒钟，那就成了干煸。当然，你不会想要在油炸的时候倒调料进锅里去，那需要太多调料了。

12. 汆

这是一种非常快的做菜方式。它的原理是，加热面积越大，烹调时间越短。因此你把肉、鱼或鸡切成极薄的片，蘸上酱油、酒和淀粉，然后投入滚水中。1～2分钟后，肉就熟了，又嫩又美味。汆过之后，汤的味道也加强了。枝叶较细的蔬菜不需要切，比如菠菜，但它们比同样大小的肉要多煮一会儿。

冬天里，桌上放了火锅用来汆菜。著名的菊花锅（菜谱16.1）就是个例子。

13. 涮

涮是汆的一种，专指在桌上涮羊肉片。北京的涮羊肉最为出名。当你去北京的涮羊肉馆子，伙计会端上来一个燃着炭火的清汤火锅，有各种小料你可以自己调配，还有一盘盘削得精薄的羊肉片。当汤煮沸了，你用筷子夹几片羊肉放入滚汤中，偶尔涮两下；肉一变色就拿出来，蘸上小料来吃；烹饪过程到此结束。

不想费劲一直夹着羊肉，你可以放入汤里，当然这样可能导致找不到它们，让它们煮老了，或是肉被其他人捞了去。

详情见菜谱7.4。

14. 凉拌

凉拌和美国的沙拉类似，但通常我们先把食材焯一下，煮个半熟，因为生吃中国的蔬菜恐怕不安全。用酱油、醋、辣椒和糖调成各种口味的酱料。最好的调味油是芝麻油，在美国就不得不用色拉油了。

15. 滋

滋是把炸锅巴投入到热汤里。这有多种形式，通常先用四川榨菜做一碗清汤。榨菜是鲜美的腌菜，稍微有点辣。锅巴是米饭下层烧焦的那层，米饭做熟后再继续加热而成。（煮的时候因为疏忽而烧煳的米饭完全是另一码事，味道没有锅巴好。）把锅巴放几个小时晾干，油炸，炸好上桌，投入汤里食用。

16. 腌

中国美国的腌菜方法大体相同，但腌菜在中国更为重要。原因有三：首先，中国大多数地方少有冰箱或罐装设备，易腐的食物必须要腌了保存。第二，腌菜远较鲜菜更为下饭，因此更经济。最后也最重要的是，许多菜腌了更好吃。比如芥菜新鲜的时候挺不错，但腌过之后则超凡脱俗。诚然，菜一旦腌了，会丧失很多维生素。但对穷人来讲，要么是有低维生素的腌菜吃，要么是没有菜吃。

腌菜的一个常见的变化是鲜腌，也就是把新鲜食材腌上一两天，紧接着就烹调，比如镇江鲜腌肉（菜谱5.4）。

有时腌完的食物还要再煮，有时候腌完就可以吃了。腌白菜很可能是许多人最喜欢吃的凉菜。

17. 酱

酱菜主要用豆酱（中国常用面酱）或酱油；用醋的比较少见；用糖浆或蜂蜜的是甜点，不是菜。酱黄瓜是一道佳肴，在唐人街的货架上偶尔可以寻觅到。

18. 泡

　　四川泡菜全国流行。做泡菜关键是坛子，要用颈上有环形水槽的陶土坛子，这样水槽里灌上水，用一个碗倒扣上，整个坛子就密封起来。坛子里先放入白菜、大萝卜、甜椒、辣椒、洋白菜、盐和坛子一半多的凉开水。取的时候不要用沾了油的器具。放入坛子的菜不要洗。吃的时候剥皮或是切开，吃里面干净的部分。

19. 做干

　　做干是仅次于腌的一种保存食物的方法。它比腌更难，因为要防止食物变干之前先烂掉了。中国家里把食物做成干，就像美国家里自制罐头一样。但中国的院子在房子里，美国的院子在房子外，所以在美国把萝卜、鲍鱼、扇贝、香鸡晾到院子里有些不方便[1]。所以我就不详细讲述晾干各种东西的过程了。要腌菜或干菜，你去唐人街买就好了——在中国则是去南货店。

20. 熏

　　熏比较常用在鱼、鸡和烟草上，不太经常熏肉。熏的时候一般用红糖。熏的一般过程，以菜谱 10.12 为例。

　　以上描述里，对于不常见的、西方家庭不容易掌握的烹调方法，我讲得详细些，而对于更常见的方法，我只是泛泛而谈，因为菜谱中会有详细描述。

　　读了这些，你可能已经总结出，做中国菜需要的火变化多端。这方面来说，煤气炉比大多数中国炉好用很多。

---

[1] 这叫做风干。

　　然而用电炉子的话，你需要调整一下习惯。要想突然断火，你需要把锅拿走；要想突然加火，你需要提前几分钟先把炉子烧起来。关于炉子，也请参见 62 页。

Chapert_02

菜谱和菜单

第 1 章　红烧肉

　　这类菜叫做红烧肉，因为酱油让肉染上红棕色。做菜手法要是出色，肉就会看起来更出色。

　　餐馆里不常找到红烧肉，因为它做起来太费时费料。但它对中国家庭非常重要，犹如烤牛肉对美国家庭一样。

　　你可以用生肘子，生火腿或咸肉。留着肉皮，对很多人来说，肉皮是肉的精华。肘子和火腿常常整个烧。咸肉常切成 2.5 ~ 5 厘米的方块，每块都带一点皮，让每个人都吃到。之所以红烧肉不常用猪排骨，是因为猪排的纤维更长，对红烧来讲不够松。

　　在成块的红烧肉中，常常会加其他配料，像是西式菜中的配菜。因此，你可以加新鲜蔬菜，腌的或干的海鲜，我们在菜谱中会看到。

　　红烧肉可以放在冰箱里，保存一两周而不失味。热了几次——但也别太多——之后，它尝起来甚至美于初成之日。

　　要记住，这些菜谱是为了 6 个人（西式吃法）或 10 个人（中式吃法）准备的。人少则按比例递减。

1.1.　红烧肘子

　　肘子或生火腿 1 整只，　　　酱油 1 杯

　　2700 ~ 3600 克，带皮带骨　糖 1 汤匙

　　冷水 2 杯　　　　　　　　　生姜 2 ~ 3 片（买得到的话）

　　雪利酒 1/4 杯

　　买来生火腿或肘子，连皮带骨，不需要处理。外面洗净后，在没有

皮的地方切上几道（以便入味）。肘子放在大锅里，加两杯水。开大火，合上锅盖。烧开后加入雪利酒，酱油和姜。重新闭紧锅盖，调到小火，煮上 1 小时。然后把有皮的一面朝下，小火再煮上 1 个小时。这之后加糖，再煮半个或 1 个小时（总共要 2 个半或 3 个小时，取决于生肉的软硬程度）。

要想试试肉的程度，可以用叉子或筷子戳戳肉。如果能轻易戳进，那就是好了；如果不行，就小火再炖上一会儿。当然，要考虑到叉子可比筷子锋利得多。

第二次吃的时候——人少的家庭总是要这样——可以重新加热或是吃凉的。热的时候用小火，以免糊锅。凉吃的时候，肉更硬，可以切成更好嚼的片，带上些肉冻。（留着上面的一层肥油，用来做别的菜。）

1.2. 红烧肉

对这类红烧肉，选肉的优先顺序如下：生咸肉，生肘子，生火腿，猪排。

猪肉 1360 ～ 1800 克	盐 1 茶匙
水 1 杯	姜 4 片（买得到的话）
雪利酒 2 汤匙	糖半汤匙
酱油半杯	

肉洗净，切成 2.5 厘米或 3.8 厘米的方块。把肉和 1 杯水放入大锅，开大火。烧开后加雪利酒、酱油、盐和姜。闭紧锅盖，小火煮 1 个半小时（猪排只煮 1 小时）。然后加糖，再一次用小火，煮上半个到 1 个小时。用测试红烧肘子的方法试肉熟的程度。

1.3. 黄萝卜烧肉

猪肉 1360 克（肉的部位　　　　酱油 6 汤匙
见上一菜谱）　　　　　　　　　盐 1 茶匙
黄萝卜 [1] 910 克　　　　　　　姜 4 片（买得到的话）
水 2 杯
雪利酒 2 汤匙

　　红烧肉的部分同上。洗肉，切成 2.5 厘米见方的块。加肉和水入大
锅，用大火。水开后加酱油，雪利酒，盐和姜。合紧盖子转小火。
　　萝卜的部分，洗净剥皮。切成除了方块之外的任何形状，大小和肉
块差不多。
　　小火煮肉 1 小时后，下萝卜。（肉嫩的话，时间相应减少。）一起再
煮 1 小时。

1.4. 胡萝卜烧肉

肉和调料同上一菜谱
胡萝卜 1 串

　　削皮洗净胡萝卜，切成滚刀块。切胡萝卜一刀，把胡萝卜转 1/3 圈，
再切一刀，切口和上一刀交叉。如此类推。（见图 3）
　　按照肉和胡萝卜的方式同上。

—————
[1] 在中国一般用大萝卜。

1.5. 鲍鱼烧肉

肉和调料与菜谱 1.2 相同

但是：只用 1 杯水，用鲍鱼汁做第 2 杯水

鲍鱼 1 盒（去唐人街买）

按照菜谱 1.2 做肉。

把鲍鱼切成 0.3 厘米到 0.6 厘米厚的片。

出锅前 5 分钟，把鲍鱼放到锅里，煮太久它就老了。

1.6. 红烧肉鸡蛋

肉和调料同菜谱 1.3

增加：糖 1 茶匙（萝卜烧肉时，食材中的糖足够了）

蛋：不超过 12 个就好

按照菜谱 1.3 烧肉。

鸡蛋煮 15 分钟；放入凉水冷却，剥壳。

像放入黄萝卜一样把鸡蛋和糖放入锅里。有些人喜欢在鸡蛋上敲出裂缝，以便入味。

1.7. 梅干菜烧肉

肉和调料同菜谱 1.3

增加：糖两茶匙

梅干菜 230 克（去唐人街买，或者买罐装腌白菜，那样菜里就不放盐了。罐装白菜与梅干菜味道不同，但有些人更喜欢它。能买到的话就用 1 罐）

按照菜谱 1.3 烧肉。按照萝卜烧肉的方法加入菜和糖。

1.8. 黄花菜烧肉

肉和调料同菜谱 1.3

增加：糖 1 茶匙

干黄花菜（唐人街叫 kam-cham，"金针"）110 克

黄花菜在热水中泡 1 个小时。倒掉水，用冷水涮两遍黄花菜。

按照菜谱 1.3 烧肉。放入黄花菜的时间比放萝卜晚半小时，因为黄花菜需要的时间总是比萝卜少。

1.9. 冬笋烧肉

肉和调料同菜谱 1.3

增加：糖 1 茶匙

冬笋 1 罐（罐头里的汤不要用）

按照菜谱 1.3 烧肉。把冬笋切成不规则的形状，大约 1.3 厘米的方块（块适合红烧，丝更适合炒）。

上桌前 15 分钟下冬笋。

1.10. 鱿鱼烧肉

肉和调料同菜谱 1.3

增加：糖 1 茶匙

鱿鱼 900 克

洗鱿鱼，去皮。清除鱿鱼里面的所有东西。留着"腿"。切成 2.5 厘米大小。

按照菜谱 1.3 烧肉。在预定放萝卜的时间放入鱿鱼。

1.11．咸鱼烧肉

肉和调料同菜谱 1.3

增加：糖 1 茶匙

除去：只用 2 汤匙酱油（因为咸鱼已经很咸了）

咸鳕鱼或中国咸鱼 680 克

把咸鱼放入冷水锅中，放半天。切成 2.5 厘米的方块。

按照菜谱 1.3 烧肉。但放入咸鱼和糖的时间要比原本放萝卜的时间早半小时。

1.12．粉丝烧肉

肉和调料同菜谱 1.3

增加：糖 1 茶匙

粉丝（唐人街叫做"长米"）230 克

粉丝在热水中煮半小时。关火放半小时。

按照菜谱 1.3 烧肉。

加入准备好的粉丝，加 2 杯水，参考烧肉萝卜的方法出锅。

1.13. 栗子烧肉

肉和调料同菜谱 1.3

增加：干栗仁 450 克（有时在中国或意大利食品店可以买到去壳的栗子）

栗子煮上 1 小时，或是直到变软，但不能散掉。

按照菜谱 1.3 烧肉。

加入栗子。等水再次烧开，15 分钟后出锅。

第 2 章　肉片

红烧肉用的大肉块是三维的，肉片（说肉的时候，默认是猪肉，还记得吗？）用的肉是二维的。切肉片不要用肥肉。常用的部位有排骨、嫩腰，或是肘子及生火腿上瘦的部分。筋腱不适合切片，你一试便知。但还是劝你相信我，别去试了。

把肉切成 0.16 厘米厚、2.5 厘米见方的片。要是切不好，可以切得厚一点。这需要很多耐心和技巧，但多数中国主妇都深谙此道。

肉片很少单独做，而是配上多种其他材料。这样做的好处很体现了中国菜的一般特色。加上多种配菜后，不但能用一点肉就做很多菜，而且也创造出许多新味道。我一直不解，为什么鲜牛肉就一定要配卷心菜，法兰克福香肠必须要配德国泡菜，而同样的东西改个名字叫"热狗"，就总是要配（或是不配）芥末吃。然而——啊哦，天哪，我光顾着闲聊，肉片要糊了。

嗯，因为肉切得细，很容易做熟，也容易熟过头。因此做菜的时间更关键，也就是说，它比慢菜更容易出岔子。看菜谱的时候要注意，有时搭配的蔬菜比肉片需要更多时间烹调。每样东西用时各不相同。

用肉片的大多是炒菜——见前面的描述——虽然也有肉片汤。那会在汤的部分提到。（菜谱 15.1 ~ 15.5）

做下面的菜之前，确保你仔细读过了上面关于炒的介绍。

2.1. 冬笋炒肉片

肉 680 克（或是去骨肉 450 克），肉的种类见导言

冬笋 1 罐（美国似乎没有新鲜竹笋，至少没有能吃的种类，只有已经

煮熟的罐装竹笋，用来做菜正好。有两种竹笋，冬笋和春笋，冬笋更嫩而小。去唐人街买吧）

酱油 2 汤匙半 　　　　　　　糖 1 茶匙

雪利酒 1 汤匙 　　　　　　　盐 1 茶匙

猪油或植物油 2 汤匙 　　　　玉米淀粉 1 汤匙

　　　　　　　　　　　　　　水 2 汤匙

肉切成薄片，0.16 厘米厚，2.5 厘米见方。把肉片和 1 汤匙半酱油、雪利酒、玉米淀粉、糖和水充分混合。

去掉罐装冬笋的汤汁，把竹笋切成肉一样的片。

在炒锅中加热猪肉。加入调好的肉，不断搅拌防止糊锅。2 分钟后，加入竹笋片。加入剩下的酱油和盐。再炒 1 分钟。

2.2. 鲜蘑炒肉片

准备和菜谱 2.1 中同样的肉，同样的切法

鲜蘑 450 克

按照上述方法准备肉。

把蘑菇洗净切片，让蘑菇片从一个角度看起来如 qᴵᴵp，另一个角度看上去像 TTTT。

把 2 汤匙猪油或植物油在平底锅里加热。放入蘑菇，连续炒上 2 分钟。然后取出蘑菇，放入盘子或碗中。另取 1 汤匙猪油或植物油，按上一菜谱烹调。（蘑菇很吃油，因此炒蘑菇用 2 汤匙油，而炒肉只用 1 汤匙油。）

肉炒上 2 分钟，重新加入蘑菇，炒半分钟。愿意的话可以加盐。

2.3. 黄瓜炒肉片

准备和菜谱 2.1 中同样的肉，同样的切法

调料亦同

大黄瓜 1 ~ 2 根（或是 3 根小的）

黄瓜去皮。如果用大黄瓜，纵向切成两半，把籽刮掉（黄瓜嫩的话就不用了），切成 0.16 厘米厚的片。

如上方法备肉。

加热 1 汤匙猪油或植物油。放入黄瓜炒 2 分钟，取出。

用 2 汤匙猪油或植物油炒肉，方法如上。2 分钟后放入黄瓜，一起炒半分钟。愿意的话可以加盐。

2.4. 青椒炒肉片

准备和菜谱 2.1 中同样的肉，同样的切法

调料亦同

增加：猪油 1 汤匙

大青椒 5 个

青椒洗净，切开，洗掉籽；切成大约 2.5 厘米见方的不规则形状。

加热 1 汤匙猪油或植物油，连续炒青椒 2 分钟，然后拿出。

用 2 汤匙猪油或植物油炒肉，方法如上。2 分钟后放入青椒，一起炒半分钟。愿意的话可以加盐。

2.5. 南瓜炒肉片

准备和菜谱 2.1 中同样的肉，同样的切法

调料亦同

南瓜（意大利南瓜）680 克

把南瓜切片，0.16 厘米厚，尺寸略小于 2.5 厘米见方。

用炒青椒的方法炒南瓜，但要炒上 6 分钟而不是 2 分钟。然后取出。

如菜谱 2.1 一样炒肉，但加入一些黑胡椒，然后加入南瓜。愿意的话可以加盐。

2.6. 豆角炒肉片

准备和菜谱 2.1 中同样的肉，同样的切法

调料亦同

豆角 450 克

豆角洗净。去掉两端，掰成 2.5 厘米长的段。

在平底锅中加热猪油或植物油，但不要太热。放入豆角连续翻炒 1 分钟。加入半杯水（可以加盐），盖上锅盖，等 3 分钟。（当豆角颜色变成一种更嫩的绿色时）拿下锅盖，每 10 秒钟翻炒一下，持续 5 ~ 6 分钟，然后拿出。

像之前一样炒肉，出锅前 2 分钟加入豆角，一起炒半分钟。

2.7. 西红柿炒肉片

准备和菜谱 2.1 中同样的肉，同样的切法

调料亦同

西红柿 680 克

西红柿切成小片。先炒肉，然后放入西红柿（见菜谱 2.1）。

2.8. 豆腐炒肉片

准备和菜谱 2.1 中同样的肉，同样的切法

调料亦同

豆腐 550 克（去唐人街买）

豆腐切片，2.5 厘米见方，0.64 厘米厚。

先炒肉，然后放入豆腐（见菜谱 2.1）。小心不要弄碎了豆腐。

2.9. 菜花炒肉片

准备和菜谱 2.1 中同样的肉，同样的切法

调料亦同

菜花 450 ～ 680 克。

菜花切片，大约 0.16 厘米厚，2.5 厘米见方。

加热 1 茶匙猪油或植物油，放入菜花片，翻炒 1 分钟，加盐和 1 杯水。改为中火，不停搅拌，煮 4 分钟，取出。

按照菜谱 2.1 炒肉片。2 分钟后，加入菜花，一起翻炒半分钟或更久。

2.10. 豌豆炒肉片

准备和菜谱 2.1 中同样的肉，同样的切法

调料亦同，但只要 1/4 茶匙盐

嫩豌豆 230 克（如今一般市场中偶尔也能买到）

豆荚的两端去掉。个头大的要斜着切成两半。多放 1 汤匙猪油，加热后炒豌豆 1 分钟，取出。按菜谱 2.1 炒肉 2 分钟，豌豆回锅，一起炒半分钟。猪肉可以用牛肉（嫩腰）和鸡肉片替换。

第 3 章　肉丝

正如肉片比肉块少了一维，肉丝比肉片还要少一维。想要肉丝很简单，把肉片切成大约 2.5×0.16×0.16 厘米的形状就行了。红烧肉是慢菜，肉丝和肉片一样，都是快菜。肉丝从来不独自成菜，而是几乎永远被做成炒菜。肉丝也是寄宿膳食最常见的菜，因为用同样数量的肉，肉丝配蔬菜显得肉格外多。

肉丝的选肉和基本烹调方法，和肉片相同。肉要在调料中浸泡，而且要先单独炒好，然后再搭配其他菜。

3.1. 芹菜炒肉丝

芹菜 1 捆（约 450 ～ 680 克）　　雪利酒 1 汤匙

肉 680 克（除非客人是拖欠　　糖 1 茶匙

房租的寄宿生）　　猪油或植物油 3 汤匙

酱油 2 汤匙半　　盐 1 茶匙

肉切片，然后切丝。芹菜洗净，切成比肉略大的丝。

加热 1 汤匙猪油或植物油。放入芹菜翻炒 2 分钟，取出。

将肉丝和 1 汤匙半酱油、雪利酒和白糖彻底混合。

加热另 2 汤匙猪油或植物油，放入调好味的肉丝，翻炒 2 分钟。放回芹菜，加盐和 1 汤匙酱油，一起炒半分钟。

3.2. 豌豆炒肉丝

肉和调料与菜谱 3.1 相同

冻豌豆 2 包

豌豆解冻

肉切丝

肉和雪利酒、糖和 1 汤匙半酱油混合。

加热 2 汤匙猪油或植物油，下肉炒 2 分钟。不需要拿出肉，放入豌豆，加盐和另 1 汤匙酱油，一起炒 1 分钟。

3.3. 豆芽炒肉丝

肉和调料与菜谱 3.1 相同

豌豆芽（不是黄豆芽）450 克

豆芽炒肉的做法和豌豆炒肉方法相同，只是多炒半分钟。

3.4. 洋葱炒肉丝

肉和调料与菜谱 3.1 相同

洋葱 680 克

把洋葱切成 0.3 厘米厚的丝。因为洋葱本来就一层层的，所以最好横着切。当洋葱横着放在菜板上时，就是竖着切。洋葱滚刀不好切的话，就把洋葱一分为二，然后再切。

肉切丝，和糖、雪利酒、1 汤匙半酱油充分混合。

加油 1 汤匙猪油或植物油，炒洋葱 3 分钟，加盐和 1 汤匙酱油，取出。热 2 汤匙猪油或植物油。炒肉 2 分钟，放入洋葱翻炒半分钟。

3.5. 白菜炒肉丝

肉和调料与菜谱 3.1 相同
白菜 1 棵，约 900 克

白菜切成 0.32 厘米厚的丝。最好的方法是横跨着切，每段 0.32 厘米。然后按照前面的菜谱继续。

做菜过程中，白菜会出很多汤。留着汤，与菜一起上桌，配米饭很好。

3.6. 卷心菜炒肉丝

肉和调料与菜谱 3.1 相同
卷心菜 1 棵，大约 450 克

把卷心菜切成细丝，像是做蔬菜沙拉时那样，但可别加沙拉酱进去。
肉切丝，用糖、雪利酒和 1 汤匙半酱油混合均匀。
平底锅加热 1 汤匙猪油或植物油。卷心菜放进去，持续炒上 5 分钟，取出。
加热剩下的 2 汤匙猪油或植物油，炒肉 2 分钟。加入卷心菜，放盐和 1 汤匙酱油。炒半分钟或更久。

3.7. 龙须菜炒肉丝

肉和调料与菜谱 3.1 相同

龙须菜 450 克

肉切丝，加调料搅拌，方法参见菜谱 3.1。

去掉龙须菜硬的部分（靠近根部）。把嫩的部位斜切成长方形片（2.5 厘米长，0.64 厘米厚）。将龙须菜在水中焯半分钟。倒掉热水，用冷水洗菜。

按照菜谱 3.1 的方法，炒肉 1 分钟。加入龙须菜，炒 3 分钟或更久。

3.8. 青椒炒肉丝

肉和调料与菜谱 3.1 相同

大青椒 6 只

按照菜谱 3.1 的方法将肉切丝。

青椒分两半，去籽，切丝。

平底锅中加热 3 汤匙猪油。加入调好的肉，炒 1 分钟。加入青椒，炒 3 分钟或更久，加 1 汤匙酱油并上桌。最好在出锅后即刻食用。

3.9. 绿茶炒肉丝

猪肉或波士顿猪肩胛肉 [1] 450 克	酱油 3 汤匙
绿茶叶 2 汤匙	糖 1 茶匙
玉米淀粉 1 汤匙	色拉油 3 汤匙

如本章开头那样把肉切丝。切好后可以放入冰箱备用，用之前取出，然后和淀粉、酱油、糖混合。茶在热水中泡 10 分钟，然后把茶和肉混合，

---

[1] 波士顿猪肩胛肉（Boston butts），指猪前腿肩胛肥肉的上部，在美国因其切分方法首见于波士顿地区而得名。

但茶叶放在一边。

加热油，但别让油冒烟，炒肉 3 分钟。放入茶叶翻炒，直到混合均匀，大概需要不到 5 秒钟。这盘菜可供 6 个人分享，要是大家都很饿，那就 4 个人吃吧。

第 4 章　肉丸或肉饼

如今我们要把肉切到更小的维度，之后就不能更小了。我们叫它肉末或末，而"末"的意思是"末尾"。你不需要块切成片，片切成丝，丝切成末。通常的做法是，用两把重约 450 克的中国菜刀，以一个欢快的节奏把猪肉剁碎。当然，你也可以用绞肉机或让卖肉人把肉磨碎。做下面这些中国菜，肉绞到中等程度比绞得很精细更适宜些。

肉馅很少直接用，总是要做成肉丸或肉饼，恢复为三维的，只是更软了。

最适合做肉丸的部位是有点肥肉的地方，比如排骨。不要用皮或筋腱。如果太瘦了，肉饼会太干太硬。

肉丸可单独成菜，或是配上其他菜。我们从最基本的开始。

4.1. 干炸肉丸（肉饼）

肉馅 900 克（见上述说明）　　　　酱油 2 汤匙
雪利酒 1 汤匙　　　　　　　　　　玉米淀粉满满[1]2 汤匙
糖 2 茶匙　　　　　　　　　　　　盐 1 茶匙

将上述各物充分混合，做成 12 个肉丸，或者你想的话，把它们按成肉饼。

烧热 3 汤匙猪油（如果做肉饼，只用 2 汤匙），将肉丸或肉饼小心放入。

---

[1] 满满，英文原文为 heaping，意为"堆得冒尖的"，下同。——译者注

每面用中火炸大约 5 分钟（不需要在锅里一直翻面）。所有面都变成深棕色时就炸好了。

在单独吃肉饼的时候，桌上要备一些小碟椒盐，可以蘸着吃。当肉饼有其他配菜时，煎的时间改为 3 分钟，而不是 5 分钟，留一些时间和配菜一起煮。

这类肉丸或肉饼可以保存很久，可以加热很多次。

变化：如果肉绞得比较粗，肉丸或肉饼做得比较大，那么这道菜就叫做"狮子头"。扬州和镇江的狮子头最有名。

4.2. 黄花菜烧肉丸

做熟的肉丸 12 个（见前一菜谱）	盐 1 茶匙
干黄花菜 80 克	酱油 1 汤匙
（唐人街里叫它金针）	糖 1 茶匙
水 2 杯	

用热水将黄花菜洗净，然后静置。或是用热水把黄花菜泡上半小时，然后倒掉水。

黄花菜放入煮锅内。加 2 杯水、盐、酱油和糖。肉丸放在黄花菜上。加盖后用大火煮开，变小火煮 15 分钟。

4.3. 白菜烧肉丸

做熟的肉丸 12 个（见前一菜谱）	盐 1 茶匙
白菜 900 克	酱油 1 汤匙
水半杯	

白菜洗净，切成 2.5 厘米长的条。

白菜入锅，加水、盐、酱油。肉丸放在白菜上。加盖后用大火煮开，变小火煮 10 分钟。

变化：狮子头配白菜尤其好。

4.4. 蒸肉饼

肉（排骨肉，绞得精细）450 克 　　玉米淀粉 1 汤匙

酱油 2 汤匙 　　　　　　　　　糖半茶匙

雪利酒 1 汤匙

搅拌成一张大肉饼。在双层蒸锅中蒸 5 分钟。加 2 杯水，肉饼下垫 80 克的腌卷心菜。再蒸 15 分钟。

4.5. 黄瓜酿肉

4.5 A. 黄瓜酿肉

粗黄瓜（足能切成 12 个 2 厘米的小段）

肉馅 230 克（最好不像做肉丸的肉馅那么肥）

鸡蛋 1 个，打成蛋液

盐 2 汤匙

雪利酒 1 汤匙

玉米淀粉 1 汤匙

蘑菇菌伞 12 个，或 2.5 厘米见方小块的弗吉尼亚州的史密斯菲尔德火腿

注意，做黄瓜不用酱油，因为容易出苦味；但肉汁中可以有酱油。

黄瓜去皮，切成 5 厘米长的段。用茶匙从一面挖出一些籽，不要挖穿。

把肉、鸡蛋、1 茶匙盐、雪利酒和玉米淀粉搅拌，每段黄瓜中塞入一点。每段黄瓜盖上一个蘑菇菌伞或一块火腿。

黄瓜放入煮锅，加 1 杯水，1 茶匙盐。

小火煮 40 分钟。小心地把黄瓜摆进准备上桌的盘子。汤留着做肉汁。

肉汁：酱油 2 汤匙

　　　玉米淀粉 1 汤匙

　　　水 1/4 杯

三者搅拌，倒入留着煮黄瓜汁的锅里。搅拌并煮上半分钟，直到汤变得半透明且黏稠，浇在黄瓜上面。

4.5 B. 黄瓜酿肉汤

上述菜肴有时会做成汤。6 个人只需要 6 段黄瓜。

按照上述菜谱操作，只是不做肉汁。黄瓜做熟后，锅内放入：

水 6 杯（取决于人数，这是 6 人份）

盐 1 茶匙半

调味粉 1/4 茶匙

煮开为止。

4.6. 鲜蘑酿肉

大鲜蘑 450 克（有 110 克唐人街买的干蘑则更好，但干蘑要事先煮 15 分钟，或是在热水中泡 1 小时，水留着做汁）

酱油 1 汤匙　　　　　　　　　　　雪利酒 1 汤匙

盐 1 茶匙　　　　　　　　　　　　　肉馅 230 克

玉米淀粉 1 汤匙

　　蘑菇去茎（留着备用）。肉、酱油、盐、玉米淀粉和雪利酒充分搅拌，填入蘑菇菌伞里，形成一个光滑的鼓包。

　　蒸填馅的蘑菇，放 2 杯水，蒸 5 ~ 10 分钟（取决于蘑菇的大小）。取出装盘。

肉汁：取 1 杯蒸蘑菇的水（不够的话就加白开水）

　　玉米淀粉 1 汤匙　　　　　　　　糖 1 茶匙

　　酱油 1 汤匙　　　　　　　　　　蘑菇茎

　　蘑菇茎切小圆片。混合上述各物。一起煮，直到肉汁变得黏稠且半透明。肉汁浇在蘑菇上。

第 5 章　特色荤菜

除了肉丸、肉丝、肉片等，还有一类形状的肉很重要，是一些非常美味菜肴的原料。那就是猪排骨这种不规则的形状。这类肉需要特别烹调，所以我们起了一个特别的标题。

5.1. 干烧排骨

排骨 1130 克（你可以买一整块，让肉贩切成 2.5 厘米长）　　盐 1 茶匙

水 2 杯　　糖 1 茶匙

酱油 4 汤匙　　雪利酒 2 汤匙

排骨洗净，切成小块，每块上都有骨有肉。

排骨、水、调料和盐放入煮锅。大火烧开，变小火炖 1 小时，买来的肉很嫩的话，40 分钟也可。

排骨和汁放入煎锅，加糖。大火加热，不停搅拌，直到水蒸发殆尽，酱汁均匀地裹在了肉上。

食用之前可以在炉子里放一会儿。

5.2. 甜烧排骨

与菜谱 5.1 相同的排骨和调料，但要增加：

糖 2 汤匙

菠萝或其他水果 1/4 罐

按照菜谱 5.1 的方法烹饪。

5.3. 糖醋排骨

与菜谱 5.1 相同的排骨和调料，但要增加：

糖 3 汤匙   玉米淀粉 2 汤匙

醋 3 汤匙   水半杯

将以上调料混合，浇在排骨上，继续煎炒 2 ~ 3 分钟，直到肉汁变得半透明。

若你喜欢的话，在放入排骨之前，肉汁里可以加入两三只青椒切成的小片，半罐菠萝，或是一些泡菜。

5.4. 镇江肴肉或肴 [1]

肘子或火腿 1 整只，   鲜姜 4 片

连骨 2270 ~ 2720 克重   镇江（黑色）醋半杯

盐 4 汤匙   （或用半杯醋和 1 汤匙酱油替代）

水 3 杯

取整只肘子，去除中间的大骨。用盐涂抹肉的里外。放入锅里，盖上。冬天的话，放在没有供暖的房间；热天的话，放入冰箱。

两天后，轻轻洗掉表面的盐。整只肘子放入高锅，加 3 杯水，用大火煮。烧开后转中火，煮 1 小时。取出，放入方锅。（可以用大烤盘。）肉上放一个平的盖子，盖子上放重物。这样做的目的是把肉压紧实，同

---

[1] 这个字的发音和它所代表的字一样美味。大多数方言里，这个字的读音不规则，读作 yao，但指这道菜时，它的读音则是音韵学上规则的 hsiao。——赵元任

时变成方形。放上 2 小时，然后放入冰箱。

完全凉透以后，按需要的量取出，剩下的留在冰箱。肉切成 4 厘米长、1.5 厘米宽、2.5 厘米厚的长方体。摆盘的时候摆成规则的图案。

酱汁：姜片切成姜丝，加酱油、醋（你走运能买到镇江醋的话，就用它替代酱油和普通醋）搅拌。

上桌时每个人给 1 汤匙。肉蘸着酱汁吃。

肉可以保存 3 ~ 4 天。

5.5. 生炒排骨

排骨 1360 克（告诉肉贩切成 2.5 厘米长）	玉米淀粉满满 2 汤匙
	糖 5 汤匙
猪油满满 5 汤匙	酱油 4 汤匙
或等量的植物油	盐半茶匙
醋 4 汤匙	水 1 杯

排骨切成小块，每块上都有骨有肉。

平底锅中加热猪油，炒排骨 10 分钟。取出排骨，倒出一些油（可以留着以后使用），但留下 1 汤匙油在锅里。在碗中调和醋、玉米淀粉、糖和水，倒入煎锅内。煮 1 分钟，不断搅拌直到变成半透明。放入排骨，加热 1 分钟。放入排骨前可以在肉汁里加一些红椒或青椒，半罐菠萝或泡菜。

5.6. 白切肉

大蒜 2 瓣	肘子肉，生火腿或
酱油半杯	猪排 1800 ~ 2270 克
醋 1/4 杯	每 3 人用 450 克肉

糖半茶匙

用没过肉的水煮整块的肉。先开大火，水开后转小火。小火煮 1 ~ 3 小时（整只肘子和生火腿需要时间比较久）。用筷子或叉子测试肉熟的程度。若能戳穿，那就是熟了。

大蒜切碎，和糖、酱油、醋混合。

肉可以热着吃或凉着吃，切片并蘸着蒜酱。（如果你不喜欢大蒜，那就别加，但你不懂你错过了什么！）

务必留着煮肉汤。你可以用它做出很多种好吃的汤来。它可以在冰箱里放上 1 周。汤的菜谱见第 15 章。

5.7. 回锅肉

回锅肉是四川菜，但也驰名全国。你会发现，它确实要回锅一次。

猪排 1 整块，900 克

水 3 杯

猪油满满 1 汤匙，或等量其他油

豆酱 2 汤匙（到唐人街去买，或是用 2 汤匙酱油和半茶匙盐来替代）

大蒜 4 瓣

葱 1 根

子姜 4 片（若能买到）

糖 1 茶匙

辣椒酱半茶匙（若你不吃辣就别加了，但请试着欣赏这道菜正宗的样子吧）

在一只锅里用大火煮整块猪肉，直到水烧开。

炖上 1 小时。

取出肉，去骨。（骨头放回水中，再煮 1 小时，汤留作他用。）肉凉了之后，垂直于肉的纹理切片，每片 0.65 厘米厚，5 厘米长，2.5 厘米宽。

将 4 瓣大蒜轻轻拍碎，葱切成 2.5 厘米的段。平底锅加热猪油。投入拍碎的大蒜。几秒钟后投入猪肉片，翻炒 3 分钟。加入葱段、豆酱和姜，翻炒 2 分钟或更久。

5.8. 红烧猪肚

猪肚 900 克（每个猪肚　　　　　　糖 1 茶匙（可选）
大约有 450 克或更重）　　　　　　洋葱 1 只（切成两半）
酱油 4 汤匙　　　　　　　　　　　子姜 3 片（如果买得到）
雪利酒 1 汤匙

猪肚彻底清洗，整只放入大锅内，加水。大火将水烧开，然后倒掉水。重新放入 3 杯热水、盐、雪利酒、糖、洋葱和姜。盖紧锅盖，小火煮 2 小时。

切成条，蘸着酱汁吃。

5.9. 红烧猪蹄

猪蹄 6 只（请肉贩将每只猪蹄切成 3 ~ 4 块，每人吃一块）
姜 2 片（如果买得到）
酱油 6 汤匙
雪利酒 2 汤匙
盐 1 茶匙
糖 2 茶匙——随你喜欢（在中国，有的地区喜欢加糖，有的则不喜欢）

猪脚洗净。放入大锅，大火煮 1 个半小时。加入酱油、姜、雪利酒和盐。小火煮 2 个半小时。加糖，小火再煮半小时或更久。

如果用幼猪蹄，或许总共只需煮 2 小时。如果用老猪的蹄子，或许要花 4～5 个小时。要看是否熟了，可以试着拉骨头。如果骨头可以轻易拉下来，那么猪蹄就煮好了。猪皮也应该很软，可以用叉子轻易戳开。

5.10. **糖醋猪蹄**

按照菜谱 5.9 操作，只是在加糖的同时，也加入：

糖额外 3 汤匙　　　　　　　　　　　　醋 3 汤匙

5.11. **叉烧**

5.11A. 叉烧肉

如果你住得离中国商店很远，你可以自己做叉烧肉；如果你住得近，那自己做的也许更好吃。

猪臀肉 1800 克，肥瘦适中　　　　　　糖 3 汤匙（最好是红糖）

酱油半杯　　　　　　　　　　　　　　大葱 2 根或小洋葱 1 个

雪利酒 1/4 杯或是　　　　　　　　　　姜 3 片（如果买得到）

等量的白酒　　　　　　　　　　　　　水 470 毫升

顺着肉的纹理切割，切成 2.5 厘米宽、5 厘米长的肉片。肉在调料中煮 15 分钟，如果调料不能浸没所有肉片，就翻动一下。泡半个到 1 个小时，取出肉，在铁网烤架上用摄氏 200 度烤 20 分钟，下面用油滴盘接着。10 分钟的时候将肉翻面一次。垂直于肉的纹理，切成 0.32 厘米或 0.64 厘米的肉片，冷食热食皆可。

5.11B. 叉烧肉（做法二）

用 1 杯海鲜酱替代葱姜。不再煮肉，而是在肉片两侧涂抹混合酱料，然后放置一天或一晚（夏天时放在冰箱里），然后用摄氏 230 度每面烤 15 分钟。取出肉，把剩下的酱汁涂抹在肉上，每面再烤 5 分钟，总共的用时为 15+15+5+5=40 分钟。

5.11C. 叉烧肋骨

用肋骨取代猪肉是个不错的主意。因为肋骨上的肉没有那么厚，泡和烤的时间都可以减少。用摄氏 450 度烤 15 分钟，取出涂酱，再烤 15 分钟，这样就可以切开上桌了。

以上几种叉烧都很适合做三明治、配鸡尾酒、野餐、旅行、搭配汤面和米饭，等等，正如中餐馆的做法一样。如果冷冻起来，它可以保鲜两三个月。吃的时候最好慢慢解冻。想要热着吃，就用摄氏 180 度烤上 20 分钟。

牛肉和羊肉也可以做成叉烧，虽然叉烧一般都是指猪肉，而且猪肉叉烧被认为更加美味。

5.12. 古老肉 [1]

名为古老肉的这道粤菜其实是用鲜肉和糖、醋做的，是美国人最喜欢的中国菜。取：

猪排或里脊 450 克	甜椒 1 只
糖 4 汤匙	小只菠萝罐头的一半

---

[1] 此菜也称作咕咾肉。书中英文名为"Ancient Old Meat"，"古老的肉"。——译者注

醋 3 汤匙　　　　　　　　　　葱 1 根或小洋葱 1 个

玉米淀粉 2 汤匙　　　　　　　干面粉 4 汤匙

酱油 2 汤匙　　　　　　　　　盐半茶匙

水半杯　　　　　　　　　　　植物油

如果需要丰富的装饰和色彩，可用草莓、荔枝罐头和桃罐头等。

把以上烹调材料（除了面粉和盐）在一个盘子里混合，包括水和菠萝罐头里的汤汁。甜椒切成 2.5 厘米左右的不规则块，葱切成 2.5 厘米的段，如果用洋葱，就按照甜椒的方式来切。

将肉洗净，切成 2.5 厘米宽，1.3 厘米厚的条。准备下锅之前，将面粉和盐混合，涂在肉的表面。

深煎锅中放入 2.5 厘米深的植物油，猛火加热。油冒烟前将肉下锅，每面炸 3 分钟。肉微微变成褐色之前，不要翻动。倒掉油，把肉放入上菜盘中。

把混合调料倒进空锅，加热到沸腾。酱汁变成半透明的胶状后，肉放回锅里，加入水果和葱并翻炒。这道菜可以 4 个人吃，人多的话，就按比例增加原料。

5.13. 酒焖肉

这道菜和菜谱 1.1 红烧肉类似，只是酱汁有些有趣的调整。取：

猪肩肉或生咸肉 1360 ~ 1800 克，　　酱油半杯

最好带皮　　　　　　　　　　　　洋葱 1 只，切成 4 块

雪利酒 1 杯半或　　　　　　　　　姜 3 片（如果有的话）

白葡萄酒 2 满杯　　　　　　　　　蜂蜜 1 汤匙

肉切块，大小为 5×2.5×2.5 厘米，最好每块都带些皮（免得客人和

孩子们抢起来）。取一半的酒，把肉放进酒里用旺火煮。然后加入蜂蜜之外的其他调料。再次沸腾之后，火调小，炖 1 小时。搅入蜂蜜，再炖半小时。

5.14. 酒焖肉片

这道菜有些特别，所以我把它放在这里，而不是放在肉片一类中。
准备：

带骨猪排 900 克	糖 1 茶匙
雪利酒 1.5 杯或白葡萄酒 2 满杯	大葱半根
酱油 3 汤匙	姜 2 片（如果有的话）
盐半茶匙	

肉切成 1.3 厘米长、0.16 厘米厚的薄片。混入所有调料，先用小火炖半小时。如果你小心地把锅盖盖紧，香味就会在上桌的时候满溢出来。配上米饭和一道蔬菜，这道菜可供 6 人用。菜汤浇在米饭上？很好。酱油浇在米饭上？千万不要！

第 6 章　牛肉

在中国，牛肉没有猪肉常见。如你所知，当我们说肉，默认指的是猪肉。有些人从来也不吃牛肉，因为他们认为牛在田里干活，不应该吃牛肉。回民吃牛羊肉更多，他们认为猪肉是不洁的。中国的非回民不吃牛肉的一个重要原因可能是，中餐里牛肉的做法没有猪肉多。例如，虽然大多数猪肉菜谱也适用于牛肉，但用牛肉会更难做。牛肉丸绝对不会像猪肉丸那么嫩。下面的菜谱中，我只给出特别适合牛肉的菜；比如，菜谱 6.6 的洋葱炒牛肉丝，用牛肉就比用猪肉更好，因此一般都用牛肉来做。但你可以自行判断把菜谱中的猪肉、牛肉调换后的效果。你当然知道不要吃生猪肉，而牛肉可以半生不熟地吃。这一定程度上抵消了牛肉比猪肉硬的部分。但牛肉做得太生，就不是地道中国菜的口味了。

牛肉的肉片和肉丝一般用嫩腰肉或上腰肉。肉片和肉丝的切法和猪肉一样。大体的做法也一样，不需要增加烹调时间。就像做猪肉片一样，你可以用任何菜搭配牛肉，但我会列出一些最典型的菜肉搭配。之所以典型是因为它们好吃。

6.1. 红烧牛肉

红烧牛肉一般要用整块或是大块的胫骨或小腿肉。杂肉虽然也可以用，但没有胫骨肉好。我们不用大块的肌肉，因为它的纤维组织长，越煮越硬，不如纤维较短的胫骨肉细嫩。总体来说，牛肉比猪肉硬。当你煮整块乃至大块牛肉时，必须要比猪肉多煮半个到 1 个小时。

回头去看一下菜谱 1.1 红烧肘子。用等量的牛胫骨肉代替肘子。

按照那个菜谱的方法做牛肉。除了：有必要就多煮 1 小时。若牛肉比较嫩，你或许不需要那么多时间。不管怎样，要用筷子或者叉子测试牛肉熟了没有。

如果把这道菜放入冰箱，让肉汤结成肉冻，也会很不错。把牛肉和肉冻一起取出切片上桌。

6.2. 红烧小块牛肉

这道菜要用去骨的胫骨（或者叫小腿）牛肉，或者杂肉。

按照红烧肉的菜谱（记得这里的"肉"指的是什么肉吗），用牛肉替代"肉"。另外，烹调时间增加半小时。

6.3. 黄萝卜烧牛肉

参考菜谱 1.3 黄萝卜红烧肉。

一切按照那个菜谱进行，只是把猪肉换成牛肉。另外，烹调时间增加半小时。

6.4. 蚝油牛肉片

遵循菜谱 8.7 的调料和做法，只是把鸡球换成牛肉片。

注意：一定垂直于牛肉的纹理切片。这对牛肉来说尤为重要，胜过猪肉。

6.5. 青椒炒牛肉丝

严格按照菜谱 3.8 进行，只是把猪肉换成牛肉。

6.6. 洋葱炒牛肉丝

把菜谱 3.4 中的猪肉换成牛肉。这道菜很好吃，许多不喜欢牛肉的人也会喜欢它。

6.7. 鲜蘑炒牛肉片

严格按照菜谱 2.2 进行，只是把猪肉换成牛肉。

6.8. 豌豆炒牛肉丝

严格按照菜谱 3.2 进行，只是把猪肉换成牛肉。

6.9. 烩牛脑

牛脑 3 盘，大约 4 个半整脑	面粉 4 汤匙
盐 2 茶匙	葱 1 根或小洋葱 1 个
水 2 杯	猪油满满 3 汤匙，
鸡蛋 2 只，打成蛋液	或等量其他油

如果你买到牛脑了，洗净它们，去掉外皮和小血管，留下灰质。锅中放入牛脑、2 杯水和 1 茶匙盐。用中火煮，不时移动一下牛脑，防止粘锅。烧开后转小火，炖 20 分钟。冷藏（连肉汁一起），随吃随取。

准备享用之前，把牛脑切成约 2.5 厘米见方、1.3 厘米厚的块。

煎牛脑之前，先要做裹料。混合原汁（煮过之后应该不多于 1 杯）、打散的鸡蛋、面粉、葱末和 1 茶匙盐。

在平底锅中将猪油或其他油大火加热。每块牛脑都在裹料中蘸均匀，在锅中煎 5 分钟，不时翻动一下。如果锅里放得下，可以几块一起煎。

变化：这个方法也适用于猪脑。

6.10. 红烧牛舌

牛舌 1 整只

调料与菜谱 6.14 相同

按照菜谱 6.14，像做牛尾一样做牛舌。只是注意，加调料之前，把牛舌取出几分钟并去皮。

上桌之前切片。冷吃热吃皆宜，如果热着吃，最好配上一些肉汤。

这道菜可以在冰箱中放一周。

6.11. 炒牛心

牛心（或小牛的心）900 克	子姜 4 ~ 5 片（如果买得到）
酱油 2 汤匙	盐 1 茶匙
雪利酒 2 汤匙	糖 1 茶匙
葱 2 根或小洋葱 1 个	猪油满满 2 汤匙，
玉米淀粉 1 汤匙	或等量其他油
水 2 汤匙	

竖着把牛心切成两半，然后横着切成 0.3 厘米厚的薄片。去掉坚韧的部分（血管）和肥油，洗净。

葱或洋葱切成 2.5 厘米的段。牛心片和葱、酱油、雪利酒、玉米淀粉、水、姜、盐、糖混合。

平底锅大火加热猪油，放入调了味的牛心翻炒 3 分钟。

这道菜可以重复加热，虽然那样没有第一次好吃。

变化：也可以按照这个菜谱炒猪心。

6.12. 红烧牛肚

鲜牛肚 900 克	盐半茶匙
水 3 杯	雪利酒 2 汤匙
酱油 3 汤匙	葱 1 根

彻底清洗牛肚。整只牛肚放入锅内，加 3 杯水，小火炖 2 小时。

牛肚取出，切成 1.3 厘米宽、3.8 厘米长的条，肚条放回锅中。

葱切成长段，放入锅中。同时放入酱油、盐和雪利酒，再炖 1 小时。

如果喜欢，你可以加其他材料，比如：

变化 1：胡萝卜红烧牛肚

将 1 串胡萝卜切成长滚刀块（见前文图 3）并和调料一起加入，炖 1 个小时。

变化 2：青椒红烧牛肚

4～5 只青椒切成小块，去掉芯和籽。出锅前 15 分钟加入锅中。

6.13. 炒牛腰

牛腰 1360 克	葱 2 根或小洋葱 1 个
雪利酒 2 汤匙	盐 1 茶匙
酱油 2 汤匙	猪油满满 2 汤匙
玉米淀粉 1 汤匙	

牛腰的中心部分不好，要扔掉。只有外围的肉质才是好的。腰洗净切片，切得越多越好，直到触到了中央黑红和白色的部分。那部分要扔掉。处理后大约能剩下 450 克牛腰。腰片放入 1 大碗凉水中，泡 1 个小

时，换两三次水。快要下锅了再将水倒掉。

这道菜做好之后要立刻吃。

葱或洋葱切成 2.5 厘米的段，和雪利酒、酱油、玉米淀粉、盐和腰片混合起来。平底锅大火加热猪油。倒入调好味的腰片，翻炒 3 分钟。

这道菜凉了或是再加热后就不好了。

变化：同理也可做猪腰。

6.14. 红烧牛尾

牛尾 1360 ~ 1800 克	酱油 6 汤匙
（让肉贩剁成段）	盐 1 茶匙
水 5 杯	子姜 3 ~ 4 片（若买得到）

牛尾洗净，连同 5 杯水放入大锅中。大火加热至沸腾。加入酱油、盐和姜，炖 3 小时。

如果用小牛尾，只需要 1 个半小时。想看肉熟了没有，就用叉子或筷子戳戳看。如果骨肉很容易分离，那么就是熟了。

你可以像做红烧牛肉一样加一些黄萝卜或是其他东西。这道菜可以重复加热，可以在冰箱中放一周。

6.15. 烧牛肉

这道菜很适合野餐。它比凉的鸡肉沙拉更简单，比热狗三明治更好吃。烧牛肉就是用中国调料来烤牛肉。

嫩腰牛肉 900 克	糖 2 茶匙
酱油 4 汤匙	盐 1 茶匙
大蒜 4 瓣	

垂直于肉的纹理把牛肉切成 0.64 厘米厚的片，大小随意。

大蒜剥皮，压碎，混入酱油、糖、盐之中。牛肉在调味料中泡 15 分钟。（如果你带着浸泡的牛肉长途旅行去野餐，那么用 3 汤匙酱油和半茶匙盐就行了，因为泡的时间足够长。）

室外烤肉时，最好的燃料是木炭，虽然烧一点牛肉也在所难免[1]。碳上放一个格栅。马上要烧烤了，再把牛肉从调味料中取出。几片牛肉放在格栅上，每面烤 4 ~ 5 分钟。有些人喜欢牛肉烤得轻微焦煳。

如果在室内，可以在炉火上烤 3 分钟，或是用两大汤匙猪油在煎锅里用大火煎 3 分钟。

变化：烧羊肉。——当用此法烧羊肉时，那它就成了北京著名的烤羊肉。做羊肉时，肉片小一点，薄一点，调味料水多一些。北京的餐馆里有特别的格栅用来烤肉。

6.16. 米粉牛肉

谁曾做过蒸牛肉呢？我做过。当然，你要从牛排上去掉筋头巴脑的部分和骨头，这样才能蒸得嫩。

这道菜用的米粉应该是粗磨的，而且烤成褐色之后，尝起来更香。在中国，米在磨碎之前先要烤一下。在美国，你可以在中国、日本、法国或一些合作社商店中买到米粉，偶尔在普通杂货店里也有。你可以把米粉在锅里烤成褐色，但米粉如果是细磨的，那就不要了，因为容易烧煳。

大块牛排或是后腿	红酒 2 汤匙
牛排 450 克	葱 2 根或

---

[1] 原文为："The best thing to burn for outdoor barbecue is charcoal, thouth it is all right to burn a little of the beef too." burn 有烧和烧焦两义。这里一语双关。——译者注

粗磨米粉 8 汤匙，烤成褐色　　　　小洋葱 1 个，切开

酱油 5 汤匙　　　　　　　　　　　糖 1 茶匙

　　垂直于肉的纹理将牛肉切成 0.16 厘米厚的片，把它和调料混合，在馅饼盘子中铺开。水烧开，用一只足够大的锅蒸牛肉。盘子下放一只碗或铁丝架，以免水进到盘子里；15 分钟蒸好。配上青菜和米饭，这道菜可供 4 人用，人多的话按比例增加便可。

　　这道菜有一个中国人更喜欢的变种，那就是用带皮咸肉取代牛肉。那就要蒸 3 ~ 4 个小时。

6.17. 牛肉吐丝

　　牛肉吐丝看起来像是吐司面包上放了碎牛肉，但它不是。它取这个名字是因为上海话中，吐司面包听起来像是"吐出丝线"。这个名字还是有些道理，因为如果你谨遵菜谱，它确实尝起来丝般润滑，尤其是配上红酒的话。

　　选用便宜的碎牛肉，它们更肥，烤了之后更软；但如果你很少吃肥肉，那就用更好的，也就是更瘦的肉。

碎牛肉 450 克　　　　　　　　　如果为了配鸡尾酒，就用

酱油 4 汤匙　　　　　　　　　　4 片三明治面包，要是做

糖 1 茶匙　　　　　　　　　　　正餐，面包就再多些

葱 3 根

　　各种配料均匀拌好，涂在面包上面，成了一种敞口的三明治。在预先加热的摄氏 230 度烤炉中烤 10 分钟；直到表面的肉变成棕色，这大约需要 2 ~ 3 分钟，取决于炉子的情况。上桌前沿对角线切成两个三角形（做主菜的话，就用更大的块）。

6.18. 大蒜牛肉

这是夏威夷著名的中国菜。它味道有点重，但调味料确实把肉的味道以一种奇妙的方式带出来，而且很适合配米饭。它比俄式煎肉丝更好做，味道也更浓。

嫩牛肉片，大块牛排　　　　　酱油 4 汤匙（或 2 汤匙
或是后腿肉 450 克　　　　　　酱油加 1 汤匙海鲜酱）
盐 1 茶匙半　　　　　　　　　大蒜 3 ～ 4 瓣，每瓣切 3 片
料酒 2 汤匙　　　　　　　　　植物油 3 汤匙

垂直于肉的纹理将肉切成 0.5 厘米厚的片，在调味料中泡 1 小时。平底锅大火加热植物油。油热了但还未冒烟之际，放入牛肉炒 2 分钟。这就可以上桌了，或是浇在米饭上吃。

可以用羊肉替代牛肉。如果用猪肉，需要炒 3 分钟，以免太生。

上述的量够 6 个人用，剩下的菜适合做三明治。

第 7 章　羊肉和羔羊肉

羊肉和羔羊肉对中国厨师和食客来讲都是羊身上的肉，若一道菜两者都可以用，那就不需要区分。当然，如果你喜欢羊肉的味道，那么羊肉更好吃一些。既然不是所有人都喜欢羊身上的肉，它没有猪肉应用得那么广泛。它在北方省份用得更多。

7.1. 红烧羊肉

如果你买的是带皮的羊肉或是羔羊肉，在唐人街就经常是这样的，那么红烧时它会给你一个惊喜。

带骨羊腿肉（或是羔羊肉）1800 克（6 人份）
葱 3 根，切成 5 厘米的段
酱油 6 汤匙
盐 1 茶匙

羊肉带骨剁成边长约 3.8 厘米的方块。洗净后放入高锅，大火加热将水烧开。加入葱、酱油和盐，炖三小时。

7.2. 羊羹

按照菜谱 7.1 准备羔羊肉或是羊肉。（有更多关节的部分会更好，因为有更多动物胶以产生胶冻。）
调料同菜谱 7.1。

按照菜谱 7.1 准备羊肉。煮熟后，去骨；把肉压下去，以便汤汁覆盖住肉。放入冰箱。当汤汁结成了胶冻，取出，刮掉顶层凝结的油。连着羊肉和胶冻切成 5×2.5×0.64 厘米的块。

这道菜可以在冰箱中放一两周。因此可以多做些，以备未来使用。

中国的"羊羹"一词比英文翻译更富诗意。"羊羔胶冻"听起来是一顿冷午餐，"羊羹"则要配上点红酒和三五好友。有一些不吃羊肉的人或许也会吃这道菜，尤其是事后才知道这是羊肉时。

7.3. 爆羊肉

这道菜最适合用的部位是嫩腰和羊腿内侧。

羊肉 900 克   葱 2 根，切成 2.5 厘米长
酱油 2 汤匙   猪油满满 2 汤匙
雪利酒 1 汤匙
盐 1 茶匙

羊肉切成飞薄的片，和酱油、雪利酒、盐、葱混合。
平底锅大火加热猪油。油冒烟后放入羊肉片，翻炒 2 分钟。
这道菜要立刻食用。

7.4. 涮羊肉

涮羊肉的场面别致，食物美味，因此讲过在美洲吃涮羊肉的方法之后，我必须仔细地描述一下北京涮羊肉的场景。

首先，我们在美国怎么吃涮羊肉呢?

下锅的食材有:

嫩腰部位的羊肉，每人大约 450 克（每个人的量从 230 ～ 900 克不等）。永远用羊身上最嫩的地方；切羊肉时垂直于肉的纹理，能切多薄就切多薄

咸芥菜 230 克，去唐人街买，这是最接近中国酸菜的东西

盐 1 汤匙

开水 8 ～ 10 杯

大白菜 900 克，切成细条

中国挂面 450 克（去唐人街买）。投入一大锅滚水中煮，直到水再次烧开。转为小火，煮 1 小时，必要的话可以加 1 杯水。如果买不到中国干面，用 450 克鸡蛋面替代。投入一锅滚水中煮，直到再次烧开，转为小火煮 15 分钟

豌豆面条（"长米"）230 克。投入滚水锅中，小火滚水煮半小时。关火，但面条留在锅里，需要时再取出

蘸料需要：

酱油 1 杯

醋 1 杯

料酒 1 杯

辣椒酱 1 杯

芝麻酱（或花生酱）1 杯

葱末 1 杯，用非常小的葱。这是味道更重的韭菜的替代品

用大锅和电炉，像是菜谱 16.1 的菊花锅那样。

快要进餐了再把蘸料拌好。

为确保肉不煮老了，留心你的肉片，最好是夹着肉片不放开。肉煮 10 ～ 15 秒就熟了。蘸一下蘸料就可以吃了。

如果你曾去过北京的涮羊肉馆子（南京也新开了一家），店家会端上一个大炭炉（见第 16 章简介）。

等着炭炉把水烧开期间（为加快速度，有时用一个可拆卸的烟囱），你就从桌上取来各种小料放在自己碗里，调配自己喜欢的蘸料。小料包括料酒、醋、芝麻酱、虾酱、红方腐乳、酱油和辣椒酱。把酸菜或是雪里红投入火锅汤中，给汤加一些味道。羊肉片用小碟端上桌，每碟大概有 75 克。餐后会根据盘子的数量计价。把羊肉切得飞薄是一门艺术。一位身怀绝技的削肉师傅曾经每个月能拿到 200 美元工资，而且那是在美元当作真金白银花的年代。

汤烧开之后，下一两碟比较肥的羊肉片。让它们自由地到处漂浮，这是为了给汤加料。然后用筷子夹起两三片羊肉片，放在滚汤中，偶尔涮一涮，要不然这道菜怎么叫涮羊肉呢。大约 10 秒或 15 秒后肉会变色，这就煮好了。用它蘸一下你的蘸料，既让它变凉，也为它增味。此时就可以享用了。有时你可以把肉片放在汤中不管，这样的缺点是可能会找不到肉，以致肉煮老了，或是别人把你的羊肉夹走了。

涮羊肉通常搭配的主食是热芝麻烧饼或是粗粮面条。豌豆面条通常会晚些放入汤中煮。待到蘸料用得差不多了，你大概也吃得差不多了，这时舀几勺汤到碗里，就成了一碗美味的汤。中国人总是喜欢在一餐的最后喝些美味的热汤。

第 8 章　鸡

当我说到鸡，一般是指普通肉鸡，虽然有时也会用老鸡或小嫩鸡；那时我会注明；有时也用阉鸡。做汤时，我们用大肥母鸡。菜谱如果说用童子鸡，一般是指年幼的公鸡。

烹饪一大只鸡常常要从几方面着手。例如，白肉可以切片，做成炒菜。黑肉和骨头可以慢火熬汤。汤里的肉如果没有煮老的话，可以做白切鸡，或是加上其他东西，做一道红烧鸡。对于小鸡，白肉煎了以后，其他部分可以炸。因此，我们有道菜名叫"三味鸡"，一只鸡做了三道菜。

鸡被视为比肉更特别。鸡有另一个特点，那就是它在中国很实用。因为家里一旦来客人，就有充分的理由做一只鸡，而肉只有在赶集的日子才能在乡村市集上买到。

8.1. 红烧鸡

红烧鸡有两种做法，取决于鸡是用成鸡还是子鸡。规则是：老鸡用自己的汤炖，子鸡用别的油炒，也就是说，它要先用猪油炒一下。我们分别来看。

8.1 A. 成鸡

成鸡 1 只，2700 ~ 3180 克，　　　　糖 1 汤匙
整只，留着鸡油。不要切。　　　　雪利酒 2 汤匙
水 3 杯　　　　　　　　　　　　子姜 3 ~ 4 片（如果能买到）
酱油半杯　　　　　　　　　　　小洋葱 1 个或葱 1 根

鸡内外洗净。鸡放入大锅，连着鸡油和 3 杯水，大火烧开。

洋葱切成 8 ~ 10 块（葱切成 3 ~ 4 段），水烧开后立刻放入锅中，同时放入酱油、雪利酒、姜。

改为小火，盖紧锅盖，煮 1 小时。加糖，小火继续煮半小时。（鸡肉不嫩的话，煮 1 小时。）像测试肉成熟程度一样，用筷子或叉子试试鸡是否熟了。

当按照中国方式整只上桌时，用筷子把鸡撕开。若想优雅一些，有时用手指协助一下也行，但这动作可不像美国那么常见。如果想吃鸡，而又等不及学会用筷子分鸡，那你可以在烹调前先把鸡分成鸡蛋大小的块。

8.1 B. 子鸡

子鸡 1 只，2270 ~ 2700 克	酱油 6 汤匙
猪油 2 汤匙（因子鸡没多少油）	雪利酒 2 汤匙
水 2 杯	子姜 3 ~ 4 片（如果买得到）
糖 1 汤匙	小洋葱 1 个或葱 1 根

鸡洗净，切成鸡蛋大小的块（带骨）。

洋葱切成 8 ~ 10 段（葱切成 3 ~ 4 段）。

大锅中加热猪油，放入鸡，翻炒 5 分钟。然后加水、酱油、雪利酒和葱姜。

转小火，盖紧锅盖，煮半小时。加糖，再煮 10 ~ 30 分钟。（取决于鸡肉有多嫩。）

8.2. 红焖鸡

1360 ~ 1800 克的鸡（子鸡）1 只	子姜 3 ~ 4 片（如果买得到）
水 2 杯	酱油 2 汤匙

葱 1 根或小洋葱 1 个   盐 2 茶匙

鸡洗净，切成 16 块。

放入锅中，加 2 杯水。大火烧开，加葱姜、酱油和盐。改中火，煮半小时。

注意红焖鸡比红烧用时短。

8.3. 栗子烧鸡

干栗子 450 克，不带外壳

鸡与调料和红烧鸡 B 一样，但不用糖（因为栗子中有足够的糖）

5 杯水

用 5 杯水将栗子小火煮 2 小时。剥掉内皮，栗子留在水中。

按照菜谱 8.1A 或 8.1B 烹调子鸡。然后加入栗子和水，盖紧锅盖，小火煮 15 分钟。

剩菜可以加热了吃。

8.4. 冬笋烧鸡

冬笋 1 罐（如冬笋红烧肉中提到的，冬笋比春笋好）

鸡和调料与红烧鸡 B，菜谱 8.1B 相同

竹笋尽量切成四面体，将罐头里的汁倒掉。

按照菜谱 8.1B 剁鸡。

在上桌前 15 分钟加入冬笋。

8.5. 炒子鸡

子鸡 2 只，约 1800 克	小洋葱 1 个或葱 1 根
酱油 3 汤匙	猪油或植物油 3 汤匙
雪利酒 2 汤匙	水半杯
子姜 2 ~ 3 片（如果能买到）	盐 1 茶匙

　　鸡切成小李子的大小。混入酱油、雪利酒、洋葱和姜（水留下），放置 5 分钟。

　　平底锅加热猪油。鸡和汁水投入煎锅，翻炒 2 分钟。然后加入半杯水和盐，盖上盖，大火煮 5 分钟。

8.6. 青椒炒子鸡

青椒 3 ~ 4 只
鸡和调料与菜谱 8.5 相同

　　青椒洗净，去籽，切成 2.5 厘米方块。
　　鸡按照菜谱 8.5 烹调。出锅前 3 分钟下青椒。

8.7. 蚝油鸡球

子鸡 2 只，共 1800 克，带骨	玉米淀粉 1 汤匙
（也就是说只有大约 450 克肉）	水 2 汤匙
酱油 2 汤匙	洋葱 1 小只或葱 1 根
雪利酒 1 汤匙	猪油 2 汤匙
盐半茶匙	蚝油 2 汤匙

糖 1 茶匙

鸡去骨，切成厚片，最厚处划开几道口子。鸡肉冷藏，烹饪前取出。

洋葱切成碎末，和酱油、雪利酒、淀粉、盐、水和鸡肉彻底混合。

平底锅中加热猪油，调好味的鸡肉下锅翻炒 2 分钟。（注意不要糊锅）用大火。然后加入蚝油和糖，翻炒 1 分钟或更久。

然后转中火，炒 6 分钟或更久。

菜做好后，必要的话可以在炉子中放一会儿，但不要太久，否则会干掉。

对于大鸡，即便肉量一样，大小相同，也要中火炒 10 分钟，而不是 6 分钟，因为肉质没有那么嫩。

8.8. 炸子鸡块

子鸡 2 只，共 1800 克	糖半茶匙
（成鸡也可以，但子鸡更好）	面粉 1 杯
雪利酒 2 汤匙	小洋葱 1 个或葱 1 根
酱油 3 汤匙	足够多的猪油或植物油
盐 1 茶匙	用来油炸（或用半锅油）

鸡切成鸡蛋大小。

洋葱切成碎末，和鸡肉、雪利酒、酱油、盐、糖在碗中混合。然后放入冰柜静置 1 小时。

然后每块沾淀粉，确保被淀粉包裹。加热油，鸡块放入油中炸 2 分钟。

8.9. 芙蓉鸡片

大鸡 1 只或子鸡 2 只	雪利酒 1 汤匙半

（带有大约 680 克白肉）　　　　盐 1 茶匙

4 只鸡蛋的蛋白　　　　　　　　葱 1 根或小甜洋葱 1 个

玉米淀粉半汤匙　　　　　　　　子姜 3 ~ 4 片（如果买得到）

水 1 汤匙　　　　　　　　　　　猪油满满 3 汤匙

　　只用鸡的白肉（其他部分留着红烧或是做汤）。鸡肉切成薄片（就像肉片一样）。加入蛋白、淀粉、水、雪利酒、盐。洋葱切成 2.5 厘米的段。

　　平底锅热油。放入鸡、洋葱、姜，翻炒 2 分钟。

　　确保炒好即食，因为这道菜热着吃最好。重新加热或是放在炉子里保温都会让它变硬。如果上桌你就把它吃光，变硬的就不是鸡肉，而是你的肌肉。[1]

8.10. 鲜蘑炒鸡片

大鸡 1 只或子鸡 2 只的　　　　盐 1 茶匙

白肉，约合 450 克　　　　　　酱油 2 汤匙

鲜蘑 230 克　　　　　　　　　猪油或其他油 3 汤匙

玉米淀粉 1 汤匙　　　　　　　葱 1 根或小洋葱 1 个

水 1 汤匙　　　　　　　　　　子姜 2 ~ 3 片（如果买得到）

雪利酒 1 汤匙

　　鸡肉切薄片（如果不马上用，就放入冰箱），和玉米淀粉、水、雪利酒、盐、葱末、姜混合。

　　蘑菇洗净，纵向切片。平底锅加热 1 汤匙猪油，放入蘑菇，加酱油翻炒 2 分钟，取出。

---

[1] 原文为：".....it cannot be reheated nor kept in the oven without getting tough. You get the same result also by eating just after cooking." tough 一词既有变硬之意，也有变得结实之意，这里一语双关。——译者注

大火加热另外 2 汤匙猪油，放入鸡片持续翻炒 2 分钟，然后再加入蘑菇，一起炒半分钟。

8.11. 豌豆炒鸡片

鸡肉与调料同菜谱 8.10。另加：
半茶匙盐（共 1 茶匙半）来替代酱油
冰豌豆 1 包

豌豆解冻
按照菜谱 8.10 烹调鸡肉。鸡肉翻炒 2 分钟后加入豌豆。加入额外的半茶匙盐，翻炒 30 秒后取出。

8.12. 冬笋炒鸡片

鸡肉与调料同菜谱 8.10。另加：
半茶匙盐
竹笋（最好是冬笋）1 罐

竹笋切薄片。按照菜谱 8.10 炒鸡片，鸡肉翻炒 1 分钟后加入竹笋。加入额外的半茶匙盐，一起再炒 1 分钟半。

8.13. 什锦炒鸡片

鸡肉与调料同菜谱 8.10。另加：
足够的植物油用来油炸
鲜菇 110 克
菱角 110 克

冻豌豆 1 把
干杏仁或干核桃 110 克

冬笋 1/4 罐

干杏仁或干核桃泡在热水中，剥掉内皮。

植物油加热，炸坚果 1 分钟。（这里不适合用猪油。）

鲜蘑、菱角和竹笋切成小薄片。

用 1 汤匙猪油或其他油炒鲜蘑、菱角和竹笋，2 分钟后取出。

按照菜谱 8.10 烹调鸡肉。翻炒鸡肉 2 分钟时，加入蘑菇、菱角、竹笋、豌豆和杏仁，一起翻炒半分钟。

8.14. 龙须菜炒鸡丝

鸡肉和菜谱 8.10 相同。（中国人用大量鸡的白肉，因为一次会用许多只鸡，鸡的其余部分可以收集起来做别的菜。然而，因为美国小家庭用的鸡少，为了方便起见，我们也可以用小嫩鸡的深色肉，搭配着白肉，一起凑足 450 克。）

调料和菜谱 8.10 一样。只是：

不要酱油，增加半茶匙盐

龙须菜 450 克

鸡肉切丝，就和猪肉丝一样。按照菜谱 8.10 的方式加入调料。

龙须菜去根，嫩的部分斜切成 2.5 厘米长、0.3 厘米厚的薄片。

平底锅加热 1 汤匙猪油。放入龙须菜和半茶匙盐，翻炒 2 分钟取出。

按照菜谱 8.10 炒鸡肉 2 分钟，加入龙须菜一起再炒半分钟。

8.15. 冬笋炒鸡丝

这道菜基本和冬笋炒鸡片一样，只是鸡肉和冬笋都切成丝。

和肉片一样，肉丝也要做好即食。

8.16. 纸包鸡

子鸡 2 只或带骨大鸡 1 只，
约 1360 ～ 1800 克

雪利酒 1 汤匙

糖半茶匙（如果喜欢）

葱 1 根或是小洋葱半个

子姜 2 ～ 3 片（如果买得到）

足够多的植物油用来油炸

玻璃纸 [1] 18 张，10 厘米见方

鸡去皮去骨（剩下约 450 克肉）。白肉和深色肉顺着纹理斜切，切成 2.5 厘米见方、0.3 厘米厚的肉片。（鸡骨和鸡皮可以做汤。）

雪利酒、酱油、葱末和姜末放入碗中，放入鸡肉泡 10 分钟。

然后把鸡分成 18 份，每份用玻璃纸按照图 4 的方式包起来。把第五部分塞进去，以免包裹散开。

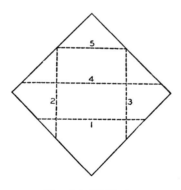

图 4 如何用纸包鸡

---

[1] 玻璃纸 Cellophane paper（赛璐酚），是一种是以棉浆、木浆等天然纤维为原料，用胶黏法制成的薄膜；它透明、无毒无味。它不耐火却耐热，可在 190 摄氏度的高温下不变形，可在食品包装中与食品一起进行高温消毒。在中国做纸包鸡用的是玉扣纸，这种纸具有透气功能，包鸡前先将玉扣纸过下油锅使纸张吸油后变柔韧不易烂。

然后加热植物油,将包裹炸 2 分钟。不打开包裹,直接上桌,这样能把热度和汤汁留到吃之前。这道菜可以在炉子中放置几分钟而不会变硬,但一旦凉了就不能再加热。也可参看菜谱 23.4B。

8.17. 宫保鸡

鸡白肉 900 克 (鸡肉嫩的话,
用深色肉亦可)

玉米淀粉 1 汤匙

水 2 汤匙

雪利酒 2 汤匙

葱 1 根或小洋葱 1 个

子姜 2 ~ 3 片 (若能买到)

豆酱 2 汤匙 (满满的)

糖 1 汤匙

猪油满满 2 汤匙

鸡肉切成边长 0.65 厘米的小块。混合玉米淀粉、水、雪利酒和葱 (2.5 厘米段)。

平底锅大火加热猪油,鸡肉翻炒 2 分钟。均匀地混入豆酱和糖,再炒 1 分钟。这也是要快速食用的菜。

在中国我们有时喜欢再加约 1/4 茶匙的辣椒粉。但那是非常辣的!

8.18. 白切鸡

这是最基础的鸡肉菜。

鸡一只,3180 ~ 3600 克 (做这类菜最好是用母鸡)

水 1900 毫升

酱油 4 汤匙 (吃的时候才用)

鸡洗净,连同 1900 毫升水放入大锅中,大火烧开。转为小火,煮 2 ~ 2.5 小时 (取决于鸡的鲜嫩程度)。过程中一直盖着锅盖。煮熟后,取出鸡放入冰箱。我们一般把鸡晾凉，切成 16 立方厘米的带骨小块，例如 1.3 × 2.5 × 5 厘米大小。

把鸡装盘，配着酱油吃。以上分量够 6 个人分享，剩下的菜可以按照变化 B 处理。

变化 A：15 分钟鸡

不用凉水煮母鸡，而是用开水煮一只嫩子鸡，然后大火持续煮 15 分钟。切块上桌就是一道主菜。

变化 B：花椒鸡

用小锅加热二三十粒四川花椒，中火加热 1 分钟。鸡汤顶层舀下 3 汤匙鸡油，加入花椒中，趁热和 4 汤匙酱油混合，搅拌并浇在鸡肉上。在以此菜著称的四川，酱料中还要再加 1 茶匙辣椒粉。

8.19. 凉拌鸡丝

鸡白肉约 450 克，例如，剩下的白切鸡或是清炖鸡汤中的鸡肉（菜谱 15.19）

芹菜 1 小捆	盐 1 茶匙
色拉油（或是芝麻油）1 汤匙	糖 1 茶匙
酱油 1 汤匙	

芹菜斜切成条，约 2.5 厘米长，0.3 厘米厚。

锅中煮开 950 毫升水，放入芹菜煮 1 分钟。倒掉热水，用凉水冲洗。

鸡肉去骨，肉撕成细条。像很多食物一样，手撕的比刀切的口味更好。手撕让鸡肉表面积更多，更出味儿。

鸡肉和调味料充分混合，凉着上桌。

变化：试试烤火鸡的白肉（菜谱 8.23）。

8.20. 卤鸡

卤鸡的方法如下：

大鸡 1 只，3180 ~ 4500 克　　　子姜 3 ~ 4 片（如果买得到）
（或是 2 只小子鸡）　　　　　　糖 1 汤匙
酱油 1 杯　　　　　　　　　　　水 950 毫升
雪利酒 1/4 杯
葱 2 ~ 3 根或大洋葱 1 个

鸡洗净，放入高锅，加入 950 毫升水，开大火将水烧开。然后加入酱油、雪利酒、葱、姜和糖。转为中火，煮 1 个半至 3 小时，取决于鸡肉的软硬程度。只是，这道菜里的鸡肉不要煮得太软。如果用两只子鸡，只需要煮 1 小时。

煮熟后，取出鸡，放凉，切开食用。至于漂亮的食用方法，参见盐水鸭（菜谱 9.8）。

鸡如果不马上吃，可以不切，放在冰箱里。

补充： 卤蛋——如果吃完鸡后，剩下很多汤汁，可以放入 12 个煮好剥皮的鸡蛋，再煮上 1 小时。

8.21. 鸡蓉菜花

菜花 1 个，900 克　　　　　　3 只鸡蛋的蛋白
水 2 杯半　　　　　　　　　　玉米淀粉 1 汤匙
盐 1 茶匙半　　　　　　　　　猪油满满 2 汤匙
鸡白肉 230 克

菜花碎成小块。放入锅中，放入2杯水和1茶匙盐。大火煮10分钟。取出菜花，倒掉水。

鸡白肉细细绞碎。加入蛋白、玉米淀粉、盐和2汤匙水，用打蛋器搅拌，直到膨胀。

平底锅大火加热猪油。放入打碎的鸡肉和蛋白，翻炒2分钟。然后加入菜花并翻炒2分钟。有时，我们喜欢上桌前在菜上面撒一些磨碎的火腿和虾米。

我们怎么处理鸡肝、鸡胗等：

随着红烧肉和红烧鸡肉一起做。

随着白切鸡一起做，上桌前切片。

切片，然后和其他菜一起炒，像是做肉一样。

用面粉包裹，然后和炸鸡一样油炸。

中国人有时用大量鸡胗当主料做菜。有些人喜欢鸡胗胜过猪肉和鸡肉。

8.22. 烤鸡（中国风味）

嫩鸡1整只，2270克	雪利酒半杯
水3杯	子姜3～4片
酱油1杯	葱1根
糖1汤匙	盐1茶匙

加调料并把水烧开。放入鸡。大火煮15分钟。熄火，泡20分钟。用260摄氏度烤鸡15分钟，直到鸡肉都变成褐色。在厨房将鸡切好，留着骨头。如果想按美国的方式上桌，那就照你喜欢的来！汤汁可以留着做调味汁，剩下的汤汁可以用来卤东西。热汤汁可以在第二次吃的时候浇在鸡上，但鸡肉烤第二次就不好吃了。

这个菜谱可以去掉煮的部分，并且烤上 1 小时。每 15 分钟抹一杯的水在鸡上，直到鸡变成褐色。可以按照菜谱 11.6 准备些椒盐做蘸料。

8.23. 烤火鸡 [1]（中国风味）

母火鸡 1 只，6800 ～ 9100 克	糖 3 汤匙
水 12 杯（不包括涂抹在鸡身上的水）	子姜 5 大片
	葱 3 ～ 4 根
酱油 4 杯	盐 2 茶匙
雪利酒 2 杯	

水中放调料，煮沸。放入火鸡，大火煮 1 小时。翻个，因为汤汁无法覆盖整只火鸡。260 摄氏度烤 1 小时，每 20 分钟涂抹 1 杯水，翻动两三次，直到鸡变成褐色。（对于 2300 克以下的火鸡，减少煮和烤的时间。）对于汤汁和剩余的处理，参考菜谱 8.22。

8.24. 风干鸡

要做风干鸡，需要：

新宰的鸡一只，大约 2270 克，带羽毛	四川花椒半茶匙 盐满满 1 汤匙

鸡的内部要洗净，方法是在翅膀下开一个口子，用一块布把里面擦干。不要用水洗鸡肉，无论是冷水热水。

---

[1] 我把火鸡归类为鸡，因为中文里它叫做火鸡，"带火的鸡"。按照我的烤法，火鸡肉不会柴，而是嫩又多汁。你也可以试试我做的美国风味烤火鸡：(a) 放雪利酒、葱、姜、酱油和糖在填料里；(b) 填料的量少一些，这样热气可以进入火鸡腹部；(c) 烧烤时间只有一般美式烧烤的 2/3。

在锅中烘烤盐和四川花椒，把混合物涂抹在鸡的里面。

把鸡脖转过来，鸡头塞到翅膀下面。系上一根绳子，挂在凉爽、避光、通风的地方。避开雨水、阳光和猫。鸡肉两周后就会风干了，从现在起随时都可以取用。烹调前，它在天气寒冷时能保鲜两个月。天气热的话就不要风干鸡。

烹调的时候，用滚水烫掉羽毛。然后加热四杯水，放入鸡大火煮15分钟。冷吃热吃皆可，和切开相比，用手撕似乎让鸡的味道更好。鸡汤可以另外使用。

变化：有时蒸半小时比煮更好。但煮的话可以得到美味的汤。另一种变化是将60 ~ 85克的猪板油切碎，与盐、花椒一起涂抹在鸡的内部，然后再去风干。这样做会让味道保存得特别好，只是煮汤的话油会有点太大了。

8.25. 腌火鸡

腌火鸡不是中国菜，因为我们没有火鸡。它也不是一道西方菜，因为西方人不把火鸡腌了吃。我试着风干火鸡，这个想法产生了腌火鸡的念头。我发现并不必费事地把一只又大又重的火鸡用绳子吊起来，只要用相对简单的步骤就可以获得完美的效果。你所需要的就是：

处理好的火鸡1只，　　　　　　　　　盐6 ~ 8汤匙
6800 ~ 9100克

火鸡里外都涂抹上盐。放在平底锅中，或是凉爽的地方，但不要放入冰箱。30小时后，火鸡就可以用了。

烹调之前，用清水轻轻冲洗火鸡。火鸡浸入足够的冷水中。对于嫩火鸡，水开后大火煮20分钟；对于母火鸡，时间调整为40分钟。

切片后冷吃热吃皆宜。冷的腌火鸡比剩下的烤火鸡更多汁多味，味

道像是风干鸡。如我所说，是风干鸡给我启发，让我做出了腌火鸡。

留着鸡汤。

8.26. 熏火鸡

腌制和煮的方法同上（菜谱 8.25）。

用能够装下整鸡的带盖的烤盘。盘底撒上 4 汤匙红糖或白糖。糖上放 1 支烤架（我是用数个制冰隔板），让火鸡不碰到烤盘底部。

把煮过的腌火鸡放在烤架上，用湿纸或湿布把缝隙封起来，防止太多烟跑出来。烤盘放在大火上（或是预先加热了的电炉），直到烟开始从缝隙钻出来。等 2 分钟（大约是你和厨房开始被烟熏到的时候），把密封的烤盘整个拿到室外去。继续密封 15 分钟，火鸡就准备好了（如果火鸡变成褐色）。

熏火鸡可以在冰箱里放上几个月，很适合鸡尾酒会。

烤盘可以用热水浸泡，然后用小铲刮干净。

变化：换成鸡或鱼（菜谱 10.12），各种用料的数量按比例调整一下。

第 9 章　鸭

　　和鸡比起来，中国人比美国人更多地吃鸭子，大概是因为烧鸭子的方法更多。鸭子可以慢煮、红烧、烤，但很少会炒着吃。有几种腌鸭子的方法。一种是涂盐，晒干，然后蒸熟。另一种是放在植物油里，需要的时候拿出来蒸。这种做法在广东很常见。下面会介绍一种叫做盐水鸭的快速腌制方法（菜谱 9.8）。

9.1. 红烧鸭

鸭子 1 只，2270 ~ 3180 克	雪利酒 2 汤匙
水 3 杯	糖 2 茶匙
酱油半杯	葱 1 根或洋葱 1 头
雪利酒 2 汤匙	

　　清洗鸭子，去掉鸭尾（一定要切掉尾巴上的腔上囊）。如果需要，可以把鸭子剁成 5 厘米的块。

　　放入大锅内，加 3 杯水。大火煮开。加入酱油、雪利酒、洋葱，炖上1 小时。给鸭子翻个——如果是整只炖的——加 2 茶匙糖，再炖 1 小时。

　　根据鸭肉的情况，适当调整时间。通过拉骨头的方式，测试肉熟的程度。如果肉散开来，说明足够嫩了。鸭肉一般要做得比鸡肉嫩一些。

9.2. 葱烧鸭

鸭子 1 只，2270 ~ 3600 克	糖 3 茶匙

葱 2 把，或小洋葱 3 ~ 4 个   水 3 杯

（足够填充整只鸭子）   雪利酒 2 汤匙

酱油 8 汤匙   子姜 3 ~ 4 片

鸭子洗净，去鸭尾和腔上囊。葱用整根的（但洋葱要切开），和 2 汤匙酱油、1 茶匙糖混合。塞入鸭子腹内（不需要缝起鸭子）。

填鸭放入高锅内，加 3 杯水、6 汤匙酱油、雪利酒和姜。

水烧开，炖 1 小时。加入剩下的 2 汤匙糖，鸭子翻个并再炖 1 小时（取决于鸭肉有多嫩）。

9.3. 五香冬菜鸭

鸭子和调料与菜谱 9.1 红烧鸭相同。只是：

少用 2 汤匙酱油，因为白菜本身已经很咸

五香冬菜半罐（唐人街里叫做 ng[1]-heung tung-ts'oi）

按照菜谱 9.1 的红烧鸭烹调鸭子。

炖 1 小时后，加入半罐冬菜，一起炖 1 小时。

9.4. 八宝鸭

鸭子 1 只，2270 ~ 3180 克   蜜枣 10 只（或用椰枣替代）

黏米半杯   生栗子 10 只

珍珠麦 2 汤匙（或者用普通   葡萄干 2 汤匙

大麦替代）   雪利酒 2 汤匙

酱油 8 汤匙   生姜 3 ~ 4 片

---

[1] 粤语中"五"要用鼻子发音。哼出来，或者悬置它就好。——赵元任

糖 3 茶匙	水 5 杯
白果 15 只	葱 3 根
莲子 15 只（或用罐头莲子替代）	

鸭子洗净，去尾去腔上囊。白果去壳，在热水中泡半分钟，剥掉软皮。

大米和大麦在 2 杯水中小火煮半小时。然后将米和大麦与 2 汤匙酱油、1 茶匙糖、一根切碎的葱、白果、莲子、蜜枣、栗子和葡萄干充分混合。填入鸭子，放入锅中。

加 3 杯水，放入剩下的 6 汤匙酱油、2 杯雪利酒、2 根葱（不必剁）和姜。大火煮沸，转小火炖 1 小时。加 2 汤匙糖，鸭子翻个，再炖 1 小时。

根据鸭子的情况调整时间。同等情况下，填鸭比普通红烧鸭要多炖 1 小时。

这只鸭子几乎可以在冰箱里放一星期。

9.5. 卤鸭

这道菜和菜谱 9.1 的红烧鸭很相像，只是要增加：

雪利酒 2 汤匙

酱油 2 汤匙

不要用大火。用中火煮 1 小时。拿出鸭子，放入冰箱。（肉汤要留着，用来做其他菜，比如卤肉、卤蛋和卤鸡。）

带骨的冷鸭子切成片，大约 1.3 厘米厚，2.5 厘米长。

（这道菜也可以热着吃。不嫌麻烦的话，可以去骨。）

9.6. 锅贴鸭

鸭胸和鸭腿 900 克（一只   鸡蛋 2 只
2700 ~ 3200 克   玉米淀粉 4 汤匙
的鸭子能剔出这些肉）   盐半茶匙
酱油 2 汤匙   水 4 汤匙
雪利酒 1 汤匙   猪油或等量的植物油 3 汤匙
葱 1 根
生姜 4 片

鸭胸鸭腿和酱油、雪利酒、葱末、姜末放入一只大碗，放置半小时。
鸡蛋、玉米淀粉、盐和水混合成糊，裹在鸭肉上。
平底锅中放猪油，大火加热，煎鸭子（每面 2 分钟）。改中火，每面
煎 10 分钟（总共 24 分钟），直到鸭皮变脆。
鸭子切成 1.3 厘米的片。每人分得 5 ~ 6 片。
（3 汤匙盐和半茶匙黑胡椒混合，放入小盘以供蘸食。）

9.7. 子姜炒鸭丝

子姜只能在某些季节买到，这道菜只有在子姜上市的时候才能做。
然而，如果买不到姜，可以用其他配料替代，比如蘑菇、豌豆、芦笋、
冬笋。

鸭子 1 只，大约 900 克肉 玉米淀粉 1 汤匙
子姜 57 克   盐 1 茶匙
酱油 2 汤匙   葱 1 根（切成 2.5 厘米小段）
雪利酒 2 汤匙   猪油 2 汤匙

子姜洗净切丝。取胸肉腿肉，切丝。

混合酱油、雪利酒、玉米淀粉、盐、葱段和姜丝。

平底锅热油。调味后的鸭丝翻炒1分钟。加入子姜丝，翻炒3分钟。

（这道菜做好后要立即吃，否则会变腥。鸭子甚至比鱼还要更腥。鸭骨、脖子等，可以红烧或做汤。鸭肉很肥，所以红烧更好。）

9.8．盐水鸭

"盐水鸭"不是指海上的鸭子，而是住在陆地上的鸭子。它只是南京人对盐腌鸭的称呼，是南京的美味之一。它是一道冷菜，不同于腌了很久的鸭子。

鸭子1只，2270～3180克

盐3～4茶匙

花椒1茶匙（去唐人街买，名字叫川椒或花椒，或者用肉桂代替）

水8杯

花椒和盐混合。把鸭子从里到外涂抹一遍，脖子和其他地方，里面和外面都抹。如果在冬天，可以只把鸭子放在锅里，放在一个冷房间。如果在夏天，就放入冰箱，放上一两天。然后用冷水轻轻冲洗掉鸭子表面的盐。

鸭子放在锅里，加水，大火烧开，改中火烧1小时。如果鸭子比较嫩，就只煮40分钟，因为这类鸭子在不太软的时候最好吃。煮熟后，等凉下来或者冻一下再吃。

吃法：每只腿，包括上腿，切成6块。撕下每只鸭翅，切成3段。胸和背分开，切成小块。然后就到了鸭子最好的部位，也就是白肉，如今成了红肉。纵向切成两段，横向切成1.3厘米的块。

现在，先把脊骨、翅膀和脖子摆在盘子上做基础，然后鸭腿块摆在四周，最后摆两排白肉在顶上。然后就要用米酒了（但用雪利酒替代）。

骨头绝对不是鸭子最糟的部分，因为骨头事实上是最美味的部位。我们常常喜欢啃骨头，胜过吃肉。[1]

警告：这道菜只能放 3 天——这都算是久的了。

9.9. 烤鸭（北京风味）

无论那著名的古城是叫北京，还是叫更古老的名字北平，北京烤鸭将永远叫"北京"烤鸭。北京烤鸭的精华——和许多其他中国食物一样——在于它的脆皮。你要向客人或贵宾奉上烤得最好的棕色鸭皮。只吃鸭肉弃掉鸭皮，这是不合礼数的，也是很傻的，就像只吃金橘的瓤而不吃皮一样。

在一家两百年老店中吃北京烤鸭，那是一件盛事。服务员把打理好的鸭子拿给主人看，主人点头以示同意，就像确认红酒那样。然后客人边等着鸭子烤好，边就着餐前点心喝酒。鸭子出炉以后，鸭子被再一次拿到主人面前查看，然后被拿到旁边的小桌切成薄片。每片都有一些皮也有一些肉。另一种上菜的方式是，先上一些纯皮，然后上肉。但鸭腿、鸭翅、鸭脖和尾部（要是谁喜欢的话）通常整个上来。皮或肉蘸着酱料和葱，卷在小薄饼（菜谱 20.9）或是莲花包中（见下）中，像吃三明治那样吃。餐馆通常会用鸭油做一份蛋羹（像是菜谱 13.6，但没有肉）和一大份鸭架白菜汤。但因为骨头熬汤要好几小时，所以骨头通常是之前顾客剩下的，而你的鸭子骨头要留给之后的顾客。但史上第一批顾客的汤是哪里来的呢？大概在两百年前，生活更悠闲，人们可以等着汤熬好吧。

在美国，中餐馆里的烤鸭通常需要提前 24 小时预订。通常是配着蒸包（菜谱 20.1）和海鲜蘸酱。假如侍者由于担心有些人不喜欢葱而不上葱丝——反正，我喜欢葱，你不喜欢吗？

---

[1] 没问题，亲爱的，请让我来吃肉吧。——赵元任

若你住得离中餐馆很远，自己动手做烤鸭会让你颇有收获。准备：

长岛鸭 1 只，约 2700 克　　　　水半杯
糖 2 汤匙　　　　　　　　　　葱 3 根
酱油 1 汤匙　　　　　　　　　海鲜酱 1 小盘

　　鸭子买来如果是冻的，要慢慢解冻一两天。鸭子洗净，在炉子中用非常小的火烘干 10 分钟。要让鸭皮脆，要在烤前把皮和肉分开。中国的做法是，把鸭尾缝上，让它密不透气，然后在皮和肉之间充气，直到鸭子看起来胀起来。其实，皮和肉分开后，不需要一直充气。一个更简单的方法是，插入一支硬塑料吸管，然后向几个部位吹气。如果气留在里面，挺好；如果没有，也没关系。

　　北京烤鸭粤语叫做吊炉鸭，因为它是吊在炉子上方的。要把它放在大网架上烤，下面接一只盛油的锅，以便油或汁不会泡了鸭皮。鸭子放上网架之前，先用糖、酱油和半杯水做成涂油，在鸭皮上涂一层。鸭子背朝下，肚子朝上，用 200 摄氏度烤，鸭肚子里放 1 杯水和两根葱（广东风味会放上香料、香菜、盐，但北京风味不放）。一刻钟后，鸭肚子里的水就被吸收或蒸发掉了。鸭子翻过来，用汁涂抹。每一刻钟重复一次。最后一刻钟时，温度升到 230 摄氏度，为了给鸭子上色。2700 克重的鸭子，总共要烤 1 小时。鸭子越重，烤的时间越久。

莲花包

　　莲花包是一种面点，但我们不能等到第 20 章再介绍它了，因为我们要配着它们吃烤鸭。使用：

面粉 4 杯　　　　　　　　　　温水 1 杯半
新鲜酵母 1 袋　　　　　　　　植物油少量

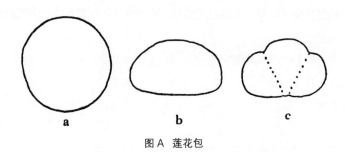

图 A 莲花包

在水中溶解酵母，用勺搅拌均匀。加入面粉，揉捏均匀，面团分为
12 份。用擀面杖将它们擀成 10 厘米的圆饼（见图 A 中 a）。每张饼都用
植物油轻轻涂抹，以防卷起时粘连，而且蒸过以后会容易展开。

圆饼卷成半圆，如图 A 的 b。用梳子齿在上面划线，最终看起来像
是半片莲叶，如图 A 的 c。发酵 20 分钟，然后上蒸笼蒸 10 分钟。若时
间掌握得好，鸭子上桌时，莲花包也冒着热气出炉，准备卷起海鲜酱，
还有葱丝——这自不待言。

9.10. 四川烤鸭

长岛鸭 1 只，约 2700 克   做涂油：

水 3 杯   酱油 3 汤匙

酱油 4 汤匙   蜜 1 汤匙

雪利酒 1 杯   肉桂粉少量

糖 1 汤匙

葱末，可选

盐 1 茶匙，可选

水、4 汤匙酱油、雪利酒、糖、葱末和盐混合，烧开，放入打理好的
鸭子，煮 40 分钟（鸭子嫩的话，煮 30 分钟），煮时锅加盖。

捞出鸭子，汤可以用来煮别的鸭子，需要的话可以加水。

用 3 汤匙酱油、蜜和肉桂做成酱汁，刷在鸭子上。烤炉预热到 230 摄氏度，鸭子的两面各烤 15 分钟，每 15 分钟涂酱汁一次。然后胸朝上放着，再烤 10 分钟以获得脆皮。

第 10 章　鱼类

　　鱼的味道比肉和禽类更精妙，做法也更精妙。只有做得好了，鱼才有鱼香，否则只有鱼腥。餐馆常因厨师做鱼的手艺而出名，鱼也经常用来考校新厨师的手艺。

　　海鱼在沿海省份用得较多，经过盐腌之后也运到内陆深处。但淡水鱼在中国菜中占有重要地位，比其在美国更重要，这或许是中国烹调鱼的方式造成的。餐馆，甚至家里，常常买来活鱼，在缸中养着，需要的时候现捞。这里的菜谱会列一些容易买到的鱼。

　　海鱼中，竹荚鱼、白鲑鱼、比目鱼、鳕鱼、鲑鱼、鲈鱼、鳀鱼和生沙丁鱼适合做中国菜。美国西鲱和鲻鱼介于海鱼和淡水鱼之间。美国西鲱在中国是一道佳肴。淡水鱼中，鲤鱼和青鱼是中国菜最常用的鱼（见第 2 章食材 2）。

　　有多少种烹调方法，就有多少种做鱼的方法。鱼甚至可以生吃，鳕鱼和鲱鱼最适合这样吃。中国菜做鱼的诀窍是用酒和其他去腥味料；美国的鱼常吃起来发腥，因为没有加酒、姜、葱。要了解细节，试着做几道下面的菜吧。

10.1. 红烧鱼（鲤鱼）

　　红烧是最常用的做鱼方法。常用的有鲤鱼、青鱼、鲈鱼、美国西鲱、鲻鱼、鳀鱼、鱼头等。根据鱼的大小不同，所需的时间和方法也不同。

鲤鱼或青鱼 1 条，　　　　　　生姜 5 ~ 6 片
约 1360 ~ 1800 克　　　　　　葱 2 根（切成 2.5 厘米的段）

酱油 5 汤匙	水 1 杯半
雪利酒 3 汤匙	面粉 1 捏
糖 1 汤匙	猪油（足够让平底锅里
盐 2 茶匙	有 2.5 厘米深的油）

清理鱼内脏，但留下鱼头内的鱼舌。鱼背上切一些裂口，这是为了让油和温度能深入。鱼表面抹一层干面粉，这能防止鱼皮粘到油锅底部，也让鱼皮更不容易烧焦。

在 2.5 厘米深的热油中炸鱼。大火，每面炸 1 分钟；转中火，每面炸 3 分钟，总共 8 分钟。倒掉油，只留下大约 1 汤匙。加酱油、雪利酒、糖、盐、姜、葱和水，大火加盖煮 10 分钟。

上桌前可以放入烤炉内几分钟。然而，红烧的环节最好就在快上桌前。凉了以后，这道菜有胶冻，味道也不错。

变化 1：红烧鲈鱼

鲈鱼 900 克	糖 2 茶匙
酱油 5 汤匙	生姜 3 片
植物油 4 汤匙	葱 1 根（2.5 厘米小段）
盐 1 茶匙	水 1 杯

鱼清理净。2 汤匙酱油倒入浅碟内，鱼的两侧都用酱油浸湿。

平底锅中加热植物油。放入鱼，经常翻动，以免鱼皮粘锅。加入葱姜、酱油、糖和水，加盖煮 10 分钟。热吃凉吃皆可。

变化 2：红烧鲻鱼
调料和菜谱 10.1 相同

如果鱼小的话，就用上述变化 1 的方法做，像做鲈鱼一样；如果鱼比较大，就按照红烧鲤鱼的方法。

这道菜所需的油炸时间比鲤鱼要少，每面各煎 2 分钟就够了。

偶尔，菜里可以加点豆腐。把 560 克豆腐切成 0.64 厘米厚、2.5 厘米见方的片。鱼煮了 8 分钟之后，加入豆腐，再煮 2 分钟。加了豆腐的话，最好就在出锅后即刻食用。

变化 3：红烧鱼头和鱼舌

鱼头和鱼舌 1360 克	生姜 4～5 片
猪油满满 2 汤匙	葱 1 根
大蒜 4 片	糖 1 茶匙
酱油 3 汤匙	水半杯
雪利酒 1 汤匙	

平底锅加热猪油。先加入大蒜，然后放鱼头。煎 2 分钟，加入其他调料。大火煮 2 分钟，然后炖 5 分钟或更久。

这道菜（盖上盖）可以在炉中放 10 分钟，然后上桌。

10.2. 清炖（或蒸）鱼（西鲱）

中餐有两种简单的烧鱼方法：蒸和清炖。蒸鱼时，鱼、调料和很少一点水一起放入碗中，整个放入蒸锅去蒸。因为鱼一般要比较大才值得这样做，而大鱼又需要大碗来装，又需要一个更大的锅来装碗，因此在家里做蒸鱼不是很实际。另一种同样好的方法就是清炖。把鱼和少量液体调料直接放入锅里，大火将水烧开，然后立刻把火调小清炖。绝不要让水烧得太开。美国西鲱、鲈鱼、梭子鱼和鲻鱼都适合清炖。

我们以美国西鲱为例，说明清炖的做法。要把西鲱烧好，必须从鱼市开始。第一件要告诉鱼贩的事，就是留着鱼鳞。如果刮掉了鱼鳞，鱼皮就会太干，味道就会不对。你也可以用美国方法烧西鲱，如果鱼太长了，可以切成两截，但一整条鱼看起来更好看。

西鲱鱼 1 条，1360 ~ 2270 克，带鳞	生姜 5 片
猪网油（来自猪肠），够把鱼	葱 1 根
薄薄地裹一层	水 2 杯
酱油 2 汤匙	两年火腿 5 薄片
雪利酒 2 汤匙	糖 2 茶匙

　　鱼周身裹一层网油，加入所有调料。中火将水烧开，炖 40 分钟。蘸料用酱油、醋、姜末混合而成。如上面提到的，如果有足够大的器皿，蒸美国西鲱会稍微好吃一点。但你所用的鱼肉质上差别很大，相比之下，蒸和清炖的差别——如果有差别——就不是那么大了，不必那么麻烦。

　　提示：在比较饿的时候，先享用肥嫩的鱼腹；当你已经饱了，就吃较瘦的鱼背和鱼尾。

　　变化：清炖鲈鱼、梭子鱼、鲻鱼、白鲑鱼或竹荚鱼

　　参考菜谱 10.2，但鱼要去鳞，而且略过网油。同样重量的鱼，用同样重量的调料。

10.3. 五柳鱼

　　鲈鱼、梭子鱼和鲻鱼最适合做这道菜。

鲈鱼、梭子鱼或鲻鱼 1360 ~ 1800 克	雪利酒 2 汤匙
中国泡菜 1/3 罐或坛	玉米淀粉 2 汤匙
（唐人街有售，包括泡姜、	水 3（或 2）杯
黄瓜、萝卜等）切成丝	盐 2 茶匙
糖 5 汤匙	葱 1 根，切成 2.5 厘米小段
醋 5 汤匙	猪油 1 汤匙

鱼放在蒸屉上（或锅中），加热 3（或 2）杯水直到煮沸。然后蒸（或炖）20 分钟，鱼放入盘中。

煎锅热猪油，其他调料配好，放入煎锅。加热 1～2 分钟，直到汤汁变透明。浇到鱼上，菜可以上桌了。

上桌前可在炉中放置 5～10 分钟，但最好出锅就上桌，马上就吃。

10.4. 糖醋鱼

鲤鱼、青鱼、鲻鱼和石斑鱼最适合做糖醋鱼。

鱼 1 条，1360～1800 克	盐 1 茶匙
糖 8 汤匙	酱油 4 汤匙
醋 8 汤匙	生姜 4～5 片
雪利酒 3 汤匙	葱 1 根（2.5 厘米的段）
玉米淀粉 4 汤匙	
水 2 杯	

鱼打理好，背上切一些口子，鱼外面涂一些干面粉。在 2.5 厘米深的猪油或植物油中炸。先用大火，每面炸 2 分钟；再转中火，每面炸 4 分钟；然后重归大火，每面炸 1 分钟，总共 14 分钟。此时鱼的外皮会很脆，而里面嫩得恰到好处。鱼取出装盘。

锅里留 1 汤匙油，放入葱姜，开火，加入混合调料。混合物变透明时，浇到鱼上上桌。

想要的话，调料中可以加一些青椒丝或甜泡菜丝。

上桌前可以在炉子中放 5～10 分钟。但鱼皮放久就不脆了，就失去了这道菜的精华。

10.5. 瓦块鱼

上述做法中，若用的是切成大块的鱼，而不是整条鱼，那么就叫做瓦块鱼，这是河南的名菜。

原料和糖醋鱼一样。

鱼去头，可以留着红烧。把鱼从背部切成 2 片，横向切成大约 10 段，每段用干面粉包裹。按照酸辣鱼的步骤烹调。

材料不用减少，因为去掉的鱼头部分大部分是骨头，不会吸收多少汁。

10.6. 菠萝鱼

鱼片 900 克，比目鱼、鳎目鱼	鸡蛋 2 只
或鲽鱼	猪油 2 汤匙
酱油 2 汤匙	糖 1 汤匙
盐半茶匙	水半杯
雪利酒 1 汤匙	罐装菠萝 280 克
葱 1 根	
玉米淀粉 2 汤匙	

鱼片切成 2 ~ 3 块，葱切丝。酱油、盐、雪利酒、葱丝混合，鱼片在混合物中泡 10 分钟。

平底锅加热猪油。玉米淀粉和鸡蛋混合，鱼片蘸一下混合物，立刻下锅，每面炸 2 分钟，炸好的块放入盘中。

混合水、糖、菠萝和剩下的玉米淀粉糊，煮到透明，浇在鱼上。

上桌前可置于炉中几分钟，但久置及高温会让它变硬。

10.7. 干烧鱼

生沙丁鱼 900 克   糖 1 茶匙

植物油 3 汤匙   葱 1 根（切成末）

酱油 2 汤匙   生姜 3 ~ 4 片（切成末）

雪利酒 1 汤匙   水 6 汤匙

盐 1 茶匙

鱼洗净，沥去水，让鱼皮略微晾干（否则容易粘锅）。

油烧到滚热。放入鱼，每面煎 5 分钟（沙丁鱼 3 分钟）拿出鱼，油留下。放入酱油、雪利酒、盐、糖、葱、姜、水的混合物。加热到沸腾，浇到鱼上（而不是你自己身上），上桌。

这道菜热吃冷吃皆可，植物油使它凉了也好吃。

10.8. 芙蓉鱼片

很多淡水鱼都可以做这道菜。在海鱼流行的地方，选择就会比较少，因为大多数海鱼的肉炸过之后会碎开。比目鱼片倒是可以用。

比目鱼片 1360 克   4 只鸡蛋的蛋白

猪油 3 汤匙   雪利酒 1 汤匙

盐 1 茶匙半   葱 1 根（切成 2.5 厘米小段）

水 4 汤匙   生姜 2 ~ 3 片

玉米淀粉 1 汤匙半

每个鱼片切成 3 ~ 4 块，和半茶匙盐、2 汤匙玉米淀粉和 4 只鸡蛋的蛋白混合。

用平底锅加热猪油，鱼每面煎 2 分钟。

剩下的淀粉糊中混入雪利酒、1 汤匙盐、1 汤匙玉米淀粉、葱、姜和水。加入煎鱼，轻轻翻动几次，再烧 2 分钟，直到液体变透明（总共大约 5 分钟）。

10.9. 鱼生

鲑鱼和鳕鱼是可以生吃的，然而这道菜要求鱼非常鲜，也要非常干净。

鲑鱼或鳕鱼 900 克	黑胡椒 1/4 汤匙
雪利酒 2 汤匙	葱 1 根（切成碎末）
酱油 2 汤匙	芝麻油 1 汤匙
盐半茶匙	（买不到就用色拉油）

鱼去骨去皮，切成很薄的片，和调料混合，上桌前放置 10 分钟。如果新闻说有传染病在附近横行，那就把鱼烧熟。

10.10. 鱼丸

鲤鱼 1 条（约 2270 克）	熔化的猪油 2 茶匙
6 只鸡蛋的蛋白	调味粉 1 汤匙
玉米淀粉 2 汤匙	葱 1 根
盐 2 茶匙	生姜 5 ~ 6 片
雪利酒 2 汤匙	水 8 杯

鱼去头，从后背切成两片。鱼贩会乐于替你切的，免得你切了手。去掉大刺，竖着拿一把钝刀，按照从尾至头的方向刮鱼的里侧（方向不要弄反，要不然会把小刺弄下来）。这样，鱼肉可以做成细团，适合做鱼

丸。（肉刮下来之后剩下的皮可以用来做腌鱼，见菜谱 10.11 等。）

葱姜在 1 杯水中碾碎。刮下的鱼肉和葱姜糊一起绞碎（剁碎更好），和其他调料混合。用搅蛋器搅拌 10 分钟，过程中逐步地加入两杯水。

锅中放入 5 杯水，烧到将将要开，大约 85 ～ 90 摄氏度。取一把打碎并调味的鱼肉握在手里，从拇指根和食指之间的洞中挤出来，用大勺子舀出。这样就做出了鱼丸，放入热水中。（按照这个菜谱的用量，大约能做 50 个鱼丸。）煮 3 分钟，鱼丸会微微变大。

鱼丸可以烩鸡汤或肉汤，如果手头有汤的话；要是没有，你可以在鱼丸汤里加入：

蛋黄 6 个（蛋白刚刚用掉了）
盐 2 茶匙
调味粉 1 茶匙

鱼丸可以在冰箱中放置几天。可以和蘑菇、竹笋等红烧，也可以加入酸辣汤里（菜谱 15.13）。

10.11. 爆腌鱼

做这道菜，可以用鲤鱼等。鱼的里侧和外侧都用盐揉搓，1360 ～ 1800 克的鲤鱼大概要用 3 汤匙盐。之后把鱼放置 24 小时，然后在冷水中洗。把水滤净，直到鱼皮差不多是干的。用 3 汤匙植物油，每面煎上 5 分钟。

腌之前鲤鱼最好切成小段（10 段或 12 段，看鱼大小）。

10.12. 熏鱼

用菜谱 10.11 中相同的鱼。西方市场上常见的白鲑鱼或竹荚鱼也可以用。

按照菜谱 10.11 准备鱼。炸好的鱼放入熏锅里（如菜谱 8.26 一样，但不必须一样大）。锅底放 3 汤匙红糖，鱼放在熏架上，盖紧锅盖，加大火。3 分钟后，鱼会被熏成淡褐色，可以上桌了。如果烟太多，就打开厨房的窗户。

第11章　虾

　　每当西方人和中国人谈论虾，他们的谈话总是会出岔。汉语用"虾"
这一个字指代了讲英语的人所说的很多东西。但因为shrimp是这类中
最常见的，所以按惯例把它翻译为"虾"。此外有一些变化，比如：龙虾；
烟台大对虾和宁波对虾，因为它们是按对卖的；一般中餐馆中叫做虾的
美国虾（粤语发音为 ha）；最后还有河虾，中国最常吃的一种虾，但美
国不常见。此外还有个情况，那就是二三十年前，美国咸水虾（American
salt-water shrimps）曾经叫做对虾（prawn）。

　　随你怎么叫它，对虾没有中国淡水虾鲜嫩美味。然而这差异也不像
淡水螃蟹和咸水螃蟹那么严重。因此我认为按照中国淡水虾的菜谱来做
美国的对虾，还是值得一试的。菜谱11.6要用宁波或烟台对虾；至于其
他菜，我们可以借助一点想象，反正我们把对虾也叫做虾。

　　成功的烹饪从购物开始，虾尤其如此。在中国，你可以根据虾是否
活跳来做判断。杭州醉虾，用酒、酱料和姜泡的活虾，吃的时候必须要
在嘴里乱跳才行。在美国买虾要根据颜色：越是新鲜，越是呈蓝色；如
果虾变白或是变粉，就说明不那么新鲜了。下锅之前都要放在冰箱里。
菜谱里说的"去沙"，指的是切开虾背（或是去掉壳，若菜谱里要求的
话），把背上的黑线去掉。如果没去掉，嚼起来会牙碜。

11.1. 炒虾仁

　　有两种炒虾仁的方法，白炒和红炒。白炒不用酱油，红炒则自由自
在地用酱油，就是这么简单。虾仁可以直接炒，或是加上竹笋、水栗，
等等。

11.1 A 白炒

生虾 900 克

玉米淀粉 1 汤匙

盐 1 茶匙半

雪利酒 2 汤匙

生姜 3 ~ 4 片（买得到的话）

猪油 3 汤匙

葱 1 棵或小洋葱 1 个

虾去壳，去沙，用水涮并捞干。

混合虾肉、淀粉、盐、雪利酒、葱和姜。

平底锅加热猪油，直到非常热。加入调好的虾仁，快速翻炒。根据虾的大小，炒 3 ~ 5 分钟。

11.1 B 红炒

同样的虾。同样的调料。只是：

不要盐，用 2 汤匙酱油替代

其他一切不变。

11.2. 鲜蘑炒虾仁

加 230 克蘑菇

虾和调料和菜谱 11.1B 相同。

蘑菇纵向切片。

按照菜谱 11.1B 烹调。炒虾仁 1 分钟，加入蘑菇和另外 1 汤匙酱油；翻炒 4 分钟。

在中国，蘑菇用褐蘑菇。

11.3. 豌豆炒虾仁

虾和调料与菜谱 11.1A 相同。增加：

冻豌豆 1 包

盐半茶匙

按照菜谱 11.1 的步骤。虾炒了 2 分钟后，加入豌豆和盐。大火继续炒 2 ~ 3 分钟或更久。

11.4. 虾仁炒豆腐

虾和调料与菜谱 11.1B 相同。增加：

豆腐 560 克

盐 1 茶匙

豆腐切成 0.64 厘米厚。虾炒了 2 分钟后，加入豆腐、盐，大火继续炒 3 分钟或更久。

11.5. 芙蓉虾

虾和调料与菜谱 11.1B 相同。增加：

肉馅 110 克

鸡蛋 2 只

酱油 1 汤匙

按照菜谱 11.1B 处理虾。和肉馅、鸡蛋、酱油混合，一起炒 3 分钟。

11.6. 凤尾虾

这道菜类似于普通的炸虾。因为它在中国很流行，收录在此。

生虾 450 克   盐 1 汤匙

鸡蛋 1 只   猪油，锅里的油用来油炸，

面粉 4 汤匙   要有 2.5 厘米深

水 4 汤匙

    虾去壳，留着尾巴，它们就是凤尾，炸的时候会变成漂亮的红色。用小刀切开虾背，刚好能够拿出黑色的沙线，但不会让虾分成两半。

    鸡蛋打成蛋液，放入面粉、水和盐，搅拌 2 分钟。

    平底锅中加热猪油。拿着虾的尾巴，裹了混合物，放入油里炸。确保虾的两面都炸到，每只虾应在热油里炸大约 3 分钟。

    上桌之前，这道菜可以在炉子里放几分钟。

    可以混合 1 汤匙盐、1/4 茶匙黑胡椒，单独放入一个小盘做蘸料。用虾蘸一下蘸料，然后试试味道如何。

11.7. 炸虾饼或虾丸

生虾 900 克   盐 1 茶匙

猪肉 230 克（不要太瘦）   糖 2 茶匙（可选）

玉米淀粉 2 汤匙   水 4 汤匙

雪利酒 2 汤匙   猪油 2 汤匙

酱油 2 汤匙

    虾去壳洗净。虾仁绞碎，猪肉也绞碎。

绞碎的虾仁和猪肉混合在一起，加入淀粉、雪利酒、酱油、盐、糖和水搅拌。做成手掌大小的肉丸，或 1.3 厘米厚、2.5 ~ 5 厘米见方的肉饼。

猪油在煎锅中加热。转中火，放入肉丸或肉饼，每面各煎 3 分钟（菜谱 11.8 ~ 11.12 里，只需要 2 分钟）。不要用大火，因为会让肉饼的表皮变焦而里面还太生。

这道菜最好立刻上桌，但上桌前也可以在炉子里放置 5 分钟。重新加热后，这菜就不好吃了。它也可以烩着吃，下面的菜谱会讲到，那会有很不同的感觉。

11.8. 鲜蘑烩虾饼

虾和调料与菜谱 11.7 相同
蘑菇 230 克
酱油 2 汤匙
水 1 杯

蘑菇纵切成片，约 0.64 厘米厚。做成菜谱 11.7 中的虾丸或虾饼，加 1 杯水炖 15 分钟。

加入蘑菇片和酱油，煮 3 分钟。

这道菜可以放在冰箱中，重新加热后再吃。然而蘑菇片最好是在最后一次重新加热时放入。

11.9. 虾饼烩菠菜

虾和调料与菜谱 11.7 相同
菠菜 450 克
水 1 杯
盐 1 汤匙

按照菜谱 11.7 准备虾饼或虾丸。菠菜洗净，整棵使用。

煎好的虾饼或虾丸中加水，炖 15 分钟。然后加入菠菜和 1 茶匙盐，煮 3 分钟或更久。

这道菜可以在吃之前很久就准备好，但菠菜最好在最后一次重新加热时再加入。

11.10. 虾饼烩黄花菜

虾和调料与菜谱 11.7 相同

干黄花菜（唐人街里叫做金针）57 克

酱油 2 汤匙

水 2 杯

按照菜谱 11.7 准备虾饼或虾丸。

干黄花菜在非常热的水中泡半小时，倒掉水，洗两三次并滤掉水。黄花菜放在平底锅底部，上面放上虾丸或虾饼。加入水和酱油，炖 20 分钟。

这道菜可以在食用前很久就准备好，吃之前重新加热。

11.11. 虾饼烩白菜

虾和调料与菜谱 11.7 相同

白菜 900 克

盐 1 汤匙

水 1 杯

按照菜谱 11.7 做虾丸或虾饼。因为它们煎了之后还要再煮，所以煎的时间可以缩短一些，每面煎上 1 分钟也就足够了。

白菜洗净，切成 2.5 厘米的段。平放在平底锅底部，虾丸或虾饼放在白菜上。加 1 杯水，加盐，水烧开，炖 15 分钟。

这道菜可以在食用前很久就准备好，吃之前重新加热。

11.12. 虾饼烩黄瓜

虾和调料与菜谱 11.7 相同。增加：

大黄瓜 2 根或等量的小黄瓜

水 2 杯

酱油 2 汤匙

按照菜谱 11.7 准备虾丸或虾饼。

黄瓜剥皮，切成 2.5 厘米小段，平放在平底锅底部。虾饼放在黄瓜上。

加水和酱油，烧开，炖 10 分钟。

这道菜也可以在食用前很久就准备好，吃之前重新加热。

11.13. 干煸虾

虾 900 克	盐 1 茶匙
猪油或等量植物油 2 汤匙	雪利酒 2 汤匙
糖 1 汤匙	葱 1 根或洋葱 1 个
酱油 2 汤匙	生姜 2 ~ 3 片（买得到的话）

虾洗净（不去壳），水沥掉。平底锅中加热猪油或植物油。放入虾，切葱和姜。

煎 8 分钟（如果虾小，5 ~ 6 分钟或许就够了）。先放入糖炒，然后加酱油、盐、雪利酒和切碎的葱姜。料都加入后，炒半分钟。

如果用植物油做，这道菜可以放在冰箱，冷着吃，或是配三明治做野餐。室温下可以保存两三天，可以用蜡纸包起来，旅行时作为一种非常美味的零食。记得带一些纸巾。

11.14．生炒虾

虾和调料与菜谱 11.13 相同

预先油煎的时间是菜谱 11.13 的一半，但最后的半分钟保持不变。另一点区别是，干煸虾没有糖就不好吃，但生炒虾可以不用糖。

这道菜的虾必修非常鲜。上桌前可以放在冰箱里，或放在炉子里 10 ~ 20 分钟。

第12章 海味

虽然我说淡水水产在中国比在西方更重要，但不能进而推论说海味在中国就不重要。成语称美食为"山珍海味"，你想想鱼翅，它当然重要啊。

海味的问题是它总会有些咸味，因为它毕竟一出生就浸在咸水里，所以，与其费工夫拿海味与淡水水产品比拼哪个更清淡，不如干脆发挥它产自海洋的优势，把它腌制、风干，让它产生我们称之为"鲜"（hsien）的独特风味呢？所以在中国，我们吃的最典型的海味是罐头鲍鱼、蛏干、贻贝干、扇贝干、鱿鱼干，每一种都比新鲜的更可口。扇贝干被广泛地用作汤料。

因为中式海味干货在美国不易找到，加之美国的海鲜产量充足，在本章中我将提供用海鲜做中国菜的菜谱。在中国你亦可做这些菜，只要烹饪得法，这些菜是极为可口的。

在本书第一版中我说过，"如果你来中国，我会教你如何用真正的螃蟹做蟹肉菜"，既然在美国难以找到中国的淡水蟹，于是我从头至尾都避免在该版的其余部分中提到螃蟹。经过多次试验之后，我现在已经能用海蟹做中国菜了。照中式方法烹制加利福尼亚蟹，它会具有一种几乎足以乱真的淡水蟹风味。不用说，在特色宴会（菜谱21.6f）上须用活蟹做食材。即便是做菜谱12.14中的蟹肉菜，亲自采买活蟹并亲手煮剥的辛苦亦是绝对值得的。

12.1. 烩龙虾

龙虾在中国并未普及，它们只产于一些沿海省份。许多西方的中餐馆亦精于烹制龙虾，以下我将介绍一些龙虾菜谱。

在一顿中餐中通常会有若干道菜，即便仅有一只龙虾，只要每位用餐者能分享到其中一两块即可。如果把龙虾作为分餐制的主菜，一只龙虾就不够了。以下菜谱通常可供应 6 人份主菜。

活龙虾（大小不限）2300 克   雪利酒 2 茶匙

鸡蛋 2 个打成蛋液   玉米淀粉 2 茶匙

葱 1 根切细末   水半杯

酱油 2 汤匙   猪油满满 2 汤匙

盐 1 茶匙   鲜姜 5 片

猪肉馅（肋条肉，110 克）

龙虾下大蒸锅蒸 5 ~ 8 分钟，具体时间视龙虾的尺寸而定，较大个的龙虾须适当多蒸一会。带壳切段，先纵向对半切，再横向切成 3.8 厘米的段。每个虾头切 4 块，每个虾爪切 3 块。

将鸡蛋、葱、姜、酱油、盐、肉、雪利酒、玉米淀粉和水均匀地混合成调味酱。

猪油下平底锅烧热，然后投入龙虾段，紧跟着将混合好的调味酱浇在龙虾上，翻炒 5 分钟。

变化：美国中餐馆的做法。——准备豆豉（唐人街有售）2 汤匙，将盐粒冲掉后，煮 10 分钟，碾碎，翻炒调味酱时将其加进去。

12.2. 炒龙虾

炒菜与烩菜的区别在于，炒菜不需要对食材做预先烹制，炒龙虾比蒸过再烩的龙虾更嫩。这里有个限制是，一定要小心地处理龙虾，并且当日买当日用；另一个区别是，你可能想让卖虾人帮你把每只龙虾切成两半，然后把龙虾头里面的黑色沙状物掏掉。

用菜谱 12.1 同等分量的龙虾和烹饪材料，并将生龙虾切成与蒸龙虾同样的块。

将上条菜谱中调味酱的配料混合均匀。

猪油下平底锅用大火烧热。加入龙虾并翻炒 5 ~ 7 分钟，越硬的龙虾烹制的时间就越要长。（对不同尺寸的龙虾，即便是切成同样尺寸的块，较大的龙虾烹制的时间亦应长一些。）然后倒入调味酱，用大火翻炒 3 分钟。

变化：同上条菜谱。

12.3. 蒸龙虾

450 克重的龙虾 3 只（让卖虾人将每只龙虾纵向一切两半，然后将龙虾头里面的黑色沙状物掏掉）

酱油 2 汤匙

雪利酒 1 汤匙

葱 1 根，切细末

鲜姜 3 片或 4 片，切细丝

水 2 汤匙

将所有切成两半的带壳龙虾置于蒸锅的蒸屉上，虾壳向下。

将酱油、雪利酒、葱、姜、水混合成酱汁，在每片龙虾上洒一些。

盖好蒸锅，用大火蒸 10 分钟，时间自水开始沸腾时起算。

12.4. 龙虾蒸蛋

切成两半的龙虾至多 6 片，少则不拘（照每人食用 1/4 至 1/2 只计算。让卖虾人将每只龙虾纵向切成两半并将龙虾头里面的黑色沙状物掏掉）

鸡蛋 8 个打成蛋液

冷水 3 杯

盐 2 茶匙

　　剥去虾壳，但要保持半只虾的虾肉是完整的，亦就是说要完整的半只。

　　在打散鸡蛋后，在蛋液中加入 3 杯冷水和 2 茶匙盐，再彻底搅拌一回。将蛋液倒入一只大碗或任何能禁得住蒸汽高温的上菜容器。将盛蛋液的碗放进一口大锅，锅中须盛有足够的水用于蒸蛋，但水量又不能太多，以免沸腾的水溅入碗里。水量还取决于锅和碗的尺寸和形状，但 3 杯水一般是合适的。盖上锅盖，但碗上不加盖。

　　大火加热，水开后蒸 10 分钟。关火，免得你烫到手，揭开盖子，此时，蛋液应该已经凝结了。将大片的龙虾放在鸡蛋上面，然后盖上锅盖再蒸 10 分钟。

12.5. 炒鱿鱼

　　中国的鱿鱼比美国鱿鱼短，即便是在它们被风干（在中国通常都会如此加工）之前亦不算长。中国品种是太平洋柔鱼（Ommastrephes Pacificus），而美国品种是短尾鱿鱼（Ommastrephes Illecebrosus），可在市场上人们就称其为鱿鱼(squid)。中国鱿鱼干在发开之后可炒亦可煮汤，汤味鲜美极了。鲜鱿鱼因其味道清淡，还是炒着吃最好。

鱿鱼 1400 克（小鱿鱼更佳，　　　　鲜姜 2 ~ 3 片

　大鱿鱼适合红烧）　　　　　　　酱油 2 汤匙

猪油满满 2 汤匙或　　　　　　　　雪利酒 1 汤匙

　等量植物油　　　　　　　　　　玉米淀粉 1 汤匙

葱 1 根，切成 2.5 厘米的段　　　　水 2 汤匙

将鱿鱼去骨去皮，洗净内部，切下触手备用，鱿鱼切成 3.8 厘米的块。若你用的是大鱿鱼，须在每块上纵横切一些花刀。

猪油或植物油用大火烧热，加鱿鱼，加葱、姜翻炒 1 分钟。加酱油、雪利酒，再翻炒 2 分钟。鱿鱼出锅装盘，但把汤汁留在平底锅里。玉米淀粉加水搅拌均匀，倒入平底锅烹至半透明状，然后将其浇在鱿鱼上。

为了保持好的口感，此菜须现做现吃，不是菜一出锅就上桌的话，就别急着下锅炒。

12.6. 芹菜拌鲍鱼丝

因为冷鲍鱼风味更佳的缘故，许多人吃鲍鱼喜冷不喜热。同其他鲍鱼菜一样，不要忘了将此菜的汤汁收集在罐头瓶里，用它来做汤是再好不过了。

鲍鱼罐头 2 个	糖 1 汤匙
芹菜 1 把，约 450 克重	芝麻油或色拉油 1 汤匙
水 3 杯	盐 1 汤匙
酱油 2 汤匙	

鲍鱼切成 5 厘米长、0.3 厘米厚的丝。

每棵芹菜均切成 2.5 厘米长的滚刀块（见第 65 页图 3）。将芹菜投入沸水煮 1 分钟，煮成半熟。水重新开锅后，将芹菜捞出过冷水，冷却后捞出并尽可能将水抖掉。

将芹菜和鲍鱼、酱油、糖、盐、芝麻油或色拉油混拌起来，也可以说是把所有食材混拌起来。如果你乐意，可在上菜前先将它放进冰箱冷却一下。

12.7. 炒鲜贝

鲜扇贝 900 克   鲜姜 3 ～ 4 片

猪油满满 1 汤匙   玉米淀粉 1 汤匙

葱 1 根，切成 2.5 厘米的段   水 4 汤匙

盐 2 茶匙

清洗扇贝，然后将每只扇贝侧面的小块硬肉取下。每只扇贝切为 4 个圆片。

玉米淀粉加水搅拌成芡汁。猪油下平底锅用大火烧热，投入扇贝翻炒 1 分钟。加入葱、盐、姜片，再炒 2 分钟。将芡汁搅拌均匀，倒入锅内翻炒半分钟。最后当芡汁变成半透明状时，炒鲜贝就做好了。

12.8. 青椒炒鲜贝

鲜扇贝 680 克

调味品同上条菜谱

减少：不用玉米淀粉和水

增加：青椒 3 ～ 4 个

照上条菜谱那样调制扇贝。

将青椒切成 2.5 厘米见方不规则的块。

照上条菜谱烹制扇贝，但加调味品时亦同时加入青椒，炒、煎 2 分钟。因为未用玉米淀粉芡汁的缘故，上条菜谱的最后半分钟的翻炒要省去。

12.9. 鲜蘑炒鲜贝

鲜扇贝 680 克　　　　　　　葱 1 根，切成 2.5 厘米的段

鲜蘑菇 330 克　　　　　　　鲜姜 3 ~ 4 片

盐 1 茶匙　　　　　　　　　糖 1 茶匙

酱油 2 汤匙　　　　　　　　猪油满满 1 汤匙

照菜谱 12.7 洗、切扇贝。

蘑菇切成 0.3 厘米厚的片。

猪油下平底锅用大火烧热。加扇贝翻炒 1 分钟，加蘑菇片、葱、姜、
酱油、盐、糖，再翻炒 2 分钟即可。

12.10. 清蒸蛤蜊（或蛏）

蛤蜊或蛏子 36 个

将蛤蜊洗净，蒸锅加水煮沸。蛤蜊下锅蒸 5 ~ 10 分钟直至蛤壳打开。
在一小碗中混合以下调味品：

酱油 2 汤匙　　　　　　　　鲜姜 3 ~ 4 片，切成细丝

葱 1 根，切细丝　　　　　　芝麻油或色拉油 1 汤匙

雪利酒 1 汤匙

蛤肉蘸调味汁食用。用与美国相同的方法洗去蛤蜊中的沙砾。

12.11. 凉拌蛤蜊（或蛏）

蛤蜊或蛏子 36 个

酱油 2 汤匙

雪利酒 1 汤匙

芝麻油或色拉油 1 汤匙

鲜姜 2 ～ 3 片，切成细丝

葱 1 根，切细丝

照菜谱 12.10 的方法处理蛤蜊。

将蛤蜊与调味汁、雪利酒、芝麻油、姜、葱一起混拌，放进冰箱冷却。

12.12. 烩蛤蜊（或蛏）

蛤蜊或蛏子 18 个

猪排 110 克（切薄片）

蘑菇 110 克（纵向

切片，0.3 厘米厚）

冷冻豌豆半包

酱油 2 汤匙

玉米淀粉 1 汤匙

猪油 2 汤匙

蛤蜊加 2 杯水煮 3 分钟，待蛤壳张开了，剔出蛤肉并洗去里面的沙砾。

猪油 2 汤匙下平底锅用大火烧热。加猪肉片、蘑菇、豌豆翻炒 2 分钟，加蛤肉，用酱油、玉米淀粉、1 杯煮蛤水混合成调味汁下锅，再烧半分钟。

此菜刚出锅时风味最佳，最好先将所有食材准备齐全，快上菜的时候才下锅烹制。

12.13. 鱼翅

鱼翅是我们认为优于淡水水产品的少数海味之一。它不限于鲨鱼鳍，亦包括鲨鱼尾。起初，人们认为鲨鱼肝含有高效的维生素，这吸引了很多渔夫前往西海岸捕捞鲨鱼。鱼翅是已风干的，你可用煮、浸的办法把它"发"开。用它来做红烧菜（比如红烧肉、红烧鸡或红烧鸭）是再好不过的。鱼翅烧河蟹肉总是大受欢迎，上桌即光。

唐人街的鱼翅有两种，一种带着原本的粗鲨鱼皮，一种不带。

不带粗鲨鱼皮的鱼翅可按以下方法烹制：将330克的去皮鱼翅在热水中浸泡半小时，加1茶匙小苏打粉，下锅炖2小时，直至鱼翅变得又软又酥，然后将鱼翅从炖好的浓汤中取出即可。

带着粗鲨鱼皮的鱼翅烹制起来更费工夫。900克带皮鱼翅用水煮1小时，水量须足以没过鱼翅。将鱼翅捞出并冲掉沙子，去掉所有仍附在鱼翅上的鱼肉和软骨。将鱼翅放回锅里，往水里加1茶匙小苏打粉，再煮3小时，到时候鱼翅就变软了。将鱼翅自汤中取出再浸入清澈的热水中，然后捞出，或备用或放进冰箱里储存。（因为鱼翅发过头了会化掉，嫩鱼翅在苏打水里煮的时间须短些。）

12.13 A. 红烧鱼翅

锅中加入2杯红烧肉或红烧鸡的肉卤。（有些人喜欢用预煮鱼翅所得的浓汤，有些人却不喜欢。如果你用这种汤，本菜谱要求用半杯浓汤加1杯半肉卤。）给已经软化的鱼翅浇上肉卤或浓汤烧10分钟，然后加2汤匙调味汁和半茶匙味精。尝尝看，你会发现它的美味来源不单是鱼翅，亦不单是鸡肉或猪肉。若你在鱼翅和肉卤之外，再加上450克大白菜（切成5厘米的段）一同煮，味道会变得更为有趣。

12.13 B. 清汤鱼翅

用清鸡汤或清肉汤，加 1 茶匙盐和半茶匙味精，倒入已经软化的鱼翅烧 10 分钟。上菜前还可给鱼翅加上 450 克大白菜（切成 5 厘米的段）。

12.14. 炒蟹肉

螃蟹肉 680 克（参见第 168 页）	水 1 杯
猪油满满 3 汤匙	盐半茶匙
玉米淀粉满满 2 汤匙	鲜姜 10 片
雪利酒 4 汤匙	葱 2 棵，切成 5 厘米的段

猪油烧热，加入蟹肉和调味品翻炒 2 分钟。玉米淀粉用水搅匀，浇在螃蟹上再炒 1 分钟。此菜可供 6 人食用。

用 6 个鸡蛋打成蛋液代替 1/3 的蟹肉（330 克），做出的菜量更大，味道亦佳。

我们通常用匙舀取，蘸醋吃。

第 13 章　蛋

鸡蛋在中西烹饪中所占的地位是相同的。它既可做一道菜的主料，亦可给其他主菜做配料。因为鸡蛋几乎无论怎么烹制都有营养、好消化，它一直被认为特别合适儿童和体弱者食用。

我们有煮蛋、煎蛋等花样，可它们通常并不是早餐，即便它们与西餐的某些菜肴重名，但往往烹饪方法并不相同。煮蛋一般都是带壳煮的，通常都是在早餐时蘸着酱油吃。如果用来搭配其他菜肴的话，鸡蛋带壳煮的时间长了，蛋心会重新变软。煎蛋时加酱油一般会导致溅油。荷包蛋是下在汤里煮的，而不是像西餐那样放在吐司面包上烤的，所以吃起来湿润可口。中餐没有蛋挞但是有炒蛋，它是一种介于西式炒鸡蛋（scrambled eggs）和煎蛋卷之间的菜肴（见下文）。

亦有用盐或石灰腌蛋的做法，不过一般用的都是鸭蛋。用石灰腌制的蛋叫松花蛋，腌 100 天左右品质最佳。

以下我将介绍一些常见的鸡蛋菜谱，每种做法又包含一些变化。

13.1. 炒鸡蛋

炒鸡蛋是一道用最普通的方法和最普通的食材烹制而成的最普通的菜肴。炒鸡蛋是做菜的基本功。因为这是我丈夫唯一的拿手菜，而且他说他要么做好，要么就干脆不做，因此以下我请他来讲授炒鸡蛋的做法。准备：

中等尺寸的鲜鸡蛋 6 枚（因为这是我一次炒过的鸡蛋的最大数量）

烹饪用盐 3 克（或代之以调味盐 4 克）

鲜猪油 55 毫升，约等于 4 平汤匙的容量

中国葱 1 棵（若找不到中国葱则以本地葱代之），约长 30 厘米、平均直径 7 毫米（此配料为可选项）

　　"按任意顺序用一枚鸡蛋敲击另一枚，以便将蛋壳剥下来或者剥下去[1]。下面务必要有只碗用来接着壳内的流质物。用一双筷子以所谓'打鸡蛋'的那种快速、有力的动作进行搅拌。此动作无论如何都要连续做，而不是只做一次。为这个目的，自动化设备（恰如其分地名为打蛋机）已经被发明出来了。

　　"在葱上按 7.5 毫米的间距截出横切片，累计 40 个横切片。在打鸡蛋的最后阶段，投入葱和计量好的盐。

　　"用一个大平底锅在大火上将猪油加热，直至它（猪油）开始冒起一缕轻烟。立即将碗内物质倒入油中。

　　"下个操作阶段对炒鸡蛋的成功与否是决定性的。当蛋液混合物的底部因受热而变成膨胀松软的一团时，其上层仍是液态的。操作者应将混合物推到一边（最好用一个带手柄的平薄金属片来推），使未经烹制的液态部分流到锅底露出的部分上的热油上。（有时将平底锅微微倾斜一点，就能更方便地完成上述程序。）快速地重复上述程序直至 90% 的液体已接触到热油并膨胀起来。然后，仍用那个平金属片将平底锅中的所有物质沿水平轴线旋转 180 度。这个复杂的操作称为'翻面'，对生手来说极易造成一场灾难。唯有用各样不同组合的鸡蛋反复练习过之后，此操作才能完成得干净利落又不会造成浪费。

　　"如果翻面已顺利完成，等 5 秒钟（大概就是从 1 数到 12 所需的时间），然后将锅内物质转移到碗或碟子中，至此这道菜就算是做完了。

　　"要检验烹饪完成得是否正确，请观察享用这道菜的人。如果他以缓

---

[1] 因为当两枚蛋相撞时，二者之中只有一枚会打破，于是有必要用第七枚蛋来打第六枚。如果一切顺利，但第七枚蛋先破而第六枚反而没破，变通之法是直接将第七枚蛋用于烹饪而将第六枚蛋撤下。一个替代程序是延迟你的编号系统，并将在第五枚蛋之后打破的那枚蛋定义为第六枚蛋。——赵元任

慢的降调发出双唇鼻音的浊辅音，这是好菜；如果他以重叠形式发出音节'妙'，这是极好的菜。"——赵元任

炒鸡蛋是做来容易，讲起来难。当有客人突然到来时，用它来临时加菜是非常方便的。要记住只有用猪油或者其他动物油来炒这道菜才好，所以它应该是做好就吃，事实上也只有趁热吃味道才好。

13.2.（肉丝）芙蓉蛋

本菜谱与此菜在中国的做法相同。美国中餐馆的做法见菜谱 13.8。

鸡蛋 8 个	芹菜 1/4 把
盐 1 茶匙	葱或洋葱 2 个
肉丝 330 克	猪油满满 3 汤匙
豌豆苗 110 克（城镇有售）	糖 2 茶匙

将 8 个鸡蛋打成蛋液并加盐。

将葱（或洋葱）和芹菜斜刀切成 2.5 厘米长的丝。

将豌豆苗洗净。

猪油 1 汤匙下平底锅用大火烧热。加入肉丝，翻炒 1 分钟。加入芹菜和葱再炒 1 分钟。加入 2 汤匙酱油和 2 茶匙糖。再炒、煎 1 分钟，起锅。自始至终都用大火。

仍用此平底锅，猪油 1 汤匙下锅用大火烧热。改为中火并倒入所有鸡蛋。不要翻炒或打散鸡蛋形成的大团，让它保持完整。不时地铲起蛋团以免它粘锅或糊锅。1 分钟后，在鸡蛋仍然是液态时，再次将肉、芹菜、葱和豌豆苗倒入（不要将菜汤倒进去，留着它以后再用）。将鸡蛋的一边折到另一边上形成一个盒子，往里面填入肉丝和其他食材。将盒子的两面各煎 1 分半钟。

如果你喜欢有些调味汁，可将肉和芹菜等形成的菜汤加热。用 1 汤

匙玉米淀粉加2汤匙水相混合，将其倒入加热后的菜汤，然后继续加热直至它们变成半透明状。鸡蛋装盘，将调味汁倒在鸡蛋上面。

尽管此菜可以在炉火上保留若干分钟，但最好还是现做现吃。有时，我们可以在用餐过程中请客人稍等片刻，用一点时间就足以做出这道菜。

变化：肉丝可以代之以各种其他食材。

（a）鲜虾芙蓉蛋。用330克鲜虾代替肉。虾去壳、去掉虾背上的黑色砂状线。加入调味料像炒肉馅那样炒虾。其余做法与上述菜谱相同。

（b）鱼片芙蓉蛋。用330克比目鱼片，切成小片然后照上述菜谱操作。

（c）鸡柳芙蓉蛋。将330克的白鸡肉切丝。烹制方式与肉末芙蓉蛋相同。

（d）蛤蜊肉，（e）牡蛎，还有（f）螃蟹肉也可用于此菜，不过110克就够了。如果没有像肉、鱼那样合适的大块食材的话，这些小块的食材也足以使用。

13.3. 涨蛋

涨蛋又名铁锅蛋，因为它常常是用沉重的铁锅来烹制。此菜的外观与奶油蛋羹一样，但是外观不可尽信，二者完全是两回事。涨蛋可以加入多种配料。以下我叙述的是基本做法，做法简单但味道却相当绝妙。

鸡蛋10个打成蛋液　　　　　　熔化的猪油1汤匙
盐1茶匙　　　　　　　　　　　猪肉馅330克
酱油2汤匙　　　　　　　　　　水1杯

将所有食料放在一起混合均匀。将混合物倒入一只派莱克斯（Pyrex）玻璃盘，盘子的容量须是混合物容积的三倍。将碗盖好然后直接坐在火上。开始用非常小的火苗烹制半小时。当混合物涨得足以顶起盖子时，蛋就做好了。上桌前仍可坐在小火上。即便是在灶台离餐桌不是很远的情况下，涨蛋上桌后，这种涨、膨的状态亦只能延续几分钟。如果在餐桌上聊个没完，等想起来的时候，美丽的涨蛋[1]已经冷却收缩，再没有比这更让女主人恼火的了。

13.4. 溜黄菜

此菜不易做，可如果能做出好菜，费一番工夫也是值得的。

海米 60 克

水 4 杯

鸡蛋 8 个打成蛋液

猪油满满 3 汤匙

面粉 2/3 杯

加入 { 鳕鱼或比目鱼切片 230 克
      盐 1 茶匙半

或 { 两年陈的火腿
    盐 1 茶匙

将海米放进一个小锅里，加 1 杯水，加热直到水沸。关火后放 20 钟，然后将海米捞出，切成细丁。将煮虾的沸水和切好的虾加入蛋液中。

将鱼切成细丁加入蛋液中并加 1 茶匙半的盐。(或者将火腿切成细丁，蛋液中加 1 茶匙盐。)

面粉加 3 杯水混合成面浆，然后加入蛋液中。

现在将蛋液、海米、鱼或火腿、面粉一起搅拌均匀。

猪油下平底锅用大火加热，待烧热时，将全部蛋液混合物倒入。快速、连续地翻炒，直至它看起来比炒鸡蛋还要碎一些，就做好了。用大火的话要用 5 ~ 7 分钟。

此菜在上桌前只能在炉火上放置几分钟。

---

[1] 没注意到? 哦，是的，它美吗? 嫩吗? ——咦——我是指在刚才我说话时的状况，李博士，你还没来得及做出结论性的检验呢，那种高频音调是……——赵元任

有时候，先不在蛋液中加火腿和海米，而是先烹制纯蛋液和面浆，然后在上菜前再撒上火腿和海米。这样一来，因为鸡蛋里没有海米或火腿的风味，菜肴的色泽更鲜明，但味道会打些折扣，明白了吗？

13.5. 木樨肉（肉片炒蛋）

此菜在中国深受喜欢，是家庭餐桌上非常普及的一道菜。

猪肉 450 克	盐 1 茶匙
猪油 3 汤匙	酱油 2 汤匙
鸡蛋 8 个	

猪肉切薄片，混以 2 汤匙酱油。将鸡蛋和盐打在一起。猪油下平底锅用大火烧热，加入腌好的猪肉片，炒 2 分钟，加蛋液，再煎 2 分钟多一点。

此菜应在出锅后立即上桌，放凉了的话会风味大减。如果有任何剩余，可加入适量的水把它煮成汤。

13.6. 蒸蛋

此菜看起来像奶油蛋羹，但别具一格。

肉馅 330 克

或鳕鱼肉馅 330 克

或虾肉馅 330 克

或蛤蜊肉馅或肉丁 330 克

或牡蛎肉丁 330 克

或蛏子肉（馅）12 个

或龙虾肉 110 克（切成 5 厘米的丁）

打在一起：鸡蛋 10 个，水 3 杯，盐 2 茶匙，雪利酒 2 汤匙

加上述肉类继续打，然后将混合物倒入派莱克斯玻璃盘。将派莱克斯玻璃盘放在蒸锅内的托架上，须高于水面，蒸锅直径应比派莱克斯玻璃盘大 5 厘米，盖上锅盖，用大火蒸 20 分钟。在即将上桌前将派莱克斯玻璃盘取出。

13.7. 茶叶蛋

鸡蛋带壳煮的时间长了，蛋心就会重新变软，茶叶蛋就属于这种做法之一。这道菜并不总是作为早餐点心或正餐之间的点心，因为有时它也在大餐上供应。它特别适合旅行或野餐的场合，食用时冷热均宜。

鸡蛋 24 个（两打）

红茶 2 汤匙（可用沏茶剩下的茶叶，但新鲜茶叶更好）

盐 1 汤匙半 ~ 2 汤匙

橘皮 1 片

鸡蛋煮 1 小时，然后放入冷水中冷却，将壳敲裂但不剥下。继续煮，水量（大约 6 杯）须适当，要能漫过所有的鸡蛋，加入茶叶、盐和橘皮，再炖 2 小时。停火，鸡蛋留在汤里。食用时冷热均可，汤仅限用于泡制茶叶蛋，不可饮用。

茶叶蛋通常在做好的当日或次日（若当日没有被一扫而光）风味最佳。若非酷暑天气，鸡蛋浸在汤中保存即可，不需要放进冰箱冷藏。如果鸡蛋经浸泡变得太咸，可将其浸泡在淡水中，这能让咸味变淡一些。

13.8. 芙蓉蛋（美国中餐）

　　想烹制美国中餐馆供应的那种芙蓉蛋的话，开始所需的配料与菜谱 13.2 相同，不同的是须增加猪油用量，在锅里达到深炸 [1] 所需的 2.5 厘米那么深。现在，不要单炒鸡蛋，而是将它们混合在一起，用大汤匙或长柄勺舀取蛋液放入热猪油中，炸时用中火。半分钟到 2 分钟后，当一面已呈褐色时，翻面，将另一面也炸成褐色。用漏勺捞出鸡蛋，再用一把干净的长柄勺将其轻压以使多余的油流回锅里。一次下锅的量要看平底锅的容量。当油变浅时，须再续些猪油。

　　如果你喜欢调味汁，可按菜谱 13.2（调味汁在第 180 页）烹制。

　　同样的变化（第 181 页 a、b、c、d）也可用于油炸。吃剩的铁板烤肉、土耳其烤肉等，都可以切碎用于这两种芙蓉鸡蛋的烹制。

---

[1]　深炸，指用旺火加热，以食用油为传热介质的烹调方法，特点是旺火、用油量多（一般数倍于食材的体积，饮食业称为"大油锅"）。——译者注

第14章　蔬菜

　　就像其他食材一样，中国的蔬菜资源比美国更贫乏却也更丰富。说更贫乏，因为在中国人口中，只有很少的人买得起各种各样的蔬菜或任何其他食材，再加上交通不便，许多优良的中国食材只局限在一个狭小的区域内，而电冰箱和罐头厂又太少，使得某些食材只能在一年中某些短暂的季节维持供应；说更丰富，因为整体而言，中国有更多的蔬菜品种，也因为我们吃的许多东西是美国有、但美国人不吃的。我们尝试一切食材，西瓜皮、萝卜缨、豌豆蔓，等等。四十几年前第一次去美国旅行的时候，我思乡心切，因为我想念祖国的甜豌豆嫩蔓的美味，于是在一家花店花1美元买了一把豌豆蔓，然后回家煮着吃，可结果证明它的味道与中国豌豆蔓相去甚远！我们在春季食用的典型时蔬包括春笋、豌豆荚、马蚕豆或蚕豆（带内皮吃）。在夏季，我们同样能想到许多东西。有一种瓜类蔬菜叫菜瓜（节瓜，又称窝瓜），它提示着夏末或初秋的到来，中国的其他地区已经从广东引进了这种瓜，在普通市场里时常可以看到。在许多地方，冬季是一个好的蔬菜季节。南京的瓢儿菜（一种平叶的、像甜菜的绿色蔬菜），常州和苏州的白菜或卷心菜，看起来像西兰花的紫色蔬菜——这些蔬菜提示着冬季的到来，当然还有杭州和宁波的冬笋！

　　当需要食用或是出售时，菜农掀起草帘（也许草帘上还有一点雪），然后挖起所需的作物或竹笋。按照民主原则，我确实盼望着一个时代，到那时，任何人都可以在一年中的任何时候、任何地方得到任何东西，而曾经的特权人士将很可能伤感地回顾那些美好的旧时光，那些春季是春季、冬季是冬季的旧时光。眼下，还是让我们看看此时此地我们该如何烹制蔬菜。

　　在一些西方国家，煮是烹制蔬菜的主要方式。在蔬菜被煮过后，水一般都会被倒掉，于是蔬菜的风味和维生素亦随之被倒掉了。中国人有时确实也会煮蔬菜，本书的一些菜谱中也提到过，但最典型的烹制蔬菜的方式还是炒。除非本菜谱特别说明，炒菜通常是这样的——用很少的油，当油加热至温热时加入蔬菜。（中国厨师喜欢将油烧得很烫，因为在中国用的油是未经提纯的，在使用前需要加热到冒烟。）开始先翻炒，使所有的蔬菜都能接触到油，然后盖上锅盖，免得过多的溅油、冒烟会污染厨房。但不要将盖子盖得太久，否则蔬菜将会失去它新鲜的绿色而变黄。在掀开锅盖后，给黄豆、豌豆、南瓜以及类似的蔬菜加少量水，但不包括菠菜、卷心菜或者其他叶菜，因为这些菜本身已经含有足够的水分了。

14.1. 炒豆角

豆角 450 克

植物油或鸡油 2 汤匙，或猪油满满 2 汤匙

盐 1 茶匙

水半杯

将豆角洗净，剪掉豆角的两端，然后将豆角掰成大约 2.5 厘米长的段。

猪油下平底锅烧热（但不要过烫），加入豆角持续炒 1 分钟。然后加入水和盐，盖上平底锅等 3 分钟。（此时豆角将仍然呈青翠色），然后掀开锅盖，每 10 秒钟翻炒一次，连炒 5 或 6 分钟，最后水就不见了，而所有的风味仍然保留在豆角里。

14.2. 卷心菜菜谱

14.2A. 炒卷心菜

此法一般用来烹制较嫩的卷心菜。

嫩卷心菜 900 克
猪油满满 2 汤匙，或等量的植物油
盐 1 茶匙半
水半杯

将卷心菜洗净，然后切成大约 0.7 厘米宽的条。
植物油或猪油下平底锅烧热，加入卷心菜炒 1 分钟。然后加入盐和水，再炒 3 分钟。

14.2B. 煮卷心菜

此法一般用来烹制较老的卷心菜。

老卷心菜 1400 克（这种做法需要更多卷心菜）
猪油满满 2 汤匙或等量的植物油
盐 2 茶匙
水 1 杯

将卷心菜洗净，然后切成大约 2.5 厘米见方的块。

猪油或植物油下平底锅或煮锅（不要用高锅 [1]）烧热;加入卷心菜 [2]，炒1分钟。加入盐和水，将火关小，盖好平底锅或煮锅煮大约15或20分钟。

14.2C. 糖醋卷心菜

此法可兼用于嫩卷心菜和老卷心菜。这道菜有个特殊的名字，"糖醋卷心菜"。

卷心菜 900 克	水 1 杯半
猪油满满 2 汤匙，	糖 3 汤匙
或者等量的植物油	醋 3 汤匙
盐 1 茶匙半	玉米淀粉 1 汤匙

照菜谱 14.2A 烹制卷心菜，不同点是卷心菜叶要切成 2.5 厘米见方的块，不切成条。

用多余的 1 杯水将醋、糖和玉米淀粉混合起来。在卷心菜已按菜谱 14.2A 做好之后，将混合物倒入并翻炒，待其变成半透明状时，菜就做好了。

14.3. 炒菠菜

菠菜 900 克

植物油或鸡油 3 汤匙，或猪油满满 2 汤匙

盐满满 1 茶匙

---

[1] 高锅，指锅壁高、容量大的锅，锅壁一般垂直于锅底。因锅底较薄，故不适合用于炒菜。——译者注

[2] 我的变化（B'）如下：将所有食材一次加入，将火调得不大也不小。这样做的好处是，你可以不照看它并且离开，直到菜做好了或你闻到它烧煳了。如果你及时想起它，就像我有时所能做到的那样，它几乎像变化 B 一样好。是的，这是我除了炒鸡蛋以外仅会的另一道菜。——赵元任

将菠菜洗净，然后尽可能将水抖掉，因为在烹制过程中菠菜会析出很多水。菠菜不需要切。

植物油或猪油下平底锅烧热。加入菠菜并立即加盐，炒 3 分钟，菜就做好了。用此法炒菜，菠菜既能保持它的绿色，又能保持它的风味，而不是尝起来像"不需要的东西"，就像在孩子们眼中那样。上菜前它可以在炉火上搁几分钟。

14.4. 虾米拌菠菜

菠菜 900 克	酱油 2 汤匙
海米 60 克	冷水 1 杯
盐 1 茶匙	开水 5 杯
色拉油 2 汤匙	

将菠菜洗净，但不要切。将其放进盛有 5 杯沸水的锅里，加热直至水再次沸腾，然后将水倒掉。用流动的冷水将菠菜冷却，然后尽可能将水抖落。将焯熟的菠菜切碎。

将海米放入一个装有一杯冷水的小锅，用大火将锅烧沸，然后关火，放 20 分钟。将海米捞出，但是水留着。将海米切碎并与煮海米的水一起洒在菠菜里。然后加入盐、酱油和色拉油。拌好后上菜。

14.5. 白菜菜谱

14.5A. 炒白菜（英语对应词：Dutch White Cabbage）

大白菜又称中国卷心菜，在美国市场上经常能找到。

大白菜 1400 克

猪油满满 2 汤匙，或者等量的植物油

盐 1 茶匙半

做此菜不需要水，因为大白菜本身会析出许多水。

将大白菜洗净并切成 2.5 厘米的段。

加热猪油或植物油，加入大白菜根部以上 2/3 的部分，翻炒 2 分钟，加入盐。然后加入另外 1/3 的大白菜（大部分都是叶子），再炒 2 分钟。

14.5B 糖醋白菜

与菜谱 14.5A 相同的大白菜

与菜谱 14.5A 相同的调味品

还有：糖 3 汤匙

醋 3 汤匙

玉米淀粉 2 汤匙

水半杯

按菜谱 14.5A 操作。在加入盐后，将糖、醋、玉米淀粉和水混合在一起，然后将混合物加入大白菜。再炒、烧 3 分钟。

14.6. 炒芥菜

在美国的中国人为在美同胞种植了多种蔬菜，这些菜仅在唐人街出售，芥菜（广东话：Kaai-ts'oi，普通话：chieh-ts'ai）就是其中一种。它全株都是绿色的，带着一点苦味。此菜分两种，冬芥菜和春芥菜。冬芥菜的形状与卷心菜相似。

芥菜 900 克

猪油满满 2 汤匙，或等量的植物油

盐 1 茶匙

糖 1 茶匙

（水半杯，如果用冬芥菜的话）

将芥菜洗净并切成 2.5 厘米见方的块。

猪油或植物油下平底锅烧热，加入芥菜，翻炒 1 分钟，然后加入盐和糖（炒冬芥菜的话，加水），再炒 4 分钟。

14.7. 炒青菜

不要将此菜误认为是大白菜。中国的芥蓝在中央有一根主茎，茎是白色的，而叶子是墨绿色的。它的外观与莙荙菜非常相似。在纽约的长岛和美国西海岸有中国人种植此菜，最近它已被引进普通市场，按广东话称为洋菠菜。

芥蓝 900 克

猪油满满 2 汤匙，或等量的植物油

盐 1 茶匙

水半杯

将芥蓝洗净并切成 2.5 厘米的段，将白茎与绿叶分开。

猪油下平底锅烧热，加入白茎炒 1 分钟，然后加盐和水。盖上锅盖再烹制 3 分钟。然后加入叶子一起炒 2 分钟，带汁出锅。

14.8. 炒辣菜 [1]

子芥菜分两种：一种是嫩的，另一种比较不易咀嚼，而且中间有一根带花的茎，但两者都是好蔬菜。

烹制方法与菜谱 14.6 相同。

但就中餐而言，子芥菜还是腌着吃最好。

14.9. 炒芹菜

芹菜 1 把	盐 1 茶匙
植物油 1 汤匙	糖 1 茶匙（可选）

清洗芹菜，将每株斜刀切成小片。（中国的芹菜是管状的，而且非常细，需要切成小段。）

植物油下平底锅烧热，然后加入芹菜，炒 1 分钟。然后加入盐（喜欢的话可以加糖），再烹制 2 分钟。

14.10. 凉拌芹菜

芹菜 1 把	盐半茶匙
沸水 950 毫升	芝麻油或色拉油 1 茶匙
酱油 1 汤匙	糖 1 茶匙（可选项）

将芹菜横向切为 2.5 厘米的段，再纵向切为 3 片。

用 950 毫升沸水将芹菜焯 2 分钟，然后取出。用这种方法加工，芹菜更嫩，亦更利于保存维生素。将芹菜放入冷水中（如果需要也可冰镇）

[1] Mustard Green，学名：子芥菜，又称辣油菜、蛮油菜、大油菜。——译者注

冷却 1 分钟，然后甩去所有的水，将芹菜放入碗中并与酱油、盐和色拉油相混合。

此菜就像美式沙拉，但不同之处在于焯烫。

14.11. 芹菜炒鲜蘑

芹菜 1 把	酱油 2 汤匙
鲜蘑菇 330 克	盐 1 茶匙
植物油 2 汤匙	糖 1 茶匙

将芹菜洗净，切成 2.5 厘米长的斜段。将蘑菇洗净，切成 0.7 厘米厚的片。植物油下平底锅用大火烧热，先加入蘑菇片炒 1 分钟，然后加酱油、盐和糖，紧接着加入芹菜，持续翻炒 3 分钟。

14.12. 炒鲜蘑

鲜蘑菇 900 克	糖 1 茶匙
植物油 4 汤匙	玉米淀粉 1 汤匙
酱油 2 汤匙	水 2 汤匙
盐半茶匙	

将蘑菇洗净，纵向切成 0.3 厘米厚的薄片。

植物油下平底锅烧热，然后加入蘑菇炒 2 分钟。加酱油再炒 2 分钟。然后将盐、糖、玉米淀粉和水混合起来，倒进锅里烹制半分钟多，直到调味汁变成半透明状。

14.13. 炒芥蓝菜

这种蔬菜看起来与芥蓝很相像，只不过芥蓝菜的茎更长、更粗糙、更不易咀嚼，并且汁液更少。

芥蓝菜 900 克
猪油或植物油满满 2 汤匙
盐 1 茶匙
水半杯

将芥蓝菜洗净，切成 2.5 厘米的段。

猪油或植物油下平底锅烧热，然后先加入芥蓝菜根部以上 2/3 的部分，炒 1 分钟，然后加盐和水，盖好锅盖，将炉火调成中火，烹制 5 分钟，然后揭开锅盖，加入芥蓝菜上端 1/3 的部分，将火调成大火再烧 2 分钟。

14.14. 虾米煮黄瓜

虾米煮黄瓜是一道蔬菜类菜肴，但不算是纯素菜，虽说海米在此菜中只是用来提味，但它毕竟属于肉食。

大黄瓜 3 条，或重量相当的小黄瓜
海米 55 ~ 70 克
水 2 杯
盐 1 茶匙

黄瓜去皮，均切成 3.8 厘米的段，然后将每段纵向切为两半。如果在横向切段之前先纵向切为两半的话，你能省些工夫，但当心不要切到手指，因为黄瓜容易滚动。

将海米、黄瓜和水放入锅中，大火煮沸，然后温火慢炖半小时。

如果你喜欢浓汤汁，可将以下材料混合起来：

玉米淀粉 1 汤匙   冷水 2 汤匙

然后将混合物倒入锅中，与已经炖过的黄瓜一起大火翻炒，直至汤汁变成半透明状。

14.15. 凉拌黄瓜

大黄瓜 2 条或等量的小黄瓜   醋 2 汤匙
盐 1 茶匙   糖 2 汤匙
酱油 2 汤匙   芝麻油或色拉油 1 汤匙

黄瓜去皮切成 0.3 厘米厚的小圆片。如果黄瓜太大，可纵向切为两半然后切成半圆形的片。

加盐、酱油、醋和糖，与黄瓜片相混合。

有时我们喜欢将黄瓜和凉萝卜配在一起 [1]。

14.16. 凉拌糖醋萝卜

小萝卜 40 个   糖 1 汤匙半
盐 1 茶匙   芝麻油 2 茶匙（如果在唐人街
酱油半汤匙   找不到它，可用色拉油）

---

[1] 在此情况下，我希望你记得将萝卜提前几个小时用水浸泡。——赵元任

醋 1 汤匙半

将萝卜洗净，切掉萝卜的两端。选一把较重的菜刀用刀背或侧面（或是任何又平又重的东西）轻轻地将萝卜敲裂，但不要敲碎，让它保持完整，这样你仍能将它整个地拿起来。

加 1 茶匙盐拌匀然后放 5 分钟，加酱油、醋、芝麻油。

（如果绿色的萝卜缨子又新鲜又嫩，可将其洗净并切成 0.7 厘米的段，加 1 茶匙盐用力搅拌。然后挤去水分，将叶子与萝卜合在一起，再加上 2 茶匙多的芝麻油。）

14.17. 糖醋胡萝卜

胡萝卜 1 大把或 2 小把	醋 2 汤匙
猪油满满 1 汤匙，或等量植物油	糖 2 汤匙
盐 1 茶匙	玉米淀粉 1 汤匙
水 1 杯半	

胡萝卜洗净，但不要削皮，斜刀切片。猪油或植物油下平底锅烧热，胡萝卜下锅炒 1 分钟。然后加盐和半杯水煮沸 5 分钟。如果胡萝卜又大又老，须多煮一会儿。

将醋、糖、玉米淀粉和 1 杯水相混合，将混合物倒入胡萝卜，烹至汤汁呈半透明状为止。

14.18. 炒西兰花

西兰花 900 克	糖 1 茶匙（可选）
猪油满满 2 汤匙，或等量植物油	水 1 杯

盐 1 茶匙半

将小枝逐个从西兰花的主茎上撕下。将主茎的硬皮削掉，斜刀切成片。将主茎切成的片与小枝一并洗净。

猪油或植物油下平底锅烧热。加入西兰花炒 1 分钟，然后加盐、糖、水，盖上锅盖烧 3 分钟。掀开锅盖，每半分钟炒一次，持续 5 分钟。（总计大概 8 或 9 分钟。）

14.19. 炒蒲公英

蒲公英 900 克	糖 1 汤匙
猪油满满 3 汤匙，或等量植物油	盐 1 茶匙

将蒲公英彻底洗净。注意须将沙子全部去掉，不要切。

猪油或植物油下平底锅烧热；然后加入蒲公英，炒 1 分钟。然后加盐和糖。（不需要加水，因为蒲公英本身会析出水。）烹制 3 分钟，连续翻炒。

14.20. 凉拌芦笋

芦笋 900 克	糖 1 茶匙
沸水 4 杯	色拉油 1 汤匙
酱油 2 汤匙	

将接近芦笋根部坚硬的部分去掉。

将芦笋切成长的滚刀块（见第 65 页，图 3）。

将所有的芦笋投入盛有 4 杯沸水的锅里，加热直至水再度沸腾，再煮 2 分钟，然后将水倒掉，用流动的冷水将芦笋冷却。（若不需要立即上桌，可将芦笋保存在冰箱里。）

将芦笋与酱油、糖和色拉油混合在一起。

14.21. 红烧茄子

大茄子 1 个，大约 900 克	酱油 2 汤匙
猪油满满 3 汤匙，或等量的植物油	盐半茶匙
水 1 杯	大蒜 4 ~ 5 瓣

将茄子纵向切为 4 块，然后将每块横向切成 5 厘米多一点的片。

猪油或植物油下平底锅烧热，茄子片下锅两面共计炸 2 分钟。剥去大蒜的薄皮，将每瓣蒜压碎，使其成为能吸收或渗出汁液的状态，将大蒜与水、酱油和盐一起加入茄子。将炉火改为小火，盖上锅盖烧 15 分钟。（若你有小虾米，可给 60 克小虾米加 1 杯水，用小火煮 10 分钟。当茄子做好了，该加调味品和水的时候，代之以调味品、小虾米和煮小虾米的沸水；然后按上述方法继续。）

14.22. 炒西葫芦

西葫芦在美国市场上有售，但不是经常有。它分两种，一种是墨绿色，一种是浅绿色（Coccazelli and Zuchini）。

西葫芦 900 克	盐 1 茶匙
猪油满满 2 汤匙，或等量植物油	黑胡椒 1/4 茶匙
酱油 2 汤匙	水半杯

将西葫芦洗净，横向切成细薄的片，大约 0.3 厘米厚。

猪油或植物油下平底锅烧热。投入西葫芦翻炒 2 分钟，然后加盐、胡椒和水，再炒 5 分钟。

此菜若与肉片同炒亦佳。见菜谱 2.5 的南瓜炒肉片。

14.23. 炒黄豆芽

豆芽是用黄豆做的，有时我们可以在家里用简单的材料自制豆芽。无论如何，做豆芽需要精确地调节室温，这个过程对小家庭来说过于复杂，事倍功半。

豆芽 900 克（唐人街称为 tou-nga）	酱油 2 汤匙
植物油 2 汤匙	盐半茶匙

将豆芽洗净。（在中国有时我们将每个豆芽的根都摘掉。）

植物油下平底锅烧热，加入豆芽炒 1 分钟，然后加酱油和盐。盖上锅盖并将炉火调成小火。烧 5 分钟，然后掀开锅盖，再炒 1 分钟。

有时你可用猪油代替植物油，前提是你不打算吃剩下的冷菜。

14.24. 雪里红炒黄豆芽

与上文相同的豆芽

与上文相同的调味品

不同：不用盐

增加：糖 1 茶匙

雪里红 1 杯（或是腌芥菜，唐人街有售）

照上文所述准备和烹制豆芽。到该加酱油时，同时加入雪里红或腌芥菜。加入糖，然后照上文所述继续。

14.25. 炒豌豆苗

豌豆苗与豆芽很不一样。豌豆苗是用豌豆种出来的，它们更嫩，是美式中餐的一种常见食材。

豌豆苗 900 克（在唐人街称为芽菜）
猪油满满 2 汤匙，或等量的植物油
盐 2 茶匙

将所有的豆苗放进一大锅水里。豌豆的壳会漂在水上，多换几次水，用此法可将所有的壳都去掉。

猪油或植物油下平底锅烧热，加入豌豆苗炒 1 分钟，然后加入 2 茶匙盐。最后用大火连续翻炒 3 分多钟。

此菜如果剩下就不太好吃了。

14.26. 雪里红炒豌豆

在中国，用来做菜的豌豆必须是嫩的。成熟、收获之后，它变得干燥，就不适用来做菜了。它很少被做成罐头，亦从不冷冻处理。针对不同状态的豌豆，有两种菜谱。

14.26A. 嫩豌豆

带荚的嫩豌豆 1400 ~ 1800 克　　　　雪里红（或腌芥菜）1 杯
植物油 2 汤匙　　　　　　　　　　　酱油 2 汤匙
冷水 1 杯

剥掉豌豆荚。植物油下平底锅烧热，加入豌豆。加入 1 杯水并盖上锅盖，继续用大火加热5分钟，然后加入雪里红和酱油，炒2或3分钟，当汤汁变少且包裹着豌豆和雪里红时即可出锅。

14.26B. 冻豌豆

冻豌豆2包	酱油1汤匙
植物油2汤匙	糖1茶匙
雪里红1杯	

将冻豌豆解冻。植物油下锅烧热。先加入雪里红，用大火炒2分钟。加酱油、糖，紧接着加入解冻的豌豆，一起炒2分钟。

14.27. 雪里红炒马蚕豆

马蚕豆看上去像青豆，但二者不是一回事。马蚕豆又称蚕豆（Fava bean），意大利人经常贩卖这种豆。在中国，它被称为蚕豆（Silkworm bean）。干豆、嫩豆均可食用，本菜谱用的是嫩豆。

马蚕豆 1400 ~ 1800 克
其他配料与上文（14.26A）相同

马蚕豆剥壳去皮，仅留豆粒。（但如果豆子很嫩，马蚕豆的皮亦是非常适合食用的。）
照上文（14.26A）继续烹制。

14.28. 罗汉斋或素什锦

罗汉是佛教的圣徒，所以此菜可以说是圣徒之餐。罗汉斋包括若干种特定的蔬菜配料，其中一些是干燥的食材。无论如何，每个地方可利用的食材种类多寡不同，因而此菜会有一些地域性的变化。要做此菜，许多配料需要先分别预加工，然后再混合在一起。烹制过程有分有合。

（a）发菜。这是一种像头发一样的黑色海藻。到唐人街买大约40美分的发菜。将它在热水中浸泡半小时，再反复清洗几次，去掉所有的沙子。将它分成若干个小份（此步骤为可选项）。

（b）干百合。在唐人街买80克。将它在开水中浸泡半小时，然后清洗干净。

（c）豌豆粉条。这是一种半透明的面条，用一种小绿豆淀粉加工而成，小绿豆亦即用于种植豌豆苗的那种豆子。豌豆粉条在中国很常见，在唐人街也可找到（被称为"长米"）。将110克的豌豆粉条放进一锅沸水中，用小火煮半小时，然后关火，放着直至其冷却。

（d）白果（广东话paak-kwo）。在唐人街买80克。市售的白果具有白色、坚硬的外壳，用胡桃钳子将外壳夹碎，将果仁浸在一碗开水中，然后剥掉外皮。

（e）蘑菇。准备110克，正常情况下你须使用干蘑菇，因为它比新鲜蘑菇更具风味。鉴于干蘑菇在美国并不是随处可得，有时你不得不代之以鲜蘑菇。将蘑菇纵向切成薄片；先将鲜蘑菇晒干然后再浸泡，亦是可行的，但需要许多天才能完成。

（f）面筋，或豆腐皮。在唐人街买80克。若你用的是面筋，将它切成2.5厘米见方的块；若你用的是豆腐皮，将它放进一锅沸水，持续煮沸半小时，然后捞出切成3.8厘米的条。

（g）大白菜。1400克芥蓝或大白菜（切成5厘米长的条）均可。

（h）冻豌豆1包。解冻。

（i）半罐冬竹笋。切成2.5厘米见方的片。

（j）油炸成膨起状的豆腐6片（或12小片）。唐人街有售，最好是用商家炸好的现成品，但如果你买不到，取560克新鲜豆腐并逐块切成4片，然后在植物油中油炸直至它变成褐色。

食材：

植物油 4 汤匙　　　　　　味精 2 茶匙

盐 2 茶匙　　　　　　　　水 2 杯

酱油半杯

汇总说明:

植物油下锅（锅不必厚重但容量要大）烧热，先加入白菜（g 项）炒 1 分钟。然后加入从（a）至（j）的一切食材，最后加入酱油、盐、味精和水，一起煮 20 分钟。

此菜在斋日可做主菜。它看起来相当复杂，但如果你到唐人街采购所需食材，只需跑一趟就能买齐所有东西。当你将采购清单交给售货员时，他会立即知道你想做的是什么菜，还会给你一些建议，告诉你为什么他的配方确实比我的好。

如果清单上的某些食材无法买到，可以加入一些你喜爱的其他食材，比如栗子、豆角、胡萝卜等。有时我们不需要样样齐备，只用 4 到 5 种食材即可做这道菜，而菜名仍叫素什锦。不过，配料越全，味道就越好。

此菜的优点是，它可保存一星期而不失去风味。

14.29. 炒豆腐

14.29A. 清炒豆腐

豆腐是用黄豆做的，它本身只有一种淡淡的味道，因此易于与其他食材搭配使用。豆腐有着与黄豆同样的营养价值，但是更易消化，滋味更好。在中国，对穷人来说它是一种重要的食物。许多人能负担得起昂贵菜肴，他们亦经常把它与肉、鱼和其他海味搭配使用，但只有清炒白菜和豆腐才算是美好的家庭风味。豆腐是一种通用食材，它可用来与其他任何风味食材一起清炖。它可以整块地放在油中深炸，直到外皮变成褐色。我们经常将调制好的肉馅填进它里面（就像酿黄瓜），然后整个红烧。豆腐甚至可以作为美式沙拉的一部分来食用。

以下说明将仅限于豆腐做的素菜。厨师完全可以使用其他荤菜的做法，加上豆腐烧出其他菜肴。

每个城市的唐人街都出售豆腐，但尺寸上差距甚大。在许多地方豆腐是按品脱卖的。本菜谱使用的数量单位都是品脱。[1]

豆腐约 1100 克（唐人街有售）

猪油满满 1 汤匙，或等量的植物油

酱油 2 汤匙

葱 1 根

盐 1 茶匙

玉米淀粉 1 汤匙

水半杯

将每块豆腐切成 8 小块，与酱油、盐、玉米淀粉和水相混合。去掉葱根，将葱切成 2.5 厘米长的段。

猪油或植物油下平底锅烧热，放入豆腐。不要持续地翻炒，但可以一次一片地给豆腐翻面。尽可能不要将豆腐弄破，如果你弄破了，那亦不必担心。3 分钟后，加入混合好的调味汁和葱，然后再烧半分钟多，直至汤汁变成半透明状。

14.29B. 红烧豆腐

豆腐 8 块（每块 7.5×7.5×2.5 厘米）　　水 1 杯半

酱油 4 汤匙　　　　　　　　　　　　植物油 2 汤匙

---

[1] 品脱是英美的容积单位，1 品脱 =473 毫升。美国的有些地方是按容量出售豆腐。为方便中国读者，本书按 85% 的含水率将豆腐的容量换算成了重量。——译者注

糖 1 汤匙 　　　　　　　　　　　葱 1 根（可选），切段

如果买来时或做好时的豆腐是大块的，要将其切成小方块。植物油下平底锅，在中火上烧到六成热，下豆腐，将它平搁在锅底上。用一个小铲把豆腐翻面，使两面都煎成浅褐色。将上述调料混合在一起，然后倒进锅里，直至汤汁变成半透明状，在此过程中，须不时地将豆腐从锅底铲起，以免其烧焦。最后如果你喜欢的话，加葱。

这是一道基本的素菜。与荤食的各样搭配见下文。

14.30. 肉末豆腐

照菜谱 **14.29B** 做红烧豆腐。此外，用：

猪肉或牛肉 450 克，中等大小的肉馅

植物油半汤匙

玉米淀粉 1 汤匙

水半杯

将肉与玉米淀粉和水相混合。在红烧豆腐出锅后，往锅里加半汤匙植物油，烧热，加入肉翻炒，直至做熟。然后加入豆腐，轻轻翻面，但不要翻炒，直至做熟。最后如果你喜欢的话，可加葱。

14.31. 炸豆腐

14.31A. 炸豆腐

做此菜，豆腐最好切成 2.5×2.5 厘米或 2.5×1.3×5 厘米的块。须准备足够的植物油用于深炸。豆腐须炸得外焦里嫩。这要用中火、热油、快炸。因为豆腐总是湿的，要注意，豆腐一下锅就把锅盖盖上，这能保

护你的脸，等炸的声音轻一些后再掀开锅盖。

14.31B. 牡蛎酱炸豆腐

炸豆腐同 14.31A。到唐人街购买一瓶牡蛎酱作为炸豆腐的蘸酱，不要将此菜与菜谱 14.33 的牡蛎酱（非油炸）豆腐相混淆。

14.31C. 糖醋炸豆腐

此菜在中国并不普及，但许多美国人喜欢它。用：

酱油 2 汤匙	味精半茶匙
糖满满 3 汤匙	水半杯
醋 2 汤匙	玉米淀粉 1 汤匙

混合起来并煮沸，直至呈半透明状，搭配炸豆腐用的蘸酱就做好了。炸豆腐同 14.31A。

14.32. 凉拌豆腐

豆腐 6 块（7.6×7.6×2.5 厘米）或同等分量
酱油 4 汤匙
植物油或芝麻油（随你喜欢）1 汤匙半
糖 1 茶匙半
盐半茶匙（随你喜欢）

将所有食材混合起来做成沙拉。有些人不喜欢把豆腐拌得太碎。在中国，经常会加些嫩香椿芽一起食用，但当心不要误用外观相似的臭椿芽。

14.33. 牡蛎酱豆腐

与菜谱 14.29 相同的豆腐

与菜谱 14.29 相同的调味品

不同：不加盐

增加：牡蛎酱 2 汤匙

照菜谱 14.29 的说明烹制，在最后半分钟加入牡蛎酱。

14.34. 蘑菇炒豆腐

鲜蘑菇 330 克   玉米淀粉 1 汤匙

鲜豆腐 1100 克   盐半茶匙

猪油满满 2 汤匙，或等量植物油   冷水 3 汤匙

酱油 2 汤匙

将蘑菇洗净，纵向切成 0.7 厘米厚的片。将豆腐也切成 0.7 厘米厚的片。

猪油或植物油下平底锅用大火烧热。先加入蘑菇炒 2 分钟，然后加入豆腐、酱油和盐，轻炒（以免将豆腐铲碎），持续炒 3 分钟。然后将玉米淀粉用水混合搅拌，然后将此混合物倒入锅里，再炒半分钟直至汤汁变成半透明状。

14.35. 葱烧豆腐

豆腐 1100 克

葱 1 把

猪油满满 2 汤匙，或等量植物油

酱油 2 汤匙

盐 1 茶匙半

将每块豆腐切成 5 ~ 6 片。

将葱洗净，切去根，然后切成 2.5 厘米长的段。

猪油或植物油下平底锅，用大火烧热，然后加入葱炒 1 分钟。加入豆腐轻炒 2 分钟。加酱油和盐，继续大火轻炒 1 分钟。

此菜不宜重新加热。做好后，越早吃越好。

14.36. 锅塌豆腐

豆腐 1100 克	冷水 4 汤匙
鸡蛋 4 个	味精半茶匙
盐 2 茶匙	猪油 4 汤匙
玉米淀粉 2 汤匙	

鸡蛋打成蛋液，加盐、玉米淀粉、水和味精，充分搅拌。

将豆腐切成 5 厘米见方、0.7 厘米厚的片。

将一半的猪油加入一个大平底锅，用中火烧热。

先给每片豆腐蘸上蛋液混合物，然后在平底锅中浅炸 2 分钟。当猪油耗减时，续上更多的猪油，直至所有的豆腐都炸完了。一次放进锅里的豆腐数量须视平底锅里的空间而定，要保证豆腐在锅里能够摆得开。

此菜在滚烫时上菜是最好的。在炉火上放不超过 5 分钟的话，其风味还可以保持得住。

14.37. 雪里红（腌芥菜）

腌芥菜极为重要，所以你必须学会做这个菜。芥菜要采购不带花的那种，将其清洗、晾干，直至看不到水滴，将其切成5厘米的段，用盐轻擦轻揉，每450克雪里红加1汤匙盐。用玻璃罐头将其灌装起来，灌装时须将多余的液体和所有泡沫挤掉。将它在凉爽的地方放两星期或者直至它变黄，然后即可食用或者用于许多需要雪里红的菜谱。在使用前，须轻轻地挤净盐水。

第 15 章　汤

此时此刻，你会期待我说，在中国，汤并不是汤，但事实不是这样。是的，汤还是汤，但食用方法却非常不同。在大餐上，会上好几次汤，而且在末尾总是会再上一道汤。在便餐上，桌上都备有一碗汤，供你随时用勺分享，特别是在一餐的最后阶段。因为在餐桌上从来不供应水，亦很少有茶，所以汤是唯一的饮料。如果任何时候你发现一餐的开始是用单独的碗上汤，然后在上其他菜或米饭前将此汤撤下，你就知道你所参与的是一个西方化的餐会，就像我办的一些聚会一样。

汤可分为清汤和浓汤。清汤只是一种饮料，它的成分更多的是为突出风味，而不是为了食用。当你通过数盘子来估计食品的数量时，有时候清汤根本不被计算在内，因为汤里的食材实在太少了。在正餐上，清汤夹杂在陆续上桌的各道菜之间上来，并且在某道菜（比如炸虾）之后会特别受欢迎。另一方面，浓汤通常不止一道。一只整鸡、一整条鲱鱼、一只乌龟或者一整条火腿中央的一块小腱（所谓"一件小东西"）通常足以作为一道主菜。再加两三个油炸小菜的话，你就拥有了第一流的正餐（菜谱 21.4）。当一个朋友对你说，"来吧，今晚我做了些汤"，你可以确信，他的汤里应该有些非常实在的内容。一道或两道浓汤经常是在一次正餐的末尾上菜。无论如何，在便餐中，汤并不是特别被欣赏，因为许多客人会忘记遵循筵席上"等待、躲闪、攻击"的箴言。当你有火锅时（第 16 章），就不需要浓汤了。

汤的名字来自它里面的食材，但那不一定代表它的味道。当你在餐馆里用餐或享用一位厨师的成果时，汤的味道常常与你在汤里看到的东西毫无关系。所以，一道"火腿鸡汤"也许有炖猪肘的味道。鸡汤又称原汤，它经常被用来给其他菜提味。在餐馆里，厨师们常常炖煮或者再加热猪肉、牛肉、鸡肉、鸭肉以及各种骨头，从而得到一种通用的肉汤，它通常非常清淡，可以用于任何其他食材的烹调，因而被称为"高汤"。近年来，味精得到了广泛的应用。

在家庭烹饪中，自然汤里面有什么，汤就是什么味道。我在一些清汤菜谱中介绍了味精的使用，但我还是对它的使用持保留态度（见菜谱3.7）。

I. 简单的汤

15.0. 神仙汤

如果你完全不懂做汤，你总可以煮神仙汤。它简单得不能算是一道菜，所以我给它的编号是15.0。

沸水 6 杯
酱油 2 汤匙
蒜苗（切成 5 厘米的段）数十段，或葱 1 棵切成 0.3 厘米的葱花
芝麻油或色拉油，或猪油 1 茶匙
盐 1 茶匙

将调味料放入一个碗中，然后倒入沸水。
神仙汤是一种适合搭配油腻食品（比如鸡蛋炒米饭，菜谱 18.5）的好饮料。

15.1. 黄瓜肉片汤

小黄瓜 1 根或大黄瓜半根   酱油 2 汤匙

猪肉馅（不带骨，通常取自	雪利酒半汤匙
肋条肉）330 克	水 7 杯
玉米淀粉半汤匙	盐半茶匙

黄瓜削皮，切成极薄的片。

将肉切成极薄的片，与玉米淀粉、1 汤匙酱油、雪利酒相混合。

先将 7 杯水煮沸，然后加入半茶匙盐和 1 汤匙酱油。当它再次沸腾时，加入黄瓜片再煮 1 分钟。然后加入肉片再煮 2 分钟。

15.2. 肉片扇贝汤

肉与菜谱 15.1 相同

调味料与菜谱 15.1 相同

不同：只用 1 汤匙酱油

盐 1 茶匙（而不是半茶匙）

扇贝 330 克

照菜谱 15.1 对肉进行调制。

清理掉每个扇贝侧面的小硬物，将扇贝切成 4 个圆片。

将扇贝放入盛有 7 杯水的锅里，大火加热直至煮沸。然后将火调小再煮 3 分钟，然后加入 1 茶匙盐和调制好的肉，再煮 2 分钟。

15.3. 肉片鲜蘑汤

肉与菜谱 15.1 相同

调味料与菜谱 15.1 相同

蘑菇 330 克

照菜谱 15.1 对肉进行调制。

蘑菇纵向切成细片。

先将 7 杯水煮沸，加入蘑菇再煮沸 1 分钟。然后加入半茶匙盐、剩余的 1 汤匙酱油以及调制好的肉，一起再煮 3 分钟。

15.4. 豆腐肉片汤

与菜谱 15.1 相同的肉

与菜谱 15.1 相同的调味料

增加： 味精 1/3 茶匙

豆腐 560 克

照菜谱 15.1 对肉进行调制。

将豆腐切成 5 厘米的小条。

先将 7 杯水煮沸，然后加入豆腐再煮沸 2 分钟。然后加入半茶匙盐、1 汤匙酱油、1/3 茶匙味精，加入调制好的肉，煮 3 分钟。

15.5. 鸡蛋肉片汤

与菜谱 15.1 相同的肉

与菜谱 15.1 相同的调味料

鸡蛋 2 个

玉米淀粉 2 汤匙

照菜谱 15.1 对肉进行调制。

将调制好的肉投入 6 杯沸水中煮沸 2 分钟。将玉米淀粉混以半杯水并倒入煮肉的锅里。将 2 个鸡蛋打成蛋液，一边慢慢倒入汤里一边搅拌，然后加入盐和酱油再煮 1 分钟。

15.6. 火腿冬瓜汤

两年陈的火腿 330 克（完整带骨）

冬瓜 450 克（唐人街有售）

水 8 杯

火腿洗净去皮但保留骨头。

冬瓜削皮并切成约 0.7 厘米厚、3.8 厘米见方的块。（这种尺寸对小份供应来说很方便。如果照中国方式供应，须用大块。）

将火腿和冬瓜放进盛有 8 杯水的锅里，用大火煮沸，然后将火关小，再煮半小时。

上菜时，将整块火腿取出，去掉骨头并切成 0.7 厘米的方块再放回汤里。若喜欢的话可加些盐。

15.7. 火腿白菜汤

与菜谱 15.6 相同的火腿

大白菜 1 个，重约 450 克

水 6 杯（因大白菜本身含有些水分）

照菜谱 15.6 对火腿进行处理。

将大白菜切块（横刀切）或切成 5 厘米的条。

将火腿投入盛有 6 杯水的锅里，用大火煮，待其沸腾时，将火关小再煮 20 分钟。然后加入大白菜一起煮 10 分钟。

若喜欢的话可加些盐。

15.8. 冬瓜虾米汤

海米 60 克（唐人街有售）

水 7 杯

冬瓜 450 克

盐 1 茶匙

冬瓜削皮并切成 0.7 厘米厚、3.8 厘米见方的块。

将海米加入盛有 7 杯冷水的锅里，加热直至煮沸；然后放半小时。

加入冬瓜和盐，用小火煮半小时（含将汤重新加热至沸腾的时间）。

15.9. 白菜虾米汤

海米 60 克（见菜谱 15.8）

大白菜 450 克

水 6 杯（因大白菜已含有一些水分）

盐 1 茶匙

将海米加入盛有 6 杯水的锅里，加热直至沸腾，然后改成小火，再煮 20 分钟。

将大白菜切成丝或 5 厘米的条，与盐一起加入汤里，再一起煮 10 分钟。

15.10. 白菜肉丝汤

猪肉排（无骨）330 克

大白菜 450 克

玉米淀粉半汤匙

盐 1 茶匙

酱油 1 汤匙　　　　　　　　水 7 杯

将肉切成丝，混以酱油和玉米淀粉。将 7 杯水煮沸。

大白菜切丝，将大白菜和盐加入沸水再煮 5 分钟。然后加入调制好的肉再煮 2 分钟。

15.11. 剩菜汤

15.11A. 三丝汤

这是一道著名的剩菜汤。我们不会专门做这种汤，但当我们用这些食材做其他菜时，很可能这道汤就随之而来了。

鸡汤或火腿汤均可
冬竹笋
白煮鸡肉
煮火腿

将鸡肉、火腿和竹笋切成丝并一起放入汤里。如果你喜欢，可将鸡肉汤和火腿汤混在一起。（但绝不要用罐头竹笋的汁。）

因为这是一道剩菜汤，所以它的量是不确定的，火腿、鸡肉、竹笋的量也是变化的，正常情况下三者的比例应该是 1:1:1。

15.11B. 三鲜汤

此汤像前一道汤一样著名。唯一的不同点是你要将鸡肉、火腿和竹笋切成片。

15.12. 鱼片汤

比目鱼片或黑线鳕   玉米淀粉 1 汤匙

或鲈鱼片 450 克   酱油 2 汤匙

水 7 杯   葱 1 根或半个小甜洋葱

盐 1 茶匙

雪利酒 1 汤匙半

　　将鱼切成 2.5 厘米见方、1.2 厘米厚的片，与雪利酒 1 汤匙、玉米淀粉 1 汤匙、酱油 1 汤匙相混合。

　　将葱切成 5 厘米长的小段，然后将葱、1 汤匙盐、半汤匙雪利酒、1 汤匙酱油加入盛有 7 杯沸水的锅里，加热直至其再次沸腾。然后加入调制好的鱼再煮 2 分钟。

15.13. 酸辣汤

　　这亦是一道非常著名的汤，有时候我们可以将剩菜利用起来做它，但有时也特意用新鲜的食材来做。不管怎么做，它都是一道最开胃的汤。如果做得好，当有人没胃口但又必须吃饭时，它是非常有帮助的。

　　各种酸辣汤都不能没有鸡蛋和特有的调味料。如果用其他食材，你大可以即兴发挥；它们可以是鱼、肉、虾、豆腐，等等。甚至水本身也可以代之以鸡汤、肉汤、肉骨汤等。

鸡蛋 3 个   酱油 2 汤匙

水或任何汤 7 杯   玉米淀粉 2 汤匙

盐 1 茶匙   醋 3 汤匙

味精半茶匙（如果你用汤代替水，则去掉此调味料）

黑胡椒 1/4 茶匙　　　　　　　　切成小块的其他食材 330 克

　　将盐、酱油、味精和玉米淀粉与 1 杯水或汤相混合，然后将混合物加进 6 杯沸水或汤。以下各步骤都用小火煮。

　　3 个鸡蛋打成蛋液并慢慢地倒入汤里，在倒的过程中持续对汤进行搅拌。然后加入醋、胡椒和任何其他食材。如果手头有肉片，在加入汤里之前先照着肉片汤菜谱进行调制。

15.14. 肉骨汤

　　这是一道汤底，你可以往汤里加入许多其他东西比如鸡蛋、芥菜、大白菜、萝卜、芜菁（大头菜），等等，分量按你想要的来掌握。

　　将骨头加入一高锅的水，用小火煮 4 ~ 5 分钟。此汤在冰箱中可保存一星期。

15.15. 鲍鱼肉片汤

　　市场上很少供应鲜鲍鱼，而且罐头鲍鱼更具风味。正因为这样，在中国我们烹饪时一般都用罐头鲍鱼。

　　而在美国，大部分罐头鲍鱼都来自墨西哥。尽管在美国市场上并不多见，但在唐人街还是能找到。

与菜谱 15.1 相同种类的肉 330 克

与菜谱 15.1 相同的调味料

罐头鲍鱼半罐

水 5 杯

盐 1 茶匙

将鲍鱼切成 2.5 厘米见方的薄片或细丝。将罐头鲍鱼的汁放进锅里并加 5 杯水,煮沸。

照菜谱 15.1 对肉进行调制。当汤煮沸时,加入肉和盐。当汤再度煮沸时加入鲍鱼,煮沸 2 分钟。

15.16. 萝卜球扇贝汤

萝卜 3 把,约 30 个   水 7 杯

鲜扇贝 330 克   盐 1 茶匙

萝卜削皮,扇贝洗净并去除每个扇贝侧面的小硬肉。保持扇贝完整,将其与萝卜和 7 杯水一起放进一个高锅。先用小火煮 10 分钟,然后加盐再继续用小火煮 30 分钟。

II. 大汤

15.17. 鸡丝燕窝汤

鸟巢在中国被称为燕窝。你在自家屋檐下也能发现燕窝,但它是泥做的,所以并不能吃。燕窝来自一种特别的海边的燕子,它收集小鱼的肉,用它的口水与小鱼混合起来做成一个巢。燕窝主要由胶状蛋白质构成,但是中国人传统上认为它具有丰富的营养。

燕窝是一种干燥的半透明浅杯,比汤匙大一些,南货店有售。当通过慢炖将它"发"开时,它分解成了条或丝。燕窝分两种,一种毛状的,一种平整的,二者外形相同。燕窝最主要的用途是做甜品。

唐人街很少出售单只的燕窝。你能买到的是盒装的干、脆、有气孔的块状物,完整的燕窝被研磨成燕窝粉,然后再制成块状物。餐馆用这

种燕窝来做燕窝汤的，它在广州也很常见。

燕窝的风味尽管很吸引人，但味道很淡。燕窝烹饪的关键在于，要用正确的调味料（例如鸡肉）来加强燕窝的风味。准备好：

干燕窝半盒	鸡肉或猪肉 150 克
冷水 4 杯	盐 2 茶匙
鸡肉或猪肉汤 6 杯	味精半茶匙（如果用
火腿 110 克	鸡汤则省去此项）

将燕窝放进装有 4 杯冷水的高锅里，在小火上煮 1 小时。然后让它冷却，这时所有的水都已被燕窝吸收了，也就是说，所有的水已跑到燕窝里。将鸡肉或猪肉和火腿切成丝，然后将它们与 6 杯鸡肉汤或猪肉汤一起放进锅里，同时也加入盐和味精，加热直至煮沸。若不是立即上菜的话，可将其放在冰箱里，在上菜前再加热。

15.18. 芙蓉燕窝汤

准确地照菜谱 15.17 烹制此汤。用叉子将 2 或 3 个鸡蛋的蛋清轻轻搅成蛋液，等汤沸腾了，加进汤里。

15.19. 清炖鸡汤

2300 ~ 3200 克重的鸡 1 只	葱 1 棵
（老母鸡更好，因为它的味道	雪利酒 1 汤匙
胜于子鸡）	盐 2 汤匙
冷水 1900 毫升	鲜姜 2 ~ 3 片

将鸡肉洗净，然后与 1900 毫升冷水一起放进高锅里，用大火加热至

沸腾。然后加入葱、盐、雪利酒和姜，改用温火炖 2 小时。

注意：清炖鸡汤要想成功，就必须让汤清爽。主要的步骤是，汤一煮沸就立即改成小火，因为如果继续用大火的话，会使鸡肉煮老，汤也变得浑浊。

变化——在烹制的最后半小时，加入大约 900 克大白菜（大白菜横向切成 2.5 厘米的段）或 1 片或更多片火腿，火腿最好是两年陈的。

在中餐菜单上，这道菜可以让正餐变得更圆满，特别是用这个变化，也可以再加上一些小炒菜。

对西餐而言，想用筷子从浸在汤里的整鸡上夹下鸡肉来并不容易，所以鸡会被从汤里取出并放在盘子上。为了让汤的味道恰到好处，汤里只有少许盐，所以可将小片的鸡肉蘸上酱油再吃，鸡肉的味道会更好。没蘸过酱油的剩菜可保存约一个星期，最好是浸在汤里，先加热至沸腾，然后冷却，最后再放入冰箱冷藏。

15.20. 清炖鸭汤

2300 ~ 3200 克的鸭子 1 只

水 8 杯

最好的火腿（整块的）330 克

罐头冬笋 1/3 罐 ⎱
冬菇 7 ~ 8 个 ⎰ 可选项

葱 1 根

盐 1 汤匙

将鸭肉洗净，切掉尾巴（包括腔上囊）。将鸭肉放进高锅，用大火煮沸。等它沸腾时，撇去泡沫。因为鸭肉通常比鸡肉肥，一部分脂肪会被煮出来，一并撇去。改小火，加入整块火腿，切成片的竹笋、蘑菇、整棵的葱、1 汤匙盐。煮 1 个半至 3 小时，具体时间视鸭肉的状况而定。

拉扯鸭骨可以来测试鸭肉是嫩还是老。

　　就像清炖鸡汤的情况一样，你可在煮汤的最后半小时加入大白菜900 克（大白菜横向切成 2.5 厘米宽的条），如果需要的话可多加点盐。上菜时，将大白菜放在鸭肉下面。火腿切片，将它与竹笋片和蘑菇一起放在鸭肉上。

第 16 章　火锅

中式火锅在很大程度上起到了汤的作用。有时，火锅本身就是一餐的主菜；有时，它只是多道大菜中的一道，在炒菜后面上桌。在正式的宴会上，火锅上桌，意味着宴会已近尾声。

在中国有两种火锅。

第一种火锅是一个直径 23 厘米的铜（或锡）盆，在其底部的中央竖起一个 18 厘米高的垂直、中空的铜（或锡）烟囱，从 13 厘米的封闭的底部到 8 厘米的上端开口，烟囱的直径逐渐变细。自底部往上到 1/3 的地方是一个箅子，上面是燃烧的木炭。这个箅子的位置与底部中央连接烟囱的地方相对应。木炭是通过烟囱顶端的开口往下放到箅子上的，燃烧的木炭隔着烟囱壁加热盆中的汤，使汤中的食物保持在沸腾状态。在烟囱封闭的底部下面，通常会放置一个盛了水的瓷盘，以防止火锅把桌子点燃。在你想停火时，可以用盛在小瓷盘里的水从烟囱的上端把火浇熄。

有两种给火锅准备配料和汤的方法：

一、将所有食材在其他锅里煮好，然后再转移到火锅里；将燃烧的木炭顺着烟囱放到箅子上，然后煽风点火；最后将火锅连汤带料一起上桌。客人自己动手，从火锅里将汤和配料盛到碗里，但注意不要烫到你的舌头！

二、火锅里只放半盆沸水或一些做好的高汤。燃烧的木炭煮沸了火锅里的汤，将火锅摆上餐桌。桌上有许多小碟子，上面盛着切成薄片的各种荤素食材。现在，人们围桌而坐，用各自的筷子夹取摆在他们面前的食材，然后将其放进沸汤里。在足够的食材放进汤里之后，用一种特殊的盖子将火锅盖好，将汤煮沸。盖子甫一掀开，客人们就可以立即下筷子，夹取其他人下锅的食材亦没问题。

A 烟囱　　　D 走空气和炭灰　　G 酒精杯

B 汤　　　　E 带孔的盖子　　　H 格子支撑

C 算子　　　F 汤　　　　　　　I 盖子

图5 中式火锅的种类

第二种火锅由一个又浅又大的盆构成。此盆能装 8 ~ 10 杯水，它由一个直径 13 厘米、高 8 厘米的中空圆铜圈支撑，后者搁在一个直径 15 厘米的铜盘上。铜圈上挖掉了若干根 0.3 厘米宽的铜条，从而形成了镂空的奇妙图案。铜盘起到底座的作用，上面放着一个装有酒精的杯子（在盆以下、铜圈中间）。点燃酒精，火焰不仅加热了盆底，亦穿过铜圈的格子加热了盆的侧面。穿过图案缝隙的火焰在铜器中铜元素的作用下呈现出绿色。火锅的底座和铜圈总是放在桌上，然后把装有水或汤的盆拿来放好。水和汤通常先在其他锅里煮沸，然后再倒入盆里，这样能在餐桌上节省些时间。其他食材都摆放在环绕火锅的小盘上，非常美观。在酒精点燃后不久，水或汤一沸腾，所有人必须立即下筷，将切成细丝或飞薄的肉片和蔬菜投进火锅里。盖好锅盖，将汤和食材再次煮沸。然后掀开盖子，开始夹取食物。美食家会打一个生鸡蛋在自己碗里，再舀些沸汤浇在鸡蛋上。这鸡蛋可以防止你在吃火锅时烫到舌头。

因为在美国很难找到这种中央加热的火锅，你可以用平板电热炉和大锅来代替，此外还有更好的办法——用老式的美国火锅。

在广东话中，火锅被称为"打边炉"，意思是从火锅旁的盘子里夹取食物来涮。

有些所谓的火锅是大碗式的盘子或锅，在厨房炉灶上烹制好，然后端到桌上食用，餐桌上并没有火。食谱 16.1 和 16.2 是真正的火锅，16.3 ~ 16.5 是在厨房里做的。

16.1. 菊花锅

菊花锅须用第二种火锅，下面有酒精杯的宽平底盘。你可以在大锅或盆下面使用电炉。

第一批火锅配料：

水 6 ~ 8 杯

盐 2 茶匙

猪油 1 汤匙

主火锅配料和调制方法：

白菊花 1 大朵——摘下花瓣并洗净

大白菜 450 克——洗净切丝

豌豆粉条（长米）80 克——在深油中炸 1 分钟（若你在唐人街无法找到豌豆粉条，可以用 330 克非常细的意面来代替。用同样的方法对面条进行预烹制）

菠菜 110 克——洗净并保持完整

猪肉里脊 330 克——切成飞薄片（因为烹制时间较短）

童子鸡 1 只，取鸡胸肉，约重 900 ~ 1400 克——切成飞薄片（将鸡的其他部分留下用来做其他鸡肉菜）

鲜虾 330 克——剥壳，剥去虾背上的黑色沙状线，沿着背切成两片。如果虾比较大，再切一次，切成更薄的片

鸡肝、鸭肝、猪肝 330 克——也切成 3 片飞薄片

猪腰子 4 个——猪腰子洗净并去掉外面的薄皮,切成尽可能薄的飞薄片。直至切到中央黑色和白色的部分,将这个部分扔掉

不带壳的生牡蛎 330 克——洗净

雪利酒 2 汤匙

玉米淀粉 1 汤匙

水 2 汤匙

将每种食材分为两份,将每份放在一个小碟子上。如果用肉、鸡肉、肝、虾等,将这些片摆成对称的图案。

将雪利酒、玉米淀粉和水混合在一道,将一点混合物浇在每种非蔬菜的食材上。

配料(用于调制食用时所需的调味汁):

酱油或虾酱半杯

有时将一个鸡蛋在碗里打成蛋液,加 1 茶匙酱油,每人一碗

烹制和食用:将 20 个小碟子放在餐桌上。客人落座后,端上电炉(如果没有中式的火锅的话)和已经装有沸水、猪油和盐的锅。把这些东西都放在桌子中央。各人用筷子将所有的蔬菜和面条下到火锅里(但不包括菊花)。当汤再次沸腾时,各自动手从大锅中取出食物,放进自己的碟或碗里。现在,女主人放进菊花,然后她可以加盐,因为大锅里未加酱油。有时,我们将一个完整的鸡蛋打在碗里,然后将热汤浇在鸡蛋上;有时,我们在倒入热汤之前先把鸡蛋打散;有时,我们喜欢在大锅里煮一些生鸡蛋。这个最后的吃法以"深水炸弹"之名而广为人知。

火锅通常在当年 11 月到来年 3 月供应。

16.2. 什锦火锅

做这种火锅时，我们更喜欢用第一种火锅，就是带有烟囱穿过煮汤盆中央的那种，不过如果找不到那种火锅，我们可以用一个放在电炉上的大锅来代替。

在中文中这称为"什锦"或"十样"，因为火锅中要使用下列食材中的一些或全部，这些食材大部分都须预烹制。

（1）大白菜，450 克，横向切成丝
（2）和（3）红烧鸡和肉
（A）1400 ~ 1800 克重的鸡半只　　（D）水 6 杯
（B）肉 680 克　　　　　　　　　（E）盐 2 茶匙
（C）酱油 6 汤匙

将所有食材放进锅里，用大火煮至沸腾，然后慢炖 1 小时。如果鸡肉不够嫩，先煮一遍然后加入肉再煮 1 小时。煮毕，将鸡肉取出，切成适合食用的块，将肉取出，切成 2.5 厘米的条。保留汤汁，在本菜谱下面的步骤中还会用到。

（4）豌豆粉条（长米），80 克，放进装有沸水的锅里，加热直至再度沸腾，然后慢火炖半小时。在使用前将其保留在水中。
（5）鸡蛋薄饼：鸡蛋 3 个，打成蛋液
　　　　肉馅 110 克
　　　　酱油 1 汤匙
　　　　猪油或植物油半茶匙

将肉馅与酱油相混合。用半茶匙的猪油或植物油擦拭整个平底锅的表面。将1汤匙的蛋液加入平底锅，然后转着圈地将平底锅倾斜使鸡蛋形成一个小蛋饼。然后加入1茶匙肉馅和酱油在蛋饼上摊成半圆形，就像一个苹果馅饼。然后将其取出，最好是在鸡蛋饼完全熟透之前加入肉馅。一共做大约8~10个薄饼。

（6）冬竹笋，1/4罐，切成片

（7）未烹制的两年陈火腿，110克，切成片

（8）炸豆腐，560克，切成2.5厘米的条，将其放进深植物油中炸成褐色

（9）鱼丸，10～12个，按菜谱10.10准备

（10）海参，450克，在中国烹饪中这是个常见配料。如果你无法在唐人街找到它，可以用新鲜扇贝或罐头鲍鱼来代替，切成片

将这10种食材分层放进锅里。从底部向上的各层顺序是：大白菜丝；炸豆腐；红烧鸡和肉；豌豆粉条；鸡蛋薄饼；海参（或扇贝，或罐头鲍鱼）；火腿和竹笋；鱼丸。将火腿片和竹笋片摊开，片与片互相搭一点边。然后将鱼丸转圈下在火锅上面。

将烹制红烧鸡和肉所得的调味汁倒进火锅。在厨房里用中火将整个火锅加热半小时。然后将火锅端上桌，在电炉上继续加热。自己动手从锅里捞取食物，不时地往火锅里加一点水，以防止糊锅或者烧干。

16.3. 一品锅

尽管此品被称为火锅，但它不是在桌上烹制的。所有食材都在厨房中烹制好，然后盛在大锅或大菜碗里上桌的。

一品锅分两种，红一品锅和白一品锅。

16.3 A. 红一品锅

鸡 1 只，约 1400 ~ 1800 克

鸭 1 只，约 1800 ~ 2300 克

猪肘子 1 只，约 1800 ~ 2300 克

干冬菇 80 克（唐人街有售，可选项）

冷水 3 杯

沸水 2 杯

酱油 1 杯半

雪利酒半杯

带壳煮的鸡蛋 12 个，去壳

鲜姜 3 ~ 4 片（若能买到）

盐 1 茶匙

糖 1 汤匙

　　将整个猪肘子与 3 大杯冷水一起放进高锅，大火加热直至沸腾，改用小火慢炖 1 小时。然后将整鸡和整鸭放进锅里。（如果鸡和鸭不够嫩，将它们与猪肘子从最开始一起煮。在这种情况下，要用 5 杯水而不是 3 杯水。）然后加 2 杯沸水和酱油、雪利酒、姜、盐，再炖半小时。现在放入去壳的煮鸡蛋和蘑菇，再炖半小时。然后加入糖，再炖 10 分钟。拉扯鸡和鸭的骨头做测试：如果可以容易地把肉分离下来，那就做好了；若不行，就再炖约半小时。

　　如果你将菜放在大菜碗里上桌的话，将肘子、鸡、鸭放在碗的中央，将鸡蛋摆放在它们周围，然后将蘑菇撒在上面。

　　此菜可在冰箱里保存一星期。

16.3 B. 白一品锅

这是一道汤水更多的火锅，不加酱油。

鸡 1 只，约 1400 ~ 1800 克

鸭 1 只，约 1800 ~ 2300 克

猪肘子 1 只，约 1800 ~ 2300 克

冷水 3 杯

沸水 13 杯

盐 1 汤匙

罐头冬笋 1/4 罐，切片（可选项）

弗吉尼亚火腿 330 克

大白菜 1400 克，横向切成 3.8 厘米的条

带壳煮鸡蛋 12 个，去壳

干冬菇或鲜蘑菇 80 克（可选项）

　　将整只猪肘子放进一个装有 3 大杯冷水的大高锅里，用大火加热直至煮沸，再温火炖 1 小时。然后加入整鸡和整鸭。（如果鸡和鸭不够嫩，将它们与猪肘子从最开始就一起煮。在这种情况下，要用 5 杯水而不是 3 杯水。）加 13 杯沸水，用温火再炖半小时。然后加入盐、火腿、竹笋片、大白菜、去壳的煮鸡蛋和蘑菇一起再煮半小时，或再久一些，直至鸡骨或鸭骨可容易地从肉上拆下。

　　用原来的锅或一个大菜碗上菜。将大白菜放在底部，然后将肘子、鸭、鸡放在碗中央，将鸡蛋围着它们放。火腿切薄片并与蘑菇、竹笋片一起放在上头。最后倒进尽可能多的汤，你可将多余的汤盛在另一只碗里上桌。

　　上桌时另上一小杯酱油和一小碟盐，以方便那些口味偏咸的人。中国人一般喜欢原味的汤。白煮肉和蔬菜一般要蘸酱油吃。

16.4. 涮羊肉

关于这道著名火锅的烹制和食用，见菜谱 7.4。

16.5. 徽州锅

对那些不喜欢吃米饭却喜欢吃任何其他东西的"坏孩子"来说，这种火锅是一个奇妙的惊喜，因为此菜本身就是完整的一餐，不需要额外再搭配米饭。在安徽南部（我的家乡石台也在这里）徽州地区以外的中国大部分地方都没有这种火锅。

吃徽州火锅时，我们不在餐桌上做任何烹饪，而是在厨房里完成所有工作。此菜也会盛在一个各种食材满得冒尖儿的大锅里上桌。以下是一个配料清单及其制作方法：

（1）红烧鸡，和（2）红烧肉

猪肉 1400 克，带皮像切培根那样切，切成 5 ~ 8 厘米的块。每人约330 克或每人 2 至 3 块

1800 ~ 2300 克重的母鸡 1 只，带骨切成 12 块

6 杯水

1 杯酱油

将肉和鸡放进盛有 6 杯水的高锅里，加热直至煮沸，然后文火炖 2小时。将鸡和猪肉捞出，汤水留着按本谱下文的要求使用。

（3）芋头 450 克，唐人街有售。将其削皮并切成 1 厘米厚的片。在炖红烧鸡和肉的最后半小时将芋头放进锅里一起炖

（4）干竹笋 330 克。将其与 5 杯水一起放进锅里，加热直至煮沸，然

后改为小火再煮 3 小时。然后将水倒掉并将竹笋坚硬的部分切去

（5）炸豆腐 560 克。可在唐人街购买那种现成的炸豆腐。大块的是三角形的。如果他们只有小方块的那种，买 12 个。若这些不是已经炸好的，那就买普通种类的豆腐然后自己在家炸

（6）鸡蛋薄饼：鸡蛋 4 个打成蛋液

　　　　　　　　酱油 1 汤匙

　　　　　　　　肉馅 330 克

　　　　　　　　猪油半茶匙

将肉馅与酱油相混合。在准备鸡蛋薄饼时，照菜谱 16.2 什锦火锅的说明操作。

（7）大白菜 1400 克，横向切成 5 厘米长的段，洗净

（8）豌豆粉条（"长米" 330 克，唐人街有售）

在沸水中焯过再浸泡 1 小时，不要煮

现在将所有这些配料照以下顺序从下向上逐层放进大锅里：大白菜、干竹笋、芋头、炸豆腐、鸡和肉、鸡蛋薄饼、豌豆粉条。

加 2 茶匙盐，然后倒入所有炖红烧鸡和肉的汤水。盖上锅盖，大火加热。当它煮沸时，改小火再煮 1 小时，最后装锅上菜。

16.6. 砂锅豆腐

这又是一种在厨房而不是在餐桌上烹制的锅。所以，上菜时你可将它盛在一只非常大的碗里。

鲜豆腐 1100 克　　　　　　　　　蘑菇 330 克，每个切 4 片

肉 450 克，切片　　　　　　　　　盐 1 茶匙

冷水 9 杯

酱油 4 汤匙

冷冻豌豆 1 包

味精 1 茶匙

将豆腐切成 5×3.8×5 厘米的片。放进盛有 6 杯水的高锅里，大火煮沸半小时，然后将水倒出并弃去。

加入酱油、肉片、冷冻豌豆、蘑菇、盐、味精，还有剩下的 3 杯水。再次用大火煮至沸腾，然后改温火炖 10 分钟。无论如何，此菜在上桌前可一直在炉灶上用小火加热。

此菜配上米饭就是一顿完整的饭菜。

在中国，有一种特殊的火锅是用沙子和铸铁混合做成的、很薄的砂锅，用于照上述方法烹制豆腐。所以此菜被名之曰"砂锅豆腐"。

第 17 章　甜品

　　所有的人都喜欢吃甜品，只要它烹制得当，中国人也不例外。可是除非你理解甜品在中国人生活中的地位，你永远也不会欣赏中式甜品。在中国，没有英式甜食或美式甜点心作为午餐或晚餐尾声的概念，早餐也没有麦片粥。确实，我们有时在早餐上吃粥或煮稀饭，但如果往里加糖和牛奶——咦！其实，甜品在中餐里是有地位的。在有多道菜肴的宴席上，会不时地上些甜品来调剂口味；人们在两顿饭之间也会吃些甜品，毕竟没东西可吃的时光很乏味。

　　甜品可大致分为 4 种：1. 甜食；2. 点心，一般是糕点；3. 干果或果脯或坚果；4. 新鲜水果。甜食一般是用多种食材制成的，在宴席上作为一道菜上桌，特别是当它含有很多水分而必须用勺子舀取时，比如橙羹；当它是简单的、可以用手拿着吃的食品（比如芝麻糖心饼）时，你可以用手拿着，就着茶水吃，这就是点心。在甜食与点心之间并没有明确的界限。例如，豌豆糕（见菜谱 17.4）因为太黏而不宜用手拿着吃，但又太松散而不宜用勺子吃，所以须用小的中餐叉子或牙签取食。本菜谱给出的几乎都是甜食。有时候，我将甜食也简称为甜点。至于点心，它的种类太多，要全面介绍的话，非得再写一本书不可，所以我不得不自我设限，只介绍一小部分。至于干果和新鲜水果等，你最好到唐人街购买，而不是自己尝试去做。面包和糕点见第 20 章。

17.1. 八宝饭

　　八宝饭是一道主要的中国甜食。甜品爱好者认为它绝对值得费时费力去烹制。

优质糯米 450 克　　　　　　　　糖半杯

水 2 杯外加 1 杯　　　　　　　　多种蜜渍水果

糯米加 2 杯水，用文火炖至米略微变软。加入糖和另 1 杯水，用文火再炖 15 分钟。将多种颜色的蜜渍水果（在中国用干果）摆放在一只大碗的底部，组成一个彩色的图案。小心地将米饭倒在上头。（有时可将中国红豆泥或捣碎的中国白豆放在蜜渍水果和米饭之间，参照菜谱 17.4 和 17.5。）将碗放在蒸架上使它能保持在水面以上，然后在一个盖上盖子的大锅中蒸 3 小时，直至大米变得很软。将碗从锅中取出，拿一个大盘子按在糯米上，迅速将盘子和碗颠倒过来。如果成功了，你可将碗拿掉，带着水果图案的布丁就呈现在盘子上。如果不成功——好吧，你最好还是成功！趁热上桌。

此甜食可在冰箱里保存许多天，在吃之前，取出重新蒸 1 小时以上（要确保这个布丁里外都是热的）再上桌。

17.2. 核桃羹

核桃仁 330 克　　　　　　　　　红糖 150 克

水 4 杯　　　　　　　　　　　　米粉 2/3 杯

将核桃磨两遍直至它变得极细，加 3 杯沸水，放进锅里用文火炖半小时。用一片干净的纱布对核桃糊进行过滤，弃去残渣。将糖、米粉和另 1 杯水加进过滤后的核桃糊，混合均匀。加热煮沸，须持续搅拌以防止糊锅。然后在很小的火上炖 3 分钟。趁热上桌。

无论剩多少都可以加热后再次食用。无论如何，必须使用极小的火以避免锅底烧煳。

在中国的一些地方，人们喜欢把核桃羹做得特别稀，以至于它几乎成了一道饮料。

17.3. 杏仁豆腐

在中国，这道甜食的制法如下：将干杏仁挤碎并研磨得很细，加水煮沸，然后用一片布过滤。将过滤后的杏仁糊与琼脂或明胶相混合，再次煮沸，然后冷却成果冻，将果冻切成小块，与冷糖水一道上桌。

在美国，干杏仁不易找到。无论如此，以下食谱可以方便地用于制作一道甜食，它的外观和味道都非常接近真正的杏仁羹。

脱脂牛奶 1 杯　　　　　　　　　纯明胶粉 1 小袋
水 3 杯　　　　　　　　　　　　杏仁提取物 3 茶匙
糖 5 汤匙

将脱脂牛奶、糖和水一起加热至大约 60 ~ 70 摄氏度。将明胶粉与大约 3 汤匙冷水相混合，然后倒入上述热汤中。连续搅拌，直至明胶彻底溶化。冷却，加入杏仁提取物，然后放入冰箱。在 3 ~ 4 小时后，果冻就做好了，将其切成菱面体或其他好看的形状，加一杯冷糖水，上桌。

17.4. 豌豆糕

干绿豌豆 330 克（买去皮的绿豆沙）
糖半杯
水 2 杯半
玉米淀粉 2 汤匙

将绿豆加 2 杯水，用文火炖 1 个半小时。加糖，再加入水和玉米淀粉的混合物，加热煮沸并搅拌。放在碟中冷却，再放进冰箱，直至它完全定型。切成 2.5 厘米的条上桌。

17.5. 豌豆泥

干绿豌豆 330 克	糖 1/4 杯
水 2 杯	猪油 2 汤匙

将豌豆和水一起文火炖 1 个半小时。时间炖够了之后，豌豆会变成豌豆泥。加入糖，搅拌均匀。

猪油下平底锅烧热。加入豌豆泥，翻炒直至混合物变烫，然后上桌（中国人喜欢上热的甜食而不是凉的）。

（如果豌豆泥已经放置太久而且有些干了，可在用猪油炒之前先加一点水混合起来，否则它会非常容易糊锅。）

17.6. 橘羹

中等大小的橙子 5 个（最好是当季佛罗里达橙）

糯米粉 330 克（不是一般的米粉或大米淀粉）

水 6 杯半

糖半杯

将每个橙子切成两半，用一把锋利的汤匙将橙肉挖出（就像你在早餐吃橙子时那样），然后将它们放在一个碗里。

为制作元宵，将糯米粉加半杯热水（但不是沸水）揉捏，然后做成大约直径 1 厘米的团子，这些团子就是元宵。将 6 杯水煮沸，加入元宵，然后继续在大火上煮沸 5 分钟，或煮至元宵变得非常软。加入橙汁和半杯糖，加热至再度沸腾，最后上桌。

17.7. 枣糕

这道甜食在江苏南部非常流行。

干枣 330 克（枣是一种红皮的像海枣一样的水果，有时在唐人街被称为红枣）

糯米粉 330 克（不能用普通的米粉，因为它在蒸过之后会变硬）

将枣煮 1 小时（或者足以去掉枣皮和枣核的时间）。

将枣肉和糯米粉揉到一起。（如果你偏爱加些馅，参见带馅元宵的菜谱。）

用饼干模子将面团做成各种奇妙的形状。糕的尺寸会比蛋白杏仁饼干大一点，但比烧饼小一点。（在中国，有专门用于制作此糕的木模子。）将糕从模子里拍出，当然动作要轻，然后将它们放在铺有竹叶或苇叶的蒸屉上（以防止粘连），在大火上蒸 5 分钟。此糕应蒸得非常软，但要保持它们的形状。

第 18 章 米饭

米饭是中国的主食，堪称重中之重，以至于当我们说吃米饭时，指的其实是进餐。在北方省份，人们更多地是以小麦和其他粮食作为主食，但有大米吃仍然是件快事。在某些省份，就像我们看到的，一日三餐都吃米饭。

大米分两种，一种是主食大米，还有一种特殊的做甜食用的大米。后者是一种白色不透明的圆粒大米，非常黏，被称为糯米，它适合用来制作中式甜食，或碾成米粉，又或煮来待用（在唐人街的发音是"nou-mai"）。主食大米（或者说是籼米）有更多半透明的米粒。它分两种，一种长粒米，一种圆粒米。第一种易于烹制并为更多的人所喜爱。第二种更黏——我用黏来形容，但请不要把它与不透明的、真正的糯米相混淆——并且更难煮，因为在煮的过程中，黏糊糊的表面需要冲洗干净，然后再继续煮。蒸（见下文）也是一种烹制圆粒米的好方法。在日本，通常的主食大米是圆粒米。

长粒米更易于烹制。在中国，它比圆粒米更受欢迎。近年来，在内地的大米无货可供时，这种来自中南半岛，被称为"西贡米"的米在中国沿海省份已经被广为食用。因为内地糟糕的交通状况，内地米常常无法与进口米相竞争。在美国，南部的州近年已经种植了一些非常好的长粒米，供应给中餐馆。来自德克萨斯、南加利福尼亚等地的名牌大米，在唐人街和普通市场均有出售。

用大米制成的食品分两种，干饭和稀饭。干饭或严格意义上的米饭是膳食中通常的主食，以煮或蒸的方法烹制。稀饭（广东话称为粥）在东方被说英语的人称为米粥（congee），它是在大量水中加很少的米煮成的。关于它的食用时间，江苏和浙江是在清晨；广东和美国是在晚上很晚的时候；在其他地区，是一个人一天中极早或极晚的时候，又或是在一个人不饿或身体虚弱、而不适合吃干米饭时。

18.1. 煮饭

大米要做成米饭的话，可煮可蒸。圆粒米最好是蒸，但两种方法均可用于任何种类的大米。至于希望米饭软些还是硬些，不同的人偏好也相差很大。美国中餐馆的米饭比中国大部分地区都硬得多。在任何情况下，烹制得法的米饭应该是略干且质地均匀。就算是最软的米饭，也应该让所有的水分都被米粒吸收掉，而不是留在米粒之间。（当然这并不适用于米粥。）注意，在白米饭这个谱中不使用盐。

（a）长粒米

米 1 杯

水 1 杯半（水量视想要的软硬程度而定）

将米淘洗干净，然后将水倒掉。加 1 杯半的清水，用大火煮，煮时须不时地搅拌以防止粘锅或糊锅（粘锅会造成糊锅）。有人会在水煮沸后再放入大米，但先放后放没有区别。一旦大部分能看到的水都煮干了，就立即将火调成小火，盖上锅盖再煮 20 分钟，或者煮到从锅里取出的饭已经变得又软又干，看起来不潮湿、有光泽。

（b）圆粒米

照（a）同样的程序操作，但有两点区别。一是每杯米加的水改为 2 杯而不是 2 杯半。二是在最初 15 分钟的文火煮炖之后，用长柄勺或铲子将米翻转，使米煮得更加均匀，因为黏性的表面会使水分不能均匀地渗透。盖上锅盖，用小火再煮 15 分钟。

18.2. 长沙蒸饭

这是种干蒸米饭，常见于包括长沙在内的许多地方，长沙是鱼米之乡湖南省的省会。蒸米饭一般都有着松散、爽口的质地。

（a）长粒米

米 1 杯　　　　　　　　　　　　水 2 ~ 3 杯

将米淘洗干净，将水倒掉，加 2 ~ 3 杯清水然后煮沸 3 分钟。倒掉米汤（它经常作为一道饮料单独上桌，就像米粥[1]），将米放在蒸屉上蒸 30 分钟。

（b）圆粒米

米 1 杯　　　　　　　　　　　　水 3 ~ 4 杯

将米淘洗干净并将水倒掉，加 3 ~ 4 杯清水煮沸 3 分钟，不时地搅拌以防糊锅。倒掉米汤，然后将米放在蒸屉上蒸 45 分钟。

18.3. 广东蒸饭

此饭是盛在碗里蒸，而不是放在蒸屉上蒸。用等量的米和水，照上一食谱操作，煮 5 分钟。然后，不采用在蒸屉上蒸米的办法，而是将半熟的米放在一只单独的上菜碗里（考虑到膨胀因素只能盛 3/4 满）并在中火上蒸 1 个到 1 个半小时。要注意蒸锅里应有足够多的水，但不要让水直接接触到碗。

---

[1] 我在长沙的学校吃早餐时，这是我最喜欢的饮料，因为长沙所有的菜都太辣了。——如兰

18.4. 粥

最适合做粥的米是产于江苏省南部无锡地区的一种半黏的香米，如果找不到这种米，亦可使用普通的圆粒米。

米半杯   水 3 ～ 4 杯

将米淘洗干净，将水倒掉，加 3 杯清水煮沸，然后用文火煮，直至所有的米变成一锅近乎均匀的、像稀麦片粥一样的流质物。粥最好是趁热吃或小口喝，它要热到何种程度？——当你用一双筷子顺着碗边将粥拨进嘴里时，你不得不在啜饮时出声地吹气，以便让粥变凉。大多数美国人乃至同桌的中国人，都不好意思在喝粥时出声，如果是这样，那就用一把勺子吃，就像全中国的婴儿那样。

18.5. 蛋炒饭

中国人做米饭的量并不总是刚好够一餐吃的，通常会有些剩饭，这些剩饭可以加一点水再蒸或再煮，然后变得像新做的一样好，甚至更好，如果第一次烹制时没熟透的话。最受欢迎的利用剩饭之法是加入其他食材一起炒，典型的做法就是加鸡蛋。事实上，我们很少仅仅为了做各式炒饭而新煮米饭，尽管就像三丝汤（菜谱 15.11A）一样，我们在新煮米饭时，常希望能剩些米饭用来炒饭。

煮或蒸的剩饭 8 杯   葱 2 棵，切好
鸡蛋 8 个，打成蛋液   猪油满满 3 汤匙
盐 2 茶匙

将米放在蒸屉上用中火蒸 5 ~ 10 分钟，时间视剩米饭的软硬程度而定。如果找不到内部带有一层或两层带孔蒸屉的蒸锅，可将米饭加 1 杯水，用文火炖大约 15 分钟，直至水都蒸发或被吸收掉。

将切好的葱和 1 茶匙盐与蛋液相混合。

猪油下平底锅用大火烧热，加入鸡蛋在大火上炒半分钟，然后加入刚才重煮而变软的米饭，加 1 茶匙盐，均匀地再炒 2 分钟。在上桌前可将炒饭在炉灶上保留若干分钟。

因为炒米饭里已经有了鸡蛋和油脂，这种米饭不需要任何配菜就已经是一顿完整的饭菜了，特别是若与神仙汤（菜谱 15.0）和一些开胃小菜（比如酱腌黄瓜）一起食用的话。对某个因晚起或迟归而错过了一餐的人来说，这是一道最便当的即时可成的膳食。鸡蛋炒饭在中国火车上的畅销程度几乎就像三明治在美国火车上一样。

18.6. 肉丝炒饭

这是主要用牛肉来做的少数菜肴之一，尽管用猪肉亦并不少见。

煮或蒸的剩饭 9 杯　　　　　　　猪油满满 2 汤匙

牛肉或猪肉丝 330 克　　　　　　盐 1 茶匙

酱油 2 汤匙

以下食材中的一种或多种：

小洋葱 3 个，切丝

或青椒 3 个，切丝

或大白菜 450 克

或雪里红 1 杯（去掉盐，如果上面有盐的话）

按上一菜谱将米饭蒸好或煮好。在平底锅里加满满 1 汤匙猪油，加入米饭，用大火翻炒 1 ~ 2 分钟，米饭出锅。

将肉丝与酱油相混合。

猪油下平底锅，用大火烧热，加入肉丝炒 1 分钟，然后加入洋葱或其他替代物，加盐，再炒 2 分钟，出锅。

将米饭放在一个上菜盘上，然后将烧好的肉丝等食材放在米饭上。此法也适合供 1 人食用的情况。

18.7. 什锦炒饭

在广东比较常见的是以下什锦食材：

煮或蒸的剩饭 9 杯	海米 60 克或鲜虾 110 克
葡萄干 2 汤匙	葱 2 ~ 3 棵，切好
两年陈的火腿 60 克，切好	猪油满满 2 汤匙
核桃 60 克	酱油 2 汤匙
杏仁 60 克	盐半茶匙

照菜谱 18.5 蒸或煮米饭。

将核桃和杏仁浸在足够没过它们的沸水中。当它们的皮脱落时，将皮剥去。

将虾放入半杯水里，用大火加热，一旦开始沸腾就立即关火。将汤倒掉（在其他菜中可能用得着）。若用的是鲜虾，去掉皮或虾背上的黑色沙状线，每个切成 4 块。

猪油下平底锅用大火加热。如果你用的是鲜虾，将其放进平底锅炒 1 分钟。之后加入葡萄干、火腿、坚果和葱，然后再炒 1 分钟。然后加酱油、盐和米饭，再炒 2 分钟。若用的是海米，其下锅的时间须比葡萄干、火腿等食材下锅的时间早 1 分钟。

在上桌前可将炒饭在炉灶上保留若干分钟。

由于本品被称为什锦炒饭，所以几乎任何主菜的剩余都可以用来代替或补充火腿、虾等。

第 19 章　面条

　　在北方省份，小麦比大米更常用作主食。干吃的话做馒头，湿吃的话做面条。在中部和南部省份，面条有时被当作主食吃，例如在生日聚会上，但通常是在两餐之间当作点心吃。

　　面条与面条不一样，它们可以是拉面、机器切面、普通挂面或细挂面。一个好的北方厨师或者甚至一个主妇都知道如何用手拉制面条。他拿着一条面团，两手各抓住面团的一端将其抻拉，直至面团被拉成 1.5 米或 1.8 米长。然后将拉出来的粗面条对折，并将原来是中间的一端握在一只手里，将原来的两端握在另一只手里，将中间的部分在一块撒有干面粉的案板上滚动，然后抻拉面条，直至拉成与上文同样的长度（但每根面条的粗细减半）。再将两根面条对折成 4 根，并重复同样的程序，直至最后得到 32、64、128……根面条，每根面条都有 1.5 米或 1.8 米长，根数多寡要看操作者拉面的技术水平，也要看他想制作多粗或多细的面条。最后，两端手握的那两块厚面团当然需要切掉。因为拉面经过拉和摇的动作，具有切面所不具备的口感和质地。不幸的是，拉面是一种十分困难的技术。经常发生的情况就像这样：你开始挥舞你的面团，在达到 32 根之前，一些面条已经断了。你气急败坏并且把面团弄得一团糟。你再次开始，但不敢拉出超过 16 根。于是你只好吃那门栓粗细的面条，那也很好，但是它们更像是许多面棒而不是面条。

　　这就是为何大多数人吃的是切面。你可以将面团擀成薄片，然后手工切成面条，但在中国，机器切的面条亦很常见。你可以按想要的粗细来切面条，切面的粗细在 0.16 ～ 0.3 厘米不等。

　　在美国，除非是在一些非常大的唐人街里，湿面条（甚至是机制湿面条）是很难找到的。所以大多数时候你不得不有赖于袋装的挂面。袋装挂面在唐人街和商店都能买到。西方的面条一般是鸡蛋面条。一些人偏爱中国阳春面那纯粹的小麦风味，特别是那种用美味的汤煮出来的阳春面。阳春面的质地亦比较光滑。

有种挂面是细挂面，福建省的细挂面是最好的，但在美国却非常少见。它们并不像意式细面，但煮过之后会变得更软。它们是白色的圆面条，略带咸味。煮过之后它们变得非常细嫩并易于消化，这就是为何福建细挂面能让许多人想起身体微恙时吃挂面的快乐。

正常烹制面条的方法是先煮。当它们进而与其他食材一道炒时（有时略微呈褐色），那就是炒面。美国中餐馆供应的那种干而易碎的炒面，在中国并不常见，它在广东和香港的一些地方有售但大多是给外国人吃的。当美式炒面与炒软面条搭配在同一个盘子里时，这就是那道著名的美国菜"炒面面条"，我曾在西雅图、华盛顿州和华盛顿特区看到过这种招牌。因为炒面已经是指"炒面条"，这证实了我在上文的表述——面条与面条不一样。

因为普通挂面是唯一能在美国轻易得到的面条，所以本菜谱提供的烹饪方法是针对挂面的。如果你能找到任何新鲜切面，或者已经意外地学会了拉面，菜谱中的面条分量须加倍，本谱中介绍的烹煮时间须减少到 2/3。

这些我们能方便使用的面条菜谱可分为汤面、火锅面、热汤面、冷面和炒面。

19.1. 汤面

如果一碗面条分量够多，或者如果吃完一碗还能再添一碗，一碗汤面就完全可以作为完整的一餐。如果将汤面作为两餐之间的点心的话，那它的分量会比较少。汤面包括：（1）面条，（2）一道汤，还有通常的（3）配菜或其他食材，它们与面条相搭配，同时也赋予汤面相应的菜名。

（1）面条——作为完整的一餐供应 6 个人，准备：

挂面 450 克   水 5 杯

在水开始沸腾后下挂面，如果用鸡蛋面条，煮 10 分钟；如果用中国挂面，就煮 20 分钟。将煮面水倒掉，然后过冷水冷却。

（2）这种汤可以是用配菜煮的汤，而常见的是单独的汤。在餐馆里，高汤或是用畜肉和鸡肉在普通大锅里熬出来的肉汤是常用品。神仙汤（菜谱 15.0）可以作为一道好的清汤。一小撮味精总是会有帮助的。

最受欢迎的两种面汤是清炖鸡汤（见菜谱 15.19）和红烧肉汤（见菜谱 1.1、1.2 等）。在使用红烧肉汤时，汤应该是 1/3 的肉汤和 2/3 的水。镇江白汤面是最著名的汤面之一，这种汤面用的是经过长时间炖煮的鸡骨汤，久煮之下，这种汤就变成了奶白色。

任何浓汤几乎都很受欢迎，而清汤通常是无趣的，比如冬瓜汤、豆腐汤、酸辣汤。

美国的中餐馆供应的"一个面"（yakko mien，或称 i-ko mien），一般是用极浓的高汤煮的面条。一个面的中文意思是"点一份面条"。

（3）如果有酸菜，面条会因之而得名，不过一个面有时会加些猪肉片，仍称为"一个面"。以下是一些普通的名称：

（a）白菜肉丝面。照菜谱 15.10 白菜肉丝汤的菜谱操作，不同点是：将每种配料的分量加倍（供 6 人食用）。上桌前将煮好并过水后的面条加在热汤里。

（b）火腿鸡丝面。两年陈的火腿 330 克，煮或蒸过。清炖鸡肉 450 克，清鸡汤 9 杯。火腿和鸡肉切丝。将汤加热直至煮沸。上桌前，将浸过、水洗过的面条下在热汤里，并将火腿和鸡肉摆在上头。

（c）雪里红面。如果你对晚餐没胃口，没有什么比一碗雪里红热汤面更能使你感到由衷的快乐了。要做 6 人份的话，用 330 克雪里红（腌芥菜）和水，或上文（b）项所述稀释过后的汤。不要加酱油或盐。淡水虾肉能让面条更美味，但一般的（咸水）虾效果平平。

19.2. 锅面

火锅面，或者是广东话的"锅面"，是一种享有美名的汤面，它上桌时是盛在一只大盖碗里，而不像一般的汤面那样分盛在多只碗里上桌。它的盛誉来自覆在汤面上的火腿片、鸡肉片、猪肉片、炸鱼肚、虾、冬竹笋片、芥菜、蘑菇片、嫩豆角，等等。因为这么多的食材里仅有一小部分会被用到，所以除非你家里恰好有些相应的剩菜，否则在家里做火锅面是件不太可行的事；它基本上是一道餐馆食品。锅面的品质取决于煮汤食材的品质，而不是覆在汤面上的配菜。此面最完整的配方被称为"广式扬州锅面"。[1]

10.3. 炒面条

炒面条是真正的中国炒面，而英语中的炒面（chow mein）是指在中国很少有人知道的干脆面条。就像汤面一样，炒面条往往得名于和它搭配的食材。

烹制这种面条的第一步与汤面相似。使用：

挂面 450 克　　　　　植物油 6 汤匙
水 5 杯

当水开始沸腾时，将挂面加进水里，如果用鸡蛋面条，煮 10 分钟，如果用中国挂面，煮 20 分钟。然后将水倒掉，用冷水再过一遍。

植物油下大平底锅，用大火加热。将面条分为 6 份，每份卷成麦片条的样子，然后放在平底锅里煎炒，直至面条的表面微微变成褐色而内

---

[1]　参照"纽约式波士顿烘豆"。

部仍然是软的。将面条放进一个上菜锅里，在准备配料期间一直放在炉灶上。

（a）加肉丝：

猪肉排 450 克切丝　　　　　　猪油满满 2 汤匙或等量植物油

芹菜半把　　　　　　　　　　酱油 4 汤匙

鲜虾 330 克　　　　　　　　　盐 1 茶匙

鲜蘑菇 110 克

葱 3 ~ 4 棵或洋葱 1 个　　　　玉米淀粉 1 汤匙

水 1 杯

将芹菜横向斜刀切成 2.5 厘米长的段，蘑菇切成大约 0.3 厘米厚的片，葱或洋葱切成 2.5 厘米长的丝。

将虾剥壳，沿虾背切成 2 片，然后将虾背上的黑色沙状线去掉。

猪油或植物油下平底锅在大火上加热，当油变烫时，加入肉丝和虾，炒 1 分钟。然后加入蘑菇、芹菜、葱，或洋葱、酱油和盐，再炒 3 分钟。

将玉米淀粉与水混合。将其下平底锅烧热，直至淀粉糊变成半透明状。上桌前将其倒在面条上。

其他配菜的配料与上文相同，不同点是肉和虾可以用以下食材代替：

（b）牛肉丝

（c）鸡肉丝

（d）火腿丝

（e）什锦，可以是任何食材，只要它们具有中国式的味道

因为炒面条比汤面更油腻，所以它通常只供应小份，并搭配一些其他的清汤来吃，或是作为两餐之间的点心，就着茶水吃。有些人喜欢在吃炒面条前加点醋。

19.4. 过桥面

"过桥"指的不是悬挂在面条上的吊桥。它的意思是，给你上一碟配菜，你把它倾倒在半湿的面条上。这个倾倒的动作就是"过桥"，上海地区常用此名称。在北方省份，本品称为"打卤面"。过桥面与汤面的不同点在于它无汤可喝，与炒面条的不同点在于它煮过之后不需要炒。过桥面也不需要过水，而是在煮面的最后阶段加 1 杯冷水，然后捞出面条。

许多人最喜欢的过桥形式是佐以蟹肉。照菜谱 12.14 准备蟹肉。将面条和蟹肉放在不同的盘子里，然后让食客享受把蟹肉过桥到面条里的乐趣。

19.5. 凉拌面

在夏季，吃凉拌面总是一件快事。面条一般要先煮过，然后过冷水并沥干水分，放在冰箱里保存。

你可以将任何凉了之后也好吃的菜混合起来当作配菜。所有的猪肉或牛肉片（或丝）都可以与凉面很好地搭配。

要使用的配菜均可照它们各自的菜谱来准备，但要注意，相关菜谱如果说用"猪油或植物油"均可，用在凉拌面上却仅限使用植物油，因为猪油冷了之后会凝结。

有时我们喜欢只拌黄瓜丝、碎萝卜等凉菜，用来搭配或者代替更油腻的菜。

凉拌面上桌时通常未经搅拌，所以每位客人可以自己动手来拌。有些人喜欢在凉拌面中加入大量热菜。

19.6. 炸酱面

这是典型的北方食品。许多食材可以与面条、大豆酱或甜面酱相搭配。

（1）面条——按上谱煮。如果想吃热面条，先过凉水再过热水

（2）炸酱——使用：猪肉680克

大豆酱半罐

植物油2汤匙

将猪肉剁馅。植物油下平底锅用大火烧热，加猪肉，然后迅速加入大豆酱，炒5分钟。出锅，装进上菜碗里。

（3）其他配菜：小黄瓜1根，切丝后装盘

萝卜1把，切丝后装盘

生豆苗330克，彻底洗净后装盘

冷冻豌豆半包，解冻后装盘

将所有配菜和大豆酱碗一起上桌。每人一碗面条，加1汤匙大豆酱，再加一点各种配菜，在食用前搅拌均匀。

吃面条。面条应该绕在你的筷子上，就像你将意大利细面绕在叉子上那样。一次将太多的面条填进嘴里并不是好吃相。你可以用你的筷子夹起一大坨面条，将面条填进你的嘴里然后咬断，剩下的部分就会落回你碗里。不咬断的话，那就把一次夹起的面条都吸进嘴里，如果面条不是太长，而且吃面时伴随的噪声尚可接受，这种吃法还能给吃面条的现场营造出好氛围。当然，要注意面条松开的一端可能会溅到你旁边的客人，尤其是当面条很烫的时候。

第 20 章　糕点

如果我一说"糕点"你就想起那种非常甜的法式甜食,那你最好称之为"点心"。但如果你想到的点心通常是淡的、咸的,是煮、蒸的,而且有时还能作为便餐的主角,那么我会建议你称其为"糕点",这样说起来更加名副其实。

广义上讲,糕点也包括面包,特别是馒头(菜谱 20.1),后者是面食省份食用小麦的主要形式之一。如果作为早餐和两餐之间的点心,糕点有着更特别的烹制工艺或馅料。中国的两种常见早餐食品是芝麻烧饼和膨化的炸面圈,由于制作工艺过于复杂,所以我不得不将它们的菜谱留待未来再讲。以下我将介绍一些易于制作的糕点。甜品见第 17 章。

20.1. 馒头

西方的面包是烤出来的,而中国人烤制的小麦制品(比如芝麻烧饼)作为早餐或清淡的点心来吃。在面食地区,小麦食品或煮或蒸,一般都不是烤的。面条是主要的煮制品,而馒头是主要的蒸制品。从前用传统的发面方法做馒头,我们不得不花费若干小时的时间。但现在有了鲜酵母,我们只需准备:

面粉满满 3 杯　　　　　　　热水 1 又 1/3 杯(热水龙头里放出的)
糖 1 汤匙(可选项)　　　　鲜酵母 1 块或袋

将酵母(和糖)用热水溶化并倒入面粉,搅拌(中国人用筷子搅)到面团成形但又不会死粘在碗上。将一些面粉撒在大案板上,在上面将面团揉捏 3 ~ 4 分钟。将面团揉成一个长条，然后切成 10~12 块。将它们做成圆形或任何你想要的形状，按 2.5 或 5 厘米的间距摆放，以留出膨胀的余地。在室温下放置 40 分钟，或者放到面团发酵良好，用手掂起来有松软的感觉。入蒸屉蒸 20 分钟，馒头就做好了。如果蒸屉的孔过大，可以给蒸屉铺一块纱布，它能给馒头更好的支撑，使馒头在做好之后更容易拿起来。

莲花包见菜谱 9.9。

变化：全麦馒头和麦芽馒头。用 1 杯半全麦面粉（或小麦胚芽粉）和另 1 杯半白面能做出味道更好的馒头，再加些糖（可选项）通常会更好。两点变化：

（1）发酵时间延长到 1 小时，（2）蒸的时间延长到 25 分钟。

用混合面粉做的馒头极为可口，你甚至会觉得不需要再加黄油或其他调味品，所以卡路里含量也就更低。

只要蒸法正确，各种馒头及其变化都可以冷藏，然后在需要时再蒸，蒸出来的馒头就像新做的一样可口。套个塑料袋能防止馒头变干。

20.2. 花卷

把面团擀平之后卷起来，得到的是一个面卷。上述的馒头或简单的单层面卷被无产者当作日常谷物食品来食用。在更精美的正餐中，或者作为一餐的附带部分，人们都会吃花卷。无论如何，做花卷很简单，其法如下：

面粉 5 杯	盐 1 茶匙
温水 2 杯	植物油 2 茶匙
鲜酵母 1 块	

图 6 花卷

将酵母在热水中溶化，然后加进面粉里，将面粉像做馒头那样揉成面团。按前述方法放置和发酵。发酵大约要用 4 小时，如果你的厨房室温低，可将面团放在一个微微发热的烤箱里，它会发酵得更好。

在发酵好之后，将面团取出，然后再揉捏一次。将面团分成两半，每一半都擀成一个直径约 38 厘米的平片。将 2 汤匙左右的面粉撒在案板上，以防止在擀的过程中粘连。

将半茶匙盐和 1 汤匙植物油抹在每个面团的表面，并将其擀成像舞厅地毯那样的平片。此操作会使面团略微扩大，所以最后卷成的长卷大约长 46 厘米。将长卷切成 10 个等长的段，用一根筷子或切菜刀的刀背在每段面卷中间与原来的切面平行的位置往下压 1/3。最后得到的就是一个花卷面团。

在一边放 10 分钟，然后照蒸馒头的方法蒸 10 分钟。

馒头或花卷和红烧肉（第 1 章）是完美搭配。

20.3. 包子

如果将馒头填上馅，就成了包子。在一些中部的方言中，这种带馅的馒头仍叫做"馒头"，不过会在馒头前面加上馅的名称作为馒头的名字。没馅的馒头经常是作为一餐的主食与菜肴一起供应，而带馅的馒头通常是作为早餐，或者是两餐之间的点心。填馅之前的制作方法与馒头相同。

按菜谱 20.1 的方法对面粉进行处理。在起初的发酵之后，将面团分成 20 份，然后将它们用擀面杖擀成直径约 8 厘米的圆片。

包子馅有或甜或咸的许多种类。

20.3 A. 咸馅

猪排肉馅 450 克，中等粗细　　　　糖 1 茶匙

大白菜 900 克盐 2 茶匙　　　　葱 1 根切成细末

酱油 2 汤匙　　　　芝麻油或色拉油 1 汤匙

将大白菜切成细末，然后裹在干布里用力挤压，把大多数水分挤掉。

将猪肉馅、大白菜馅和所有调味料混合，这就是白菜猪肉馅。

变化——将 1/3 的肉替换成虾肉；去掉大白菜，这样馅会变得更小、更硬但亦更多汁；用羊肉代替猪肉，再加 3 片姜切成的细末和 1 根葱。

亦可用蟹肉、红烧肉、叉烧肉、鸡肉。

亦可用蔬菜馅。菠菜和韭菜也经常被使用，同时还需要加更多的芝麻油。

20.3 B. 甜馅

核桃仁 60 克，磨成细末

杏仁 60 克，磨成细末

芝麻籽 60 克，放在煎锅里用中火烘 1 或 2 分钟，然后磨碎或碾碎

西瓜籽仁几十个

糖半杯

猪油 1 汤匙

肥猪肉丁 20 个，每个包子里放一个（可选）

将磨碎的配料和猪油相混合，然后分成 20 份加进馅里。

最受欢迎的一种甜馅是红豆泥，它是一种比菜豆味道更好亦更难得到的豆子。将干红枣煮熟、去皮、捣碎，制成枣酱，它可以作为一种好的主馅或馅的配料。纯粹的白糖或红糖亦是一种好馅。

馅做好之后，将已经准备好的包子皮放在你的左手里，然后将 1 ~ 2 汤匙的馅放在包子皮的中央。用你右手的手指一点一点地转着圈将包子皮沿着馅卷起来，直至包子的顶端只留下一个小口。然后将顶端的包子皮的边缘捏拢。

按与菜谱 20.1 蒸馒头同样的方法蒸包子。

如果同一天同时用咸馅和甜馅，一般会在每个甜馅包子上点一个红点。

镇江有一种著名的馒头是用猪肉做馅[1]，不加大白菜，用未经发酵的面团做包子皮；如果用淡水蟹肉做馅，这包子大可慰藉乡愁了。

剩包子可以用蒸或油煎的办法再次加热。后者的味道更好但过于油腻，因而不像蒸包子那样作为一餐的主角。

20.4. 元宵

20.4 A. 元宵

元宵是一种煮着吃的带馅汤圆。元宵的确切含义是个时间概念，是指在春节之后的满月之日或者是旧历年第 1 个月的第 15 日，在这一天，家家户户和街道上会点亮彩灯。

五湖四海的人们都喜欢"吃时间"，这看起来很有趣。在法国，他们吃"下午五点钟"（feeveoclock）。在温州和广东，人们吃早茶，吃下午茶，还有不吃的时间吗？在中国，任何地方的人们都吃新年元宵。我们一般告诉盼着天天有聚会的孩子们，"你不能天天都过中秋节，亦不能每

---

[1] 不，亲爱的，我的家乡常州做的死面馒头比镇江的更好。我永远不会默许你把它叫做镇江馒头。——赵元任

个晚上都过元宵节",事实上就算是成年人也非常喜欢元宵,以至于人们一年到头都在吃元宵。所以,你可以天天晚上都吃元宵。[1]

元宵也是一种不错的即兴点心,可招待临时来访但不吃正餐的访客。元宵亦是一种著名的夜宵。

元宵与包子很不一样。做元宵用的是米粉而不是面粉,它的馅总是甜的,是煮的而不是蒸的,外皮是滚出来的而不是包出来的;换句话说,在把馅填进任何东西之前,你应该先把适当的馅准备好。

作为一种典型的菜谱,做皮的食材是:

糯米粉 450 克(用进口墨西哥糯米磨碎而成,唐人街称为糯米饭[2])

做馅的食材是:

核桃仁 60 克,磨碎

杏仁 60 克,磨碎

芝麻籽 60 克,放在煎锅里用中火烘 1 ~ 2 分钟,然后磨碎或碾碎

西瓜籽仁几十个

糖半杯

猪油 1 汤匙

将磨碎的配料与猪油相混合,将混合物滚成直径约 5 厘米的小球。

现在讲摇的程序,这曾经是我们孩提时代最着迷的场景,当看着大人们摇元宵时,我们张开的嘴里忍不住流出了口水。他们用的是一只直径大约 60 厘米的浅竹箩,但是你可以用一只大浅盘或一只上菜盘,在上面撒一层大约 0.3 厘米厚的干米粉,将你的馅蘸上足够多的水,整个打

---

[1] 随便提一下,中秋月饼在中秋节后也能在唐人街买到。

[2] 当你去唐人街时,要注意说"饭粉"(fan 'flour'),应带有一个短的 a 和一个高的升调。如果你用了一个长的 aa 和一个降调,那么意思就是"煮好的米饭"。——赵元任

湿。将它们放在米粉盘上，然后摇动盘子使米粉粘在馅的表面。一个熟练的制作者可以摇晃盘子让米粉上的球凭着惯性转动，也就是说，元宵待在原地，但盘子在元宵下面移动。但如果你将盘子略微前后倾斜一点，这种方式有时就会失灵，元宵就会在笸箩里滚动起来。初学者应该在桌子上方而不是地板上练习。

如果包着馅的米粉层太干，致使没有更多的米粉能粘在上面，并且你起初撒在笸箩里的米粉也已经快用光了，中国的办法是直接将整个笸箩在水里蘸一下。但是因为你的盘子不渗水，你只能用洒水的办法将你的元宵打湿第二回。然后再撒上一层米粉并像前面一样摇动。照上文所述的元宵馅的量，用完450克米粉需要摇四五回，然后元宵就可以下锅煮了。在最后一回摇过之后就不要再打湿了，也就是说，在下锅煮之前要保持干燥。

煮6杯水，在水开始沸腾之后就将元宵下锅煮5分钟，自水重新开始沸腾时开始计时。然后元宵将浮出水面。现在开始洒水，需洒1杯冷水到锅里。这能使元宵皮定形。再煮2～3分钟。将元宵与一些元宵汤一起装在碗里。两个太少，三个不吉利，所以元宵一碗最少盛四个，多多益善，可以用汤匙来吃。

20.4 B. *汤圆*

汤圆仅指揉出来的带馅米粉团，不包括其他煮着吃的球状食物（比如面疙瘩或鸡蛋）。煮米粉团与汤圆非常相似，并且也经常被称为汤圆，但两者有许多不同点。米粉团是加水揉捏而成，而不是摇出来的，肉馅比甜馅更常用。最后，它与节日没有特别的联系。

做皮的食材是：

糯米粉330克

热水半杯（确切的水量取决于米粉的干湿程度。水量应足够和出柔软的米粉团）

做馅的食材是：

猪排肉馅 330 克　　　　　　葱 1 根，切成细末
酱油 2 汤匙　　　　　　　　玉米淀粉 1 汤匙
糖半茶匙　　　　　　　　　芝麻油或色拉油半汤匙
雪利酒半茶匙

将猪肉、酱油、糖、雪利酒、葱、玉米淀粉和油相混合。

将米粉加热水和成米粉团，然后分成 24 等份，将每一份做成中空的筒，每个筒里加满满 1 茶匙馅，将开口捏拢，轻轻地滚动，使其形成一个球。煮法与元宵相同，当汤圆煮到漂起来时就煮好了。趁热上桌，吃的时候，用勺接着咬破汤圆时流出的汁。刚煮好的汤圆的汁太热，容易烫着舌头，但它又太好吃，以至于你不舍得将它吐掉，也不舍得让它流到汤里，尽管这样会增进汤的美味。

就像我上面说的，你亦可使用甜馅。照菜谱 20.4A 元宵的做法操作，区别在于，你是揉汤圆而不是摇汤圆。

20.4 C. 桂花元宵（小元宵）

桂花元宵（或不带馅的小元宵）的尺寸只有带馅元宵或普通元宵的一半，也就是后者体积的 1/8。它是用许多糯米粉小球煮成的热甜点，得名于加入其中用于调味的桂花。桂花是一种长着四瓣小黄花的树，它的气味比香草或紫丁香来得更浓郁亦更热烈。事实上，这种甜点可以与任何甜味的调味品一起煮。在美国，只要有了糯米粉，你当然可以方便地用橙子果肉来做元宵。

20.5. 馄饨 [1]

20.5 A. 馄饨

我有时将馄饨称为"胡搅"(Ramblings)，因为它们与常规的边缘整齐的饺子不同，馄饨有着金鱼尾巴一样蓬松、杂乱的边缘。准备：

馄饨皮（广东话的发音像是"One-Ton Pay"）60 ~ 70 片

猪排肉馅 450 克

酱油 4 汤匙

芝麻油或色拉油 1 汤匙

盐半茶匙

水 12 杯

味精半茶匙，除非在水中加入了高汤，方可省去

葱 1 根切丝

将肉与 2 汤匙酱油、油、盐、葱相混合做成馅，在每片馄饨皮的中央加半茶匙的馅。在馄饨皮包住馅的位置收拢并轻捏，使多出来的馄饨皮自由地蔓延下来。

将 6 杯水在大火上煮沸，然后将馄饨下锅煮 1 分钟，从水重新沸腾开始计时。

将另外 6 杯水煮沸，放入 2 汤匙酱油和半茶匙的味精，制成馄饨汤。

用漏勺将馄饨从锅里捞出，然后倒进馄饨汤里，上桌时每人一碗。

---

[1] 发音同样是 hun-t'un，但写法却不一样，混沌事实上是指世界起源时星云混沌的状态。——赵元任

20.5 B. 鸡尾馄饨

馄饨皮 450 克	味精半茶匙
猪肉排馅 450 克，不要太瘦	盐 1 茶匙
酱油 3 汤匙	菠菜 2 把
糖 1 茶匙	

将菠菜放进沸水里焯 2 分钟，再过冷水，然后将水挤掉，将菠菜切成小片。将酱油、盐、糖与肉相混合。过半小时，将菠菜与肉馅相混合，馄饨馅就做好了。

在每片馄饨皮上放 1 茶匙馅。将馄饨皮对折，再沿着馅轻轻按压从而把馅封在里面，然后将馄饨皮的另外两端反向捏拢，可加一点水使其易于粘着。这样捏好的馄饨就可以炸了。在做好足够多的馄饨之后，将馄饨放在深油中炸（油温不可太高），直至馄饨的两侧都微呈褐色，这个过程大约需要 5 分钟。若不是立即食用，可将其放在热烤箱里。馄饨冷了的话，可以在 150 摄氏度的烤箱里加热 10 分钟。

如果你的住处离唐人街或卖馄饨皮的小店太远，可多采购些馄饨皮冷冻保存，这样可保存至少 6 个月。

20.5 C. 甜汤炸馄饨

配料与菜谱 20.5B 相同，但去掉菠菜，并将盐减到半茶匙，将每个馄饨馅的量减至半茶匙（因为没用菠菜）。按前述的方法油炸，然后沥去油。

做糖醋酱时，使用：

酱油 2 汤匙	醋 2 汤匙
糖 3 汤匙	玉米淀粉 1 汤匙

将玉米淀粉放进 3 汤匙水里混合均匀。将其余的配料放进另外 3 汤匙水里煮。然后倒入玉米淀粉糊,煮至汤汁呈半透明状,这样就做成了一种美味的蘸酱,它冷热皆宜。

20.6. 饺子

20.6 A. 饺子

饺子在中文里的字面意思是"角",亦可称为"盒子",因为它是小圆面片包着馅所形成一个半圆形的饼。饺子通常是煮着吃,它在北方省份经常被当作一餐的主食。要做一餐典型的北方风格的饺子,需使用:

面粉 6 杯   水 3 杯

将水和面粉混合揉成均匀的面团,揉面前可在案板上撒些面粉以防止粘连。将面团均分成 60 份,这个步骤听来容易做来难,因为判断体积比判断长度更困难。将面团做成粗细均匀的长条,然后将其切成等长的段。用手指将每一段做成透镜形或小豆角形的饼,然后用擀面杖将其擀成一个直径约 9 厘米、厚 0.3 厘米的薄片,这就是饺子皮。

有许多种馅可以用来做饺子,尽管用甜馅的比较少。对正餐来说,饺子馅不应太油腻或者味道太浓厚。肉馅和大白菜是最典型的馅。与上述面团的量相适应,使用:

猪肉 680 克,中等肥瘦或者偏瘦一些,切成中等粗细

大白菜 1400 克,用绞肉机绞碎并挤去水分

酱油 6 汤匙

盐 1 汤匙

植物油 3 汤匙

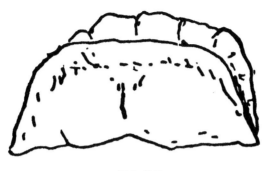

图 7　饺子

将肉、蔬菜和调味料相混合制成一种均匀的馅。

拿一片饺子皮，并将它的半个圆周折叠 6 次，使它的一边形成一个空槽。用一双筷子或勺子的背面将 2 茶匙馅填进空槽里。将饺子皮直的一边与折叠过的一边捏拢，让饺子皮的边缘粘连封闭起来，饺子就捏好了（见图 7）。如果你喜欢，可以拿一片饺子皮，先在上面放好馅，然后再做两种折叠的步骤，这样有时会更快。一个奇妙的工作是将饺子皮的 1/4 而非 1/2 的圆周折叠起来做成一个 S 形的边，然后将饺子皮直的一边和折叠过的一边朝向剩余的部分反转。饺子的边缘经常是漏一点风的，特别是同一锅里煮了多种馅的饺子时，漏风的就成了区分不同馅的标记。当大白菜和韭菜同时用来做馅时，前者一般包成平边，而后者一般包成漏风的边。小孩想在厨房里帮忙但却往往帮了倒忙，他们在包饺子时，通常会将饺子皮的一边直接与另一条边捏拢，然后他们会纳闷：饺子怎么站不起来？

在煮饺子时，用大火加热 3.8 升水，在水开始沸腾时将饺子下锅，这会使水暂时停止沸腾。在水重新沸腾之后，倒入 2 杯冷水并将火改成中火。在第 3 次沸腾之后，再倒入 2 杯水，这个步骤被称为洒水，它能使饺子定形。

在上桌时上不带汤的饺子的话，须用漏勺将饺子捞出锅，饺子汤另外装碗上桌。有些人喜欢在吃饺子时蘸醋，有些人喜欢蘸酱油，有些人什么也不蘸。饺子汤的味道很好，特别是有些饺子在煮的过程中意外破裂的话（这常常发生）。如果拿饺子当正餐，就不需要其他的菜，不过有时可添个腌制小菜作为开胃小菜。

如果餐毕还有任何剩余，你应该在将它们放进冰箱之前将其分开，别让它们粘在一起。次日早晨，把它们用油煎一煎并与茶或粥（菜谱18.4）一起吃的话，仍会非常美味。

变化：此变化与彼变化不同，前者变的是皮而后者变的是馅。两种变化主要是源于中国南、北方的差异，饺子在北方是正餐，而在南方是清淡的点心。所以，在江苏和上海周边地区最常见的一种饺子是用热面团做的，用蒸的方法做熟。做好的饺子看起来富有光泽且微微透明，而不是白色不透明的，这种饺子非常耐嚼。南方的风格还体现在较薄的饺子皮和较大的馅，并且经常用虾籽酱增加风味。在这个地区，饺子经常是放在汤里上桌，有时汤里还加了酱油。另一种变化是用面粉代替米粉。这种做法在广东和美国的中餐馆很常见，它们被称为粉果，"（米）粉水果"。做饺子皮时鸡蛋的用法见菜谱16.2。

馅有许多变化。在北方省份，羊肉饺子是最受欢迎的。葱末和姜能去掉羊肉的膻味，使饺子的味道更好。在南方，纯肉馅通常更受偏爱，因为如果饺子不是主食的话，没人会反对让饺子更油腻些。能治咳嗽的小茴香叶经常被用来代替大白菜。韭菜（广东话称为 kau-tsoi）馅饺子广受欢迎，人们常常在每个饺子上做个奇妙的缺口，以便将它与纯大白菜馅饺子区分开来。

20.6 B. 锅贴

锅贴是一种惹人喜爱的北方食品，它是用饺子在烤盘上烤出来的。它的皮和馅的制作方法与饺子相同。作为一种变化，它的皮需要擀成大约 0.16 厘米厚或者更薄的大面片，然后用饼干切割器切成圆片，再按图 7 的样子包上馅。稍微抻拉一下，最终你做出的饺子大约是 2 厘米宽、

10 厘米长。

将你的电烤盘预先加热到 180 摄氏度，盘里加 2 汤匙色拉油。将包好的饺子一个紧挨着一个地摆放，这样你用一个 23×36 厘米的烤盘一次能烤大约 30 个锅贴。盖上盖子烤 5 分钟。揭开盖子用蘸了水的糕点刷在锅贴的顶端刷上些水。将温度提高到 200 摄氏度再烤 10 分钟，或者烤至锅贴的底部呈褐色且微微发脆。上桌时将锅贴用小铲从烤盘里转移出来。如果希望将锅贴放在烤盘里上桌，在最后的 10 分钟未满前要就关掉电源，因为烤盘能保温一段时间。

尽管锅贴的名称里有个"贴"字，但是将它们从底部铲起来出锅的时候并不困难。如果它们真的粘在烤盘上，那开始就应该在烤盘里多加些油。如果不用电烤盘，也可以用一只大烤盘在炉火上加热，在这种情况下，你应该提前试用一下你的炉灶，以便掌握正确的时间和温度。

锅贴是一种典型的北方食品，在纽约和旧金山的一些中餐馆里也能找到它，亦称为"锅贴"（kuo- t'ier），字面意思是"贴在锅上的食物"。剩锅贴可以再烤，如果第一次没完全烤透的话。

20.6 C. 热面团饺子

配料与菜谱 20.6A 相同，不同点是，（1）须使用特别热的水来和面，这样得到的面团更耐嚼亦更可口，（2）不用大白菜，将蘑菇（最好是用发开的干蘑菇）、竹笋、小鲜虾与肉一起剁成馅。

将饺子放在蒸屉上（你可用牛排算子套件上层带孔的部分代替，去掉油滴盘）盖上锅盖用旺火蒸 15 分钟。在将饺子从蒸屉上夹出时，须注意不要弄破饺子皮。最好用一双筷子夹取，咬开并吸取里面的汤汁，但可别烫着你的舌头！

这是一道南方点心，作为一种休闲来吃，而普通的饺子（20.6A）是一种北方食品，在常规的一餐上食用，所以用的调味品较少。

20.7. 春卷

　　春卷有这样一个名字，是因为人们在农历新年期间吃它，农历新年比公历的元旦更接近春季。它不是蒸熟的发面卷，而是极薄的未经发酵的面卷，里面裹着馅，油炸而成。春卷皮就像馄饨皮，只是尺寸比馄饨皮大一些。在中国，它是用某种稀淀粉糊烘焙而成的飞薄的面卷，比用面粉制成的面卷更薄更脆亦更轻。在美国的唐人街，用的是与馄饨皮相同的面片，只是切成了 20×20 厘米的片而不是 10×10 厘米的。

春卷皮 16 张	酱油 2 汤匙
猪肉（排）丝 450 克	糖 1 茶匙
（用牛肉丝的情况不多）	盐 1 茶匙
鲜虾 330 克，切碎	猪油满满 3 汤匙
葱 3 根，切丝	用于深炸的足够的植物油
豌豆苗 450 克	

　　将豌豆苗洗净。

　　猪油下平底锅在大火上加热，下肉丝和虾炒 1 分钟。加葱和豌豆苗炒 2 分钟，加酱油、糖和盐继续炒。

　　将炒好的食材出锅，然后分成 16 份。将每份放在一张春卷皮上，像中式包袱那样斜着卷起来。（见第 133 页图 4 的图和说明。）只有最后一个角不要折进去，将它卷好并用一点水把它粘上，油炸之后它就能固定住。

　　将深炸油用中火加热，当油有冒烟的迹象时改用小火。将春卷深炸 6 分钟，炸的时候要逐一翻面，使两面都能浸到油，因为春卷朝上的一面容易浮在油面上。当春卷变成金黄色时就炸好了。在上桌前将春卷保留在烤箱里的话，能保持其热度。

20.8. 葱油饼

面粉 4 杯　　　　　　　　　小葱 1 把，切成细末

水 2 杯

将面粉加水揉成软面团，然后分成 6 份。用擀面杖将每份擀成一个直径约 30 厘米的饼。在每个饼上撒上：

切成细末的葱 2 汤匙

猪油或植物油 1 汤匙

盐半茶匙

将每个饼卷起来（就像你卷起一块地毯那样）然后扭成一个直立的螺旋，就像一个变粗的热水器。用擀面杖将螺旋从顶端擀成一个直径 15 厘米的饼。

将 1 汤匙猪油或植物油加入深炸平底锅中，加热熔化，将饼放进锅里，盖上锅盖，用中火将每面各炸 2 分钟。改用小火，将每面再各炸 3 分钟（也就是说，每个饼总计炸 10 分钟），直至饼的外面变成浅黄色，而内部仍是软的。做好之后，将每个饼切成 6 块，趁热上桌。

如果烹制得法，葱油饼能立即赶走饥饿。有时，葱油饼加上汤就成了营养丰富的一餐。如果你有小米，小米粥比汤更好。

20.9. 薄饼

一种面粉做的很薄的烤饼，在北京的外国人称之为"小餐巾"。这种薄饼通常是搭配著名的北京烤鸭吃。它是用未经发酵的面团烘焙而成，比美式薄煎饼更像小餐巾。它的中国名字是薄饼，意思是"薄的饼"。薄

饼的用途绝不限于烤鸭（见第 9 章）。人们经常把薄饼像馒头或花卷一样当作完整一餐。有些菜经常被用来搭配薄饼一起吃，我先告诉你怎么做薄饼。

要正确地做薄饼，需准备以下食材：

面粉 3 杯

热水 1 杯半，温度比沸水略低

植物油 3 汤匙

将热水与面粉相混合。这样制成的就是热面团，它在烹制之后比冷面团更耐嚼亦更透明。将面团分成 24 等份，将每份做成一个直径 5 厘米的饼。将饼的一面涂上些植物油，将另一个饼放在它上面，然后用擀面杖将二者擀成一个直径大约 15 厘米的双层薄饼。用同样的方法加工其他饼，最后你会擀出 12 个这样的双层薄饼。

将一个大煎饼锅（平底锅）用小火加热，薄饼下锅，盖上锅盖将每一面烤 3 分钟，当然，在给薄饼翻面时你要掀开锅盖。做好的薄饼应码放在热盘子上并用布盖好。有时你可以用最上面的薄饼当作盖布，如果就餐人士都这样认为，从第二张饼开始取食就不算是没礼貌。

有三种菜经常用来与薄饼组合成完整的一餐，豌豆芽炒肉丝（菜谱 3.3），炒鸡蛋（菜谱 13.1），还有白粥（菜谱 18.4）。你亦可用小米粥或神仙汤（菜谱 15.0）代替米粥。

将薄饼和菜肴上桌，但粥应当分盛在单独的碗里。薄饼可以两片一道吃，但如果一次只取一张，会显得更优雅，双层薄饼可以轻易地分成两片，因为在两层饼之间有一层油。取一些鸡蛋、肉丝和豌豆芽，把它们在薄饼中间排成一列。若你用的是单张的饼，将光滑、湿润的内侧向上。如果你没在薄饼上放太多东西的话，就可以把它卷好，将一端折叠起来，从另一端开始一段一段地咬着吃，直至你把整个薄饼和它里面多汁的馅全部吃光。经过足够的练习后，你就能优雅地完成以上动作而不会把汤汁流到手腕上。

墨西哥玉米粉圆饼可以作为一种良好的代用品。

20.10. 鸡蛋卷

鸡蛋卷并不是一道鸡蛋类的菜肴，它只是一种"点心"类的糕点。

它的馅和准备方法与春卷（菜谱 20.7）相同，不同点是，它的皮是用鸡蛋照以下方法做的：

将 6 个鸡蛋打散，与 2/3 杯面粉和 1 杯水相混合。给一个 25 厘米大小的盘子加少许油，然后烹制薄烤饼，只烤一面即可。

卷和炸的方法与春卷相同，但上桌前切段时，若有必要的话可以切成更短的段（春卷是不切段的）。

第 21 章 用餐与菜单

　　既然你已经学会如何做中餐了，学习享用中餐就很轻松了。你已经通过概述知道了一些中国菜系的情况。现在我将向你描述一些典型菜肴的细节，最后介绍一些样餐，你可根据美国的就餐条件对它们做些改良。如果某种食物已经在前面介绍过，我将仅用号码和名字来指代它，而不再详细描述。

21.1. 早餐

　　在一些省份例如湖南，早餐属于正餐，因此没必要对它做特别的描述。在广东地区和上海地区（上海以"南方"自居，它却是《北中国每日新闻》[1]的出版发行地），作为早餐的早点非常雅致。最简单的清淡早餐包括粥（菜谱 18.4）和配菜，粥在上桌时是每人一碗，通常的配菜是四小碟小菜。

　　一个典型的好菜单包括：

（1）腌花生米

（2）松花蛋（鸭蛋）加酱油

（3）腌萝卜

（4）酱腌黄瓜

　　因为这些菜都是盐腌的，喝粥时每样仅需吃一点就够了。这就是宾

---

[1] "North China Daily News"，标准中文译名为《字林西报》，是 1850 年至 1951 年期间在上海出版发行的一份外资英文报纸。——译者注

馆等住宿的地方免费提供的常规早餐。在短时间内它足以用来充饥。三碗热粥能给你一种心满意足的感觉，觉得世界是如此美好。但为了让这种感觉能延续到中午，再额外花钱买些固体食物通常都是必要的。除了各种做法的鸡蛋，或软或硬的糕点是早餐中最常见的干粮。包子（菜谱20.3）和汤混沌（菜谱20.5）很常见。芝麻烧饼是一种典型的早餐糕点，在中国，它是唯一被广泛食用的烘焙食品，同样典型的还有膨化油炸面圈。

茶馆里的早餐与家里的不一样。在茶馆里，你喝着不加任何其他东西的纯绿茶，开始了一天的生活。然后，你点了些糕点就着茶来吃，但更多时候你会点带汤的食品，比如面条（菜谱19.1和19.4）或者汤馄饨。

21.2. 小吃和茶

两餐之间的小吃或茶或夜宵，构成了极佳的美食场合，在这里甜食或糕点最受欢迎，炒面条或煮面条亦同样常见。一顿小吃或茶通常比较随意，不必在桌边食用，而一顿早餐尽管只有粥和小菜，亦还是须在桌边吃。在这个意义上，白粥和鸡蛋通常不会被当作小吃。

因为广东地区实行一日两餐制，就像我们在前面介绍过的那样，午茶和夜宵已经发展成了重要的膳食，但都不算正餐，因为其中不包含米饭和菜肴。无论你吃多少——有时你吃得比正餐还要多——这些花样繁多的食物仍然属于小吃，包括多种形式的甜品、糕点或面条。在广式餐厅吃午茶时，每位客人都会被问到需要何种茶，是龙井，或菊花，或是别的什么。随后上的是用小碟子盛着的点心，每个碟子里有2～4块点心。你选自己喜欢的吃，然后按空碟子的数目付账，最后你往往再吃些炒面条（菜谱19.3），或者，如果你在美国，可以点个炒面。汤面（菜谱19.1）实际上是更好的结尾，因为我们的一顿茶经常以喝汤结束。（见概述）

加了内容的粥在广东夜宵中享有盛誉。如果侍者在你说粥（chuk）

的时候听不懂，试试用一种急促、快速、省掉最后的音节说"粥"（joke），看是否会更加明白易懂。白粥里加有姜片、香菜（芫荽）、盐、鱿鱼、芥菜以及其他五颜六色的东西。最著名的种类是鱼生粥，它使用生鱼片而不是肉作为主食材。此粥上桌时是滚烫的，然后将鱼片放进你的粥碗里加热。在粥里浸泡不到 1 分钟，鱼片就烫熟了。在鱼片做熟之后，你经常会在粥里打一个生鸡蛋，以增加它的风味，然后再加几滴酱油，你的夜宵就可以吃了。

至此我已经描述了点心，但并未给出任何典型、完整的菜单，因为点心没有严格的形式，在茶馆里你可以用任何方式、任何顺序享用。在家里你当然无法做一两种包含许多不同食材的小吃，何况你通常一次只做一种。

21.3. 正餐

在许多地方，午餐与晚餐，或正餐与晚餐之间并无区别。你吃的只是"中午餐"与"晚上餐"，或者"早的餐"与"晚的餐"。典型的一餐包括 4 道荤菜、2 道素菜、1 道清汤和米饭，可供 8 人食用。如果人数较少，你最好减少每道菜的分量而不是种类；如果人数更多，你可以将种类增加到 6 或 8 种，但不必增加太多，除非这是一顿正式的宴席。当你独自旅行并在火车或宾馆里点中餐时，一个客人的一餐包括 1 道荤菜、1 道素菜、1 道汤，还有惯例的米饭，但我们认为这种方式很沉闷。一旦有两个人一起就餐，我们喜欢用 4 道菜摆成正方形的一餐。一顿典型的家庭餐应该包括，比如说：

红烧肉炖芜菁	（菜谱 1.3）
炒虾	（菜谱 11.14）
炒卷心菜	（菜谱 14.2）
凉拌黄瓜	（菜谱 14.15）

豆腐肉片汤 　　　　　　　　（菜谱 15.4）

　　拟出从星期日的早餐到下星期六的晚餐，这样的一周菜单毫无意义。主要理念是，你应该在油腻与清淡、素与荤、鱼或其他之间追求一种平衡。就像概述里说的，所有的菜肴几乎是同时上桌，你在就餐时可随意品尝任何一道菜。除了你独享的米饭之外，还有 5 盘或 5 碗菜。不过家庭餐一般没有这么丰富。

21.4．非正式的聚餐

　　朋友们在家或在餐厅里一起吃便餐，在上主菜之前通常先喝酒，米饭在上主菜的时候才上桌。开始阶段只有寥寥几道小凉菜，就像法国菜的冷盘，然后才上大菜；或者开始上几道中等菜量的炒菜，随后再上味道清淡的菜肴和米饭作为收尾。这种便餐因而至少有两道菜或者说是两个阶段。如果有炒菜，最好是趁着一道菜口味最佳的时机抓紧时间品尝。以下是两道便餐的样本：

　　A. 第一阶段的 4 道冷盘

　　（1）镇江肴肉 　　　　　　　（菜谱 5.4）

　　（2）（手撕）熏鲤鱼 　　　　（菜谱 10.12）

　　（3）凉拌芹菜 　　　　　　　（菜谱 14.10）

　　（4）凉拌菠菜海米 　　　　　（菜谱 14.10）

　　主菜是一品锅（菜谱 16.3）和通常的米饭。

　　B. 　炒虾仁 　　　　　　　　（菜谱 11.1）

　　　　炒鲜蘑 　　　　　　　　（菜谱 14.12）

　　　　炒鱿鱼 　　　　　　　　（菜谱 12.5）

红烧鸡	（菜谱 8.1）
白菜狮子头	（菜谱 4.3）
火腿冬瓜汤	（菜谱 15.6）

在菜谱 B 中，如果用餐时有酒，前三道菜即应在大菜前面连续上桌，以便延长喝酒的时间，并且也便于在炒菜口味最佳的时候享用；如果不喝酒，所有的菜可以一次上桌，也可视情况适时上桌。

21.5. 宴会

一次宴会或正餐必须有许多干果、甜食、油炸食物、肉菜。因为如果是正餐，它必须符合一定形式。以下我将巨细无遗地告诉你两个中餐宴会的例子。

A. 精美宴会。供 10 ~ 12 人食用。

4 种水果：橘子、葡萄、梨、藕片

4 种干果：西瓜籽、花生、炸杏仁、炸核桃

4 种甜食：海棠果蜜饯（小山楂）、山楂果冻、金橘蜜饯，青梅干

4 种凉菜：

松花蛋蘸酱油

火腿片

卤鸭，凉着切片 （菜谱 9.5）

白切鸡 （菜谱 8.18）

这 16 道菜须在客人坐下之前在桌上摆好。客人一坐下，4 盘水果就被撤下，但客人在稍后会有机会吃到它们。所以正餐事实上是从干果开始的，干果能让人们在开始上凉菜之前边吃边聊。

4 种连续上桌的炒菜：

炒鲜贝　　　　　　　（菜谱 12.7）

炒虾仁　　　　　　　（菜谱 11.1）

卤鸭　　　　　　　　（菜谱 9.5）

蚝油鸡球　　　　　　（菜谱 8.7）

　4 种大菜：

（1）红烧鱼翅　　　　（菜谱 12.13）

　　就像我说过的，当这道菜上桌时所有的客人都会说："唉，给您添麻烦了！""哦，您不必这么麻烦！"

（2）燕窝汤　　　　　（菜谱 15.17）

（3）糖醋鱼　　　　　（菜谱 10.4）

（4）罗汉斋　　　　　（菜谱 14.28）

4 种点心，2 种甜的和 2 种咸的：

（1）八宝饭　　　　　（菜谱 17.1）

（2）橘羹　　　　　　（菜谱 17.6，省去元宵的部分）

（3）汤饺子　　　　　（菜谱 20.6 变化）

（4）春卷　　　　　　（菜谱 20.7）

4 种大菜：

（1）砂锅豆腐　　　　（菜谱 16.6）

（2）红烧肘子　　　　（菜谱 1.1）

（3）清炖鸡汤　　　　（菜谱 15.19）

（4）火腿白菜汤　　　（菜谱 15.7）

　　如果正当时节，可以用菊花火锅（菜谱 16.1）或者其他火锅来替换这 4 道大菜。这时，喝酒（经常伴随着划拳）将会停下来，然后就该上米饭（菜谱 18.1）了，有时亦上花卷（菜谱 20.2）。如果你现在并不饿，或者你确实想吃些清淡的东西，那就上米粥（菜谱 18.4）或小米粥。但是许多人喜欢在一餐的尾声喝 4 汤匙的清汤。

　　要圆满地准备这样一餐当然需要经验，但要淋漓尽致地享用这样一餐同样亦需要许多经验。

　　请记住一个窍门。如果你将负责准备这样一餐，应确保本菜谱规定的所有分量都减少到 1/3。

B. 中等宴会。供 10 ～ 12 人食用。

4 道冷拼盘，这些拼盘每种都包括 2 种不同的食物：

（1）凉（罐头装）鲍鱼片

　　　凉拌芹菜　　　　（菜谱 14.10）

（2）火腿片

　　　凉拌黄瓜　　　　（菜谱 14.15）

（3）白切鸡　　　　　（菜谱 8.18）

　　　凉拌萝卜　　　　（菜谱 14.16，减去糖和醋）

（4）炒虾　　　　　　（菜谱 11.13）

　　　凉拌菠菜　　　　（菜谱 14.4）

4 道热炒菜：

（1）芙蓉鸡片　　　　（菜谱 8.9）

（2）蘑菇炒肉片　　　（菜谱 2.2）

（3）瓦块鱼　　　　　（菜谱 10.5）

（4）炒虾仁　　　　　（菜谱 11.1）

4 道大菜：

（1）清蒸鱼　　　　　（菜谱 10.2）

（2）八宝鸭　　　　　（菜谱9.4）

（3）白菜狮子头　　　（菜谱4.3变化）

（4）火腿冬瓜汤　　　（菜谱15.6）

这4道大菜可以在酒喝完了开始吃米饭的时候上桌，或者在一些客人划拳的最后阶段先上鱼，这时划拳三局两胜的输家必须喝干他杯中的酒。无论如何，主人会吩咐准备上米饭的侍者稍等片刻，然后要求所有人重新斟满自己的酒杯并一饮而尽。

在粤式宴会上，4道更为简单但更具风味的小菜像是咸鱼、炒芥蓝等，会被用来替代或补充4道大菜。当你已经吃了太多大菜时，这些小菜是非常下饭的。

21.6. 特色餐会

在中国有许多特色餐会，在餐会上我们主要吃的是某一种食物，其他食物都是次要的。你可以把这种餐会与新英格兰的烤蛤野餐会或夏威夷式烤野猪宴相提并论，在烤野猪宴上你吃的是一整头埋在土里烤制的猪。

（a）涮羊肉（菜谱7.4）是特色餐会的主菜之一。

（b）徽州锅（菜谱16.5）的分量特别大，就算别的菜看你也吃不下了。所以如果你办的是徽州锅餐会，你尽可以多邀请些朋友来一起分享。

（c）吃北京烤鸭也是这样一种餐会。虽然同时也会有一些小冷盘或一点热炸食物，但是切成片、摆在餐桌中央闪闪发亮的烤鸭才是你的主要目标。它一般是就着甜面酱和鲜葱一起食用。主食是薄饼（菜谱20.9），你可以用它把烤鸭卷起来吃。吃得差不多了，鸭的骨架可撤下，用来与大白菜一起熬汤，也可用来给蒸蛋（菜谱13.6）提味。

（d）春饼宴的菜单包括薄饼和炒鸡蛋、豌豆苗炒肉丝和小米粥。

（e）包饺子（菜谱20.6）得名于这样的理由：亲朋好友经常一起合作包出几百个饺子，足够成为完整的一餐。我们不会说："我邀请你参加野餐，请带上你自己的一份食物"，而是说："我邀请你来吃饺子，请包出你自己的那份饺子。"事实上，无论客人是否下厨帮忙，我们都称这种活动为包饺子或者吃饺子。当客人要求帮忙时，女主人通常都会表示抗议。

（f）螃蟹宴是最受欢迎的餐会之一。尽管一般被称为清煮螃蟹，但螃蟹更常见的做法其实是清蒸。每位客人分到一碟加了姜末的镇江醋，酱油是可选项。

清蒸螃蟹上桌时是整个的，但每个客人吃的时候吃得非常仔细，佐以葡萄酒或烈酒。螃蟹餐会通常给每个客人6只螃蟹，大概要吃一个小时。一些餐馆会提供核桃夹子和锤子等特别工具用于吃螃蟹，但是你的牙和手指仍然是最主要的工具。你从吃螃蟹中得到的享受多寡，取决于你是否在乎把手弄脏。事实上，你吃螃蟹的时候也必然会吃得一片狼藉。

根据古老的传统中医，螃蟹属于"凉性"食物之一，所以必须配合一杯热的红糖姜汤。无论真相如何，红糖姜汤的味道确实在吃过螃蟹之后成为一种好的对比。另一种流行的理论是，螃蟹会爬进你的胃里，所以吃螃蟹是越吃越饿。因此，在吃过螃蟹之后通常会紧接着再上一些便餐或点心，甚至完整的大餐。因为吃螃蟹时未吃脂肪或淀粉类的食物，所以吃过螃蟹要再来些谷粉类食物，以才能让胃获得餍足感。因此，一次螃蟹餐会通常会变成一种扩大化的冷盘。

（g）我决不能在特色餐会中遗漏掉西瓜餐会。就像我先前告诉你的，我们不吃甜食，而且水果也不是早餐或者任何其他餐的一部分。当我们吃西瓜时，我们只吃西瓜。一家人或者一些朋友会在夏天的下午聚在一起吃西瓜。你卷起袖子，洗净双手，但如果你忘了洗手也没关系，吃西瓜时流出的瓜汁会帮你把手洗了。

21.7. 西餐

我已经给你讲了在中国是如何进餐的。现在，你怎样才能吃到中餐呢？要回答这个问题，可以有两种答案。一种常见的答案是某些常规化的美式中餐，就像炒面等，西方人认为它们就是中国人所吃的，而中国人则认为它们是西方人爱吃的。它们已经成为一种惯例或者文化类型，令人想起来觉得饶有兴味，吃起来也是美味可口的。另一种答案亦来自西式中餐馆。因为改变自己的饮食习惯比改变饮食本身难，所以中餐按照西式的风格做了改良。最极端的例子是，中餐馆直接供应西餐，唯一与中国有关的东西就是餐饮的名字了——"汤姆·李记"，或者是"福饼"甜食上写的格言"四海之内皆兄弟"。对你来说，最简单中式食物是在西餐中点缀一道中式方法做的主菜。事实上，这就是当我撰写本书第 1~15章时脑海中的想法，所以本书给出的食材的量是按照一道主菜供应 6 人份来确定的。如果你吃的是纯中餐，会有好几道菜，所有菜谱中的量当然均应按比例减少。除了中餐主菜外，你亦可准备西式饮食，比如苹果馅饼和咖啡，唐人街那些主要由中国人光顾的中餐馆就是如此。

第二种吃中餐的步骤是用西餐模式上菜和用餐，但吃的所有食物都是中餐做法的。在中国，为了照顾那些不习惯用中国方式用餐的外国客人，有时会采用这种"中餐西吃"的方式。每位客人都有自己专属的一份菜肴，没有公盘（或者说没有每个人都直接从中取食的那种菜肴）。这种餐的菜单可以是这样的：

鸡丝燕窝汤　　　　（菜谱 15.17）

凤尾虾　　　　　　（菜谱 11.6）

菠萝鱼　　　　　　（菜谱 10.6）

纸包鸡　　　　　　（菜谱 8.16）

红烧茄子　　　　　（菜谱 14.21）

八宝鸭　　　　　　　（菜谱 9.4）

杏仁豆腐　　　　　　（菜谱 17.3）

杏仁糕

龙泉绿茶

金橘蜜饯、荔枝果仁，等等

开始上的是汤，接下来连续上的是若干道中等的菜和一道主菜，还有甜食、饮料和坚果，这样就颠倒了以坚果开始、到汤结束的标准中餐上菜顺序。

为何"中餐西吃"从未在中国流行过？有几个原因。首先，如果将炒菜分成多个小份的话，它会变冷且风味大减。其次，你不再有何时等待、何时躲避、何时准备进攻的选择，除了分到的一份，就没有更多的食物了。在这种情况下，许多食物被浪费掉了，但最大的困难是，当你用西餐的方式吃中餐时，你会觉得很不自然。也许你觉得正在错过某些最精华的东西，而感觉不到自己是在享用一餐——这不是在吃饭。现在当我说"你"的时候，当然是指"我们"。为你考虑的话，我首先会建议，尽量在你的日常膳食计划中准备一两道中餐，然后再去偶尔的集体餐会上将吃中餐当作一种乐趣。等你学会如何优雅地从碗边将米饭或粥扒进嘴里，然后留下一个干净的碗时，你已做得比一些中国通还好了，我们就觉得你已经入门了。

21.8. 自助餐会

我越来越多地下厨，感受到越来越多的乐趣，于是我越来越坚信中餐能够适应西餐模式。表面上看，精简化的自助餐会是非正式的，与 16 道菜的中餐宴会全然不同，但只有很少的中国人有机会享用 16 道菜的中餐宴会。在非正式宴会中，当客人多到一张桌子坐不下时，可按同一套菜单准备两桌或多桌。如果客人多，你只需准备更多的桌子，并在厨房里按同样的菜单准备更大的分量。

现在，从这种中餐宴会到自助餐会只剩一小步了。你将主要膳食摆在"自助餐台"（事实上当然就是你的餐桌）上，而不是将它们放在厨房里；你自己动手取自己喜欢的菜，而不是由别人给你端来你不想吃的东西。

关于自助餐的菜单，我建议4道菜的菜单应包括2道凉菜、2道热菜；6道菜的菜单应包括3道凉菜、3道热菜。2道热菜应该是1道炒菜和1道炖菜；如果是3道热菜，一炒两炖或两炒一炖均可。

就像其他餐饮形式一样，总的色彩方案亦是一个细心的女主人所必须考虑的事。中餐的色彩特别容易陷入一种普通的淡褐色，所以要记得用足够多的白色、绿色或红色使餐桌变得生动活泼。

中式自助餐的样本菜单：

A. 四道菜菜单

（1）凉拌菠菜（海米为可选项）　　　　　（菜谱14.4）

（2）红烧鸡　　　　　　　　　　　　　　（菜谱8.1A）

（3）芹菜炒肉丝　　　　　　　　　　　　（菜谱3.1）

（4）茶叶蛋或卤蛋　　　　　　　　　　　（菜谱13.7或8.20补充）

B. 六道菜菜单

（1）黄萝卜烧肉（小块）　　　　　　　　（菜谱1.3或6.3）

（2）炒虾仁　　　　　　　　　　　　　　（菜谱11.1A或B）

（3）青椒炒肉丝（视第1道菜　　　　　　（菜谱3.8）

用的是猪肉或牛肉而定）

（4）凉拌菠菜（海米为可选项）　　　　　（菜谱14.4）

（5）糖醋卷心菜　　　　　　　　　　　　（菜谱14.2C）

（6）盐水鸭　　　　　　　　　　　　　　（菜谱9.8）

在两种菜单中，最好是等客人已经开吃之后再上炒菜。顺便说一句，用此法即可兼顾烹饪和招待。我在本书中曾多次强调过快吃炒菜的重要性。自助餐是非正式的，主人和客人围着餐台来来去去，因此女主人可以悄悄离开，到厨房炒几个菜，然后提供给刚刚吃完第一轮或者来取第二轮食物的客人，所以刚出锅的炒菜将在最有利的条件下呈现。这样做的优点是，你的缺席将不会引人注目，因为当你来往于桌边时，其他人亦都在来来去去，这一切使得聚会格外欢乐。

21.9. 鸡尾菜谱

任何开胃的、多盐但不是很饱腹的菜都可以用于鸡尾菜谱，这些菜在本书各章中经常提及。为了便于参考，这里列出可用于鸡尾菜谱的菜谱清单：

5.1，5.3，5.4，5.11	11.6，11.7，11.13
6.1，6.10，6.17	13.7
7.2	14.12，14.16
8.20，8.25	20.5B
9.8	22.2，22.4，22.5
10.9，10.11，10.1	

此外，豆腐干和松花蛋特别适合用来佐酒。它们不在本菜谱中，因为在中国货商店能买到成品。松花蛋——事实上腌制它们的时间是 100 天——就着姜末和酱油吃更加味美。

菜谱 6.17、20.5B 就像多数美食一样清淡，这些菜真的能提供一些持久力，如果你不得不为了赶一场京剧或音乐会而错过晚餐的话。在那种情况下，回家之后可以喝些粥当夜宵。

第 22 章　豆制品

大豆在中国食材乃至在所有食材中，都是用途最广泛的。我在前面的菜谱中经常提到酱油和豆腐，现在我必须对大豆做更详尽的介绍。我无论如何不会讲酱油的制作方法，因为它必须以工厂规模生产，何况它可以轻易买到。

大豆在素食餐馆被用来仿制其他食物。素食餐馆通常是佛教徒办的，他们能用大豆做出豪华的正餐，特色菜包括"鸡胸片"、"烤鸭"、"烤火腿"，这些假荤菜不仅能骗过眼睛，而且几乎亦能骗过舌头。但就像以前一样，我想集中介绍那些重要的、日常的食物，而将那些高档和精致的食物一带而过。用豆腐做的菜既便宜又易于准备。那些负担得起高档菜的人可以将它与肉类等食材搭配，但清炒白菜和豆腐才象征着家庭的美好。

中餐有时会使用整个的大豆，但大多数情况下是把大豆磨碎，豆腐和豆浆就是用磨碎的大豆制成的。在中国，在日本，在美国唐人街，在今天的一些消费合作社里，豆腐被大规模地生产，人们在商店里买豆腐而不是自己动手做，豆浆一般可以在健康食品店里买到。随着电动搅拌机成为一种常见的家用电器，磨大豆已经不再是一件苦差事，小家庭自制的新鲜豆腐既方便又划算，自制的豆腐味道更好，而且成本很低。想买到石膏粉（硫酸钙），你可能得去药店或化学用品商店，因为一般的市场不出售石膏。即便你能在商店里买到豆腐，自制豆腐仍然是更好的选择。

所需设备：（1）电动搅拌机；（2）模子，你可以制作一个容量为4.8升的薄木箱，木箱的底部有孔，箱盖的尺寸应该比箱子口略小以便它在轻压之下就能落入箱子里；（3）大块的粗棉布，面积不能小于60×60厘米；（4）若干片薄棉布或平纹细布，用于使豆腐成型。

配料：干大豆 900 克

水 4700 毫升

石膏 2 汤匙

磨碎和过滤。——将大豆洗净，然后在微温的水中浸泡一夜，水量应保证在大豆膨胀之后仍能淹没它。将水沥去，再漂洗大豆。一次用 1 杯大豆和 2 杯水，如果搅拌机的马达转速变缓或者卡住的话，就少放些大豆和水！用搅拌机搅拌 5 分钟，然后将豆泥倒入一口大锅。重复上述程序直至所有的大豆都加工完毕。若刚才的 4700 毫升还有剩余，将其倒进锅里。

在一个大碗上方操作，用 60×60 厘米的布将豆泥兜起来，将布的边缘攥拢并握在一只手里，用另一只手挤压裹在包里的豆泥。将豆泥分成两份，操作起来会更轻松，或者用两个人，一人握住布的边缘，一人挤压。当布中的剩余物变成结实的面糊或者操作者累了的时候，这个操作就做完了。对那些追求效益而又不怕累的人来说，他们可以给糊状的剩余物再加 950 毫升水，搅拌均匀，然后用布再次挤压。挤出的液体就是豆浆，剩下的就是豆渣，两者都是好东西。

加热和点卤。——将 2/3 的豆浆倒入锅中加热，边煮边搅拌以防止糊底。将锅从火上移开并与剩余的另外 1/3 豆浆相混合。5 分钟后，豆浆会处于适于点卤的温度。对温度不必太挑剔，但不能相差太多，否则就没办法点卤。

将石膏用 1 杯水溶解，将粗粒的杂质过滤掉。将溶液倒进豆浆并搅拌均匀，然后放着等待豆浆凝固，这个过程需要大约 20 分钟。泼几滴水在豆浆的上面，如果水珠不下沉而是在豆浆表面形成水洼，这说明豆浆已经凝结成了豆腐——当然还不是成品。

定型。——将厚布或平纹细布铺在木箱里，使它服帖、平顺地贴在木箱的 5 个面上，并留出足够的边缘来覆盖顶部。将凝结了的豆浆倒进木箱里，将布的边缘翻过来盖在上面。将木箱的盖子盖上并用重物（比如盛有水的玻璃杯）压住。因为盖子比木箱口略小而木箱的底部有孔，重物会将豆腐中的水分挤压出来，并且把豆腐压成一种结实的状态。在最初的 4 ~ 5 分钟里用手按压盖子，能加快这个程序。30 分钟之后（如果你想使豆腐偏硬或是偏软的话，也可适当地延长或缩短这个时间），豆腐就定型了。握着布的边缘轻轻地将整块豆腐提出来。将豆腐切成适当尺寸的块并储存在冰箱里，储存时应浸在足以将豆腐淹没的清水里，需要烹制时再拿出来。如果你将豆腐自木箱中取出时动作太快，致使豆腐碎成了若干块，不要担心，只需将所有碎块倒回模子里并再压一次。当它最终定型时，没人能看出或尝出任何区别。

豆腐菜谱。——用豆腐做的菜已经在菜谱 14.29 ~ 14.36 中叙述过了。以下是一些特别的豆制品菜谱。

22.1. 豆浆

如果要制造饮用豆浆，将上述程序按以下方法调整：

（1）大豆与水的比例应该是：大豆 450 克，水 3800 毫升

（2）搅拌 3 分钟（而不是 5 分钟）

（3）加热全部的液体（而不是一部分）

其余程序（包括浸泡和挤压）都与做豆腐的方法相同。

最后产生的精华物喝前应稀释 3 倍。中国人喜欢加些糖趁热喝，若你喜欢，也可以在豆浆中添加其他调味品，但那将遮盖大豆真正的风味。有些人将豆浆在煮沸时表面上形成的一层皮去掉，因为它含有较多的脂肪。其他人特别是孩子们则抢着吃这层豆浆皮。其实它里面并没有很多脂肪，而且怎么说也不是动物脂肪。

22.2. 豆渣

当你为了取汁而磨碎什么东西时，被扔掉的剩余物是糟粕，而你想留下的剩余物是渣子。当你为了做豆浆而磨碎和过滤大豆时，剩余物就是豆渣，但它们是好东西。要得到最好的豆渣，大豆需要磨3分钟（而不是5分钟）。

900 克大豆榨出的豆渣	味精 1 茶匙
酱油 2 杯	色拉油 16 汤匙
糖 2 汤匙	

如果你的锅不够大，可将所有的配料按比例分成 2 ~ 3 份。将油用中火加热并加入豆渣翻炒，然后再加调味品，炒 4 ~ 5 分钟。当全部豆渣都炒过之后，将其放进饼铛中在 120 摄氏度的温度下烘焙 4 小时，每半小时左右翻一次面，有凝块，打碎。当豆渣变得又干又松时，就做好了，但烘焙过头它会变得又脆又硬。

豆渣适合用来做三明治，与粥（稀饭）、燕麦粥或者与开胃品一起食用。

22.3. 冻豆腐

冻豆腐在中国是一种深受喜欢的食品，不仅因为它的好味道亦因为它那有趣的质地。这是因为当豆腐冰冻再化冻之后，它产生了许多气孔，这样汤汁就能进入豆腐内部，而不仅仅是沾在豆腐外面。在没有冰箱的时代，你必须等到冬天才能做冻豆腐。今天你只需把豆腐放进冰箱的冷冻室，次日早晨就可以将其解冻，如果你着急，则可用热水解冻，然后用它烹制那些用普通豆腐做的菜肴，包括菜谱 14.29、14.30、14.33 或基本的红烧菜谱如 1.2 的红烧肉和 10.1 的红烧鱼。

22.4. 酱油大豆

这是加酱油烤制的大豆，但不要称它为"烤豆"，因为它完全不是那个意思。用：

大豆 450 克	糖 2 汤匙
酱油 8 汤匙	水 5 杯

将大豆放在微温的水中浸泡一夜，将水倒掉。然后将大豆加酱油、糖、5 杯（冷）水，在大火上煮沸。当它沸腾时，将火调成最小的慢炖火（避免气流将火吹灭！）再煮 3 小时，每半小时将大豆翻个面，直至所有的汤汁都被吸收了。（如果在未满 3 小时前干锅了，就加半杯热水。）

将锅中的大豆转移到烤盘中，然后用小火在 120 摄氏度的温度下烘焙，每半小时翻一次面。如果当时就吃，烘 1 小时；若要保存的时间长一些，烘 1 个半小时，然后将其放进密封的瓶子里，这就成了一个很好的礼物。如果你带上它去参加茶会、野餐或是开胃品聚会，女主人会取出一些，拿给你一起分享。

变化：在煮的时间经过一半多一点时，加入切成片的（罐头）竹笋（因为在美国你无法得到鲜竹笋），然后照上述程序烹制，由此它在中文里被称为笋炖，"竹笋大豆"。

22.5. 腊八豆

腊八豆得在冬天做，因此它就得了此名。准备：

大豆 900 克

盐 8 汤匙

姜 15 片，或姜粉 2 茶匙

辣椒粉 4 茶匙或红辣椒 1 小包（可选项）

将大豆洗净，用微温的水浸泡一夜。水量应该是足以淹没大豆的量的 2 倍，给大豆的膨胀留出余地。次日早晨换成凉水，水量还是 2 倍，然后用大火煮沸，随时观察，以免大豆或水溅出来。炖 4 小时。

将大豆沥去汤汁，保存在冰箱中备用。准备一个大纸箱，用大量的细刨花（在中国用稻草）在纸箱内部做衬垫。将煮好的大豆装进一个布袋里，然后将其放在纸箱中的细刨花上，将纸箱在室内温暖的地方放 24 小时或更长时间，直至大豆变黏为止。暖气（附有绝缘件）的上面或者暖风出口附近（但不能是正对着）都是放置大豆的好地方。

将姜切成小块，辣椒（如果能用到）切成两半。将大豆从布袋中取出，混以调味品然后放 6 小时。将加过调味品的大豆与开始的大豆汤汁相混合，分装在若干个中小号（比如说 560 克容量）的罐子里，然后放在冰箱里保存 5 天。现在你可以吃这些大豆，因为它们已经做熟了，或者将它们轻煎一下，这样能让它们的保存期限更长。

这是一道用于茶会或鸡尾餐会的滋味丰富的开胃小菜，可用于茶会或鸡尾酒餐会。也可作为其他菜肴（比如肉片等）的配菜。中国人来美国之后常思念这种食物，你可以用它给他们一个惊喜。

第 23 章　中餐健康饮食

　　我常说中国人不需要专门的健康饮食，因为中餐本身就是健康饮食。中国人吃蔬菜比吃肉多，与美国饮食相比，中餐的蔬菜食品包含更多的绿色蔬菜和更少的谷类食物。另外，甜食在膳食中不是常规部分，一些中国人几乎根本就不吃甜食。至于脂肪，它是一种重要的加热介质，而不是重要的食材，而且菜肴中多余的脂肪通常在发挥了加热介质、黏合剂等功能后就被去除掉了。这个结论对肉类、禽类（烹制时用的是它们自身的脂肪）、深炸菜和炒菜都是适用的。因此，在缺乏计划的条件下，或许是出于多少个世纪以来中国人的饮食经验，中餐自然而然地含有较低的热量和较大比例的矿物质、维生素、纤维质。如果说中餐的动物蛋白质的平均含量偏低，这个缺陷可以部分地由大豆食品的广泛应用得到弥补，就像我们在前一章叙述过的那样。不谈理论，我本人的经验是，当我吃纯美式膳食时，比如在旅行的时候，我会发胖；如果在家吃饭，每天吃一顿美式膳食和两顿中餐，我的体重就会恢复正常，而且这种情况不止一次地发生在我身上。

　　"选择健康饮食并且爱上它"，我几乎把这句话当成了一条推广中餐的口号。作为一名医生，我必须严肃地说，特定的、有时是非常严格的常规强化训练，对于那些有特殊情况且需要医疗监督的人来说是很有必要的。另一方面，许多人把减肥当时尚或是患有忧郁症，对这些人来说，吃现代化、多样化的健康膳食和积极的体育锻炼是更好的办法，这亦是我在家的做法。卡路里确实很重要，但在健康问题上它并不是唯一重要的事。

　　在以下几页中我将：（1）首先介绍一些常规的措施，通过这些措施，中餐可以做成"健康食品"；（2）对前面各章介绍的菜谱做特定的应用；

最后（3）介绍一些新的菜谱，这些菜谱不仅是有趣的健康菜肴，而且准备过程也非常有意思。

I. 饮食学上的烹饪

A. 炒菜。炒菜的优点主要在于它快速、高温的烹制，它使食材的味道和颜色更新鲜，营养损失更少。油本身也能给菜肴增添一些质地，但它并不是食物的重要部分。因此，在吃中餐时将油汁浇到米饭上是不合适的——除非有人真的穷到需要这些油脂。

B. 沙拉。中式沙拉通常会浇上一点芝麻油以增添风味（中国芝麻油的味道比意大利的好），并且用量比做美式沙拉时节省得多。沙拉调味品也从不用于米饭。

C. 煮菜。就像本菜谱中叙述过的，煮菜是不加油的，有时会加些各种形式的干菜、海米、干贝等以增添风味。如果用鸡肉、猪肉、火腿等肉类或者用骨头经过长时间的煮炖来做汤，从中析出的少量脂肪就可以去除。当需要很清的汤时，可以趁汤还热的时候用一张吸油纸把汤表面的油脂吸掉。

D. 红烧菜。红烧家禽和红烧肉一般都比较肥，其汤汁就更浓。想去除多余脂肪的话，可将主食材和所有的调味品一起煮至半熟。将其放进冰箱冷却，使脂肪凝结在表面。将固态的脂肪去掉并完成烹饪。若有任何蔬菜（比如大白菜、胡萝卜、芜菁等）需要一起烹制，就应该在去掉多余的脂肪之后再下锅。

E. 用植物油做的菜。研究人员仍在撰写和修改他们比较植物与动物脂肪的论文的最后一章，而那些谨慎的人们可以用棉籽油、玉米油或红花籽油来代替猪油。花生油和用中国绿叶菜（比如某些种类的小白菜）的种子榨的油（注：即菜籽油）在炒菜时容易冒烟，而一些凝固状的油脂，比如 Crisco 这类起酥油则不适合用来烹制大多数的中国菜。我发现在我编写的大多数需要用猪油的菜谱中，用植物油同样能做出好味道。

F. 中式健康菜谱中的盐和糖。尽管糖在中式烹饪中用得很少，但盐在所谓的小菜或开胃菜中经常用得很多。因为菜肴构成了美式膳食的主食而米饭只是副食，我在所有的菜谱里规定的用盐量都比中餐通常的用盐量少，可以这样说，中国人一般都将米饭作为主食，把菜肴当作副食（见第51页）。对于那些因身体原因需要限制钠摄入量的人，盐或酱油的用量当然应该进一步减少。对糖尿病患者，本菜谱中的用糖量应大幅减少。不过，中餐的用糖量无论如何都无法与西式甜点相提并论。

II. 菜谱应用

现在开始应用本书讲过的一般方法，让我们来看能做些什么。以下段落均按它们所对应的章来编号。

1 ~ 8. 红烧肉和红烧鸡。如前所述，脂肪可用以下方法去除：在煮好的荤菜冷却之后，将凝结的脂肪去掉；汤的表面漂浮的少量脂肪，可用一张吸油纸吸掉。对那些要求油炸肉和鸡肉的菜谱，可改为在大火上煮沸5分钟。此法可应用于菜谱1.2；5.2、5.3、5.6；6.1、6.2；7.1、7.2；8.1和8.2。不用说，如果在切生食材时就尽可能多地去掉脂肪，问题就简单了。

9. 鸭。菜谱9.1和9.8可以按处理肉和鸡肉的方法处理，如果鸭子实在太肥，则应将其置于冰箱中，使脂肪充分凝结。因为我们在煮鸭子时经常加些蔬菜，不要忘记先去掉脂肪然后再加蔬菜。

10. 鱼。对于要求先炸一遍的鱼类菜谱，比如10.1，10.4和10.6，可以用快速煮沸10、15或20分钟来代替油炸，具体时间视鱼或鱼片的大小而定，在此情况下当然就没有必要在鱼上抹面粉了。有些菜谱（例如10.2和10.3）本来就要求用蒸的方法，但是须去掉10.2中鲱鱼周围的纯脂肪，去掉10.3中的猪油，将10.11中的油炸改为煮。有些人觉得这样一改反而更好。在所有的菜谱中都多加50%的料酒以加强去腥效果。非油炸的鱼类菜应尽快食用。

13. 蛋。在菜谱 13.3 和 13.6 中，肉馅应该用很瘦的，或者是 13.6 的情况，有些人喜欢不加肉。[1] 菜谱 13.4 的虾米火腿溜黄菜只有脂肪多才好吃，所以不可能将它改成一道好的低热量菜肴。另一方面，菜谱 13.7 的茶叶蛋在蛋类菜肴中算是"清淡"的。

14. 蔬菜。在炒菜中，植物油可以用来代替菜谱 14.1、14.3 和 14.5 中要求的猪油。在其他菜谱中，植物油已经被指定为猪油的替代品。记住，炒菜时用油是为了更快地烹制以保持蔬菜新鲜的颜色和营养。不要把油汁倒在你的米饭上，除非是因为生活困难（就像偶尔会发生的那样），而确实需要卡路里。用煮菜来代替炒菜的方法见菜谱 23.3A 和 B。

15. 汤。在第 15 章介绍的简单的汤里面，菜谱 15.0、15.8、15.9、15.11、15.12、15.13 和 15.16 都只含有很少的脂肪，或者根本不含脂肪。在肉片和火腿汤里，15.1 ~ 15.5、15.6、15.14 和 15.15，在烹制前可将肉片去除肥的，但火腿应该带着脂肪一起煮，然后再把脂肪去掉，就像做大汤时那样。

至于菜谱 15.17 ~ 15.20 介绍的本身就是主菜的"大汤"，它们应该先烹制和冷藏，然后再加蔬菜配菜。在去掉脂肪之后，加上菜谱要求的各种蔬菜再次烹制。想要彻底地去除脂肪，请看上文所述的吸油纸的用法。

III. 特殊菜谱

以下是一些新菜谱和对旧菜谱的特殊修改，而不是简单的去除脂肪。

23.1. 水煮菜谱

将食材快速投入沸汤里，这要比油炸或炒都容易，当然这也意味着更少的油腻，而且有利于保持食材的味道。绿色蔬菜比如菠菜、豆瓣菜也可加进去，以便平衡口味、颜色和营养。

---

[1] 我永远反对在我的蛋羹里加些零碎。——赵元任

23.1A. 水煮虾饼

鲜虾 450 克	盐半茶匙
鸡蛋 2 个	糖 1 茶匙
料酒 4 汤匙或等量雪利酒	玉米淀粉 1 汤匙
水 4 汤匙	葱 2 根，切细末
额外的水 2 汤匙	

　　将虾去壳并洗净。将左边一列的配料（虾、鸡蛋、酒和水）大致上分成两份，每份用搅拌机搅拌 2 分钟。将两份配料合在一起，加进其他的配料（水、盐、糖、玉米淀粉和葱），用手将它们拌合。将 5 杯水煮沸，用一个圆汤匙舀取虾和配料的混合物，使其形成饼形，将虾饼逐个投入沸水中。为了防止汤匙被糊住，应当不时地将汤匙放进沸水里蘸蘸。待虾饼漂上水面时，改成小火再煮 2 分钟即熟。如果在虾肉里混入了 330 克猪肉，煮的时间应该再延长几分钟。

23.1 B. 虾饼汤

　　按上述方法制作并投入虾饼，但是多煮 3 分钟。另外，将以下食材加入水中：

酱油 1 汤匙	味精半茶匙
盐 1 茶匙	

23.1 C. 水煮鱼饼

　　这事实上是菜谱 10.10 的变化，汤鱼饼本应采用淡水鱼，淡水鱼多刺，所以需要费力地又刮又摘。在本谱中我们使用海鱼，比如角鲨、鳕鱼、黑鲈、鳎目鱼或鲳鱼，因为这些鱼没有那么多小刺，它们的肉可以与虾肉一起用搅拌机搅拌。否则就按菜谱 10.10 处理。

23.2. 烩菜菜谱

将不同的食材放在一起烩的方法，已经在一些菜谱里介绍过，比如菜谱 6.9、12.1 和 12.12，这要用一定量的油才好。以下我们将思考一种烩法，先投入主食材，然后不是带汤上菜，而是将从汤里捞出来的主食材与调味汁或配菜一起烩制。

23.2 A. 烩虾饼或鱼饼

照菜谱 23.1B 或 C 投入虾饼或鱼饼，煮熟之后捞出。在 1 杯水里加入 1 汤匙玉米淀粉和 1 汤匙酱油，混合成半透明的调味汁，将其倒在饼上，如果喜欢的话，可加上罐头小蘑菇作配菜。

23.2 B. 糖醋虾或鱼饼

照菜谱 23.1A 或 C 投入虾或鱼饼。按以下方法制作调味汁：

糖 3 或 4 汤匙	玉米淀粉 1 汤匙
醋 2 汤匙	水 10 汤匙
酱油 2 汤匙	葱 1 棵，切细末

将糖、醋、酱油和一半的水混在一起煮沸，然后将玉米淀粉与剩下的水相混合并倒进煮好的调味汁，最后撒入葱末，此调味汁做好后用来浇在虾或鱼饼上。

还有一种变化，用罐头小蘑菇、荔枝或龙眼，或者用鲜青椒、草莓、桃、梨等做装饰性配菜，以增添菜肴的味道和色彩。除了草莓，应当将配菜在煮的调味汁里涮一小会儿。如果用的是罐头水果，那就用 1 杯罐头汁来代替 1 杯水和 3 汤匙糖。

23.3. 煮菜菜谱

23.3 A. 煮蔬菜

卷心菜、小白菜、大白菜	盐半茶匙
或芥菜 450 克	水 2 杯

将蔬菜切成 2.5 厘米的段并放进水里，加盐。快速煮沸再慢炖，直至锅里的汤汁既不太多又没有烧干。卷心菜或小白菜要煮大约 20 分钟，而大白菜或芥菜要用大约 15 分钟。因为芥菜略有苦味，可加 1 茶匙糖，除非你像有些人一样喜欢苦味。如果你偏爱软些的蔬菜，那就盖上锅盖多炖一会儿。

23.3 B. 糖醋蔬菜

做此菜要用卷心菜或大白菜。照 23.3A 加盐煮沸，但时间缩短到 10 分钟。当快要煮好的时候，混合并加入：

糖 2 汤匙	醋 2 汤匙
酱油 1 汤匙	玉米淀粉 1 汤匙

当汤汁变成半透明状时，菜就做好了。

23.4. 锡纸菜谱

我在菜谱 8.16 中叙述过纸包鸡。现在，不用纸包和油炸，而用铝箔（俗称锡纸）包裹食材并用烤炉烘焙，你可以得到同样好甚至更好的效果。你可用此法烹制牛肉、羊肉、猪肉还有鸡肉。锡纸食品若不是现包现烤的话，可将其冷藏保存；冷藏过再取出来的话，烘焙时间要延长 2 分钟。

23.4 A. 锡纸牛肉

牛肉宜用肩肉、后腿部牛排或者里脊肉。以配方可用于每 450 克牛肉的调味。

牛肉 450 克

糖 1 汤匙

酱油 4 汤匙（或酱油 1 汤匙，外加海味酱 1 汤匙）

葱 2 棵

足够多的香菜叶，每个锡纸包里放 2 或 3 片叶子

料酒 1 汤匙

玉米淀粉 1 汤匙

垂直于牛肉的纹理将其切成 12 片，然后在调味汁里浸泡 1 小时。将葱切成 2.5 厘米的段，如果茎过粗，再将其纵向切成两半。准备 12 片 13×15 厘米的锡纸，将卤制好的牛肉按图 8 所示的方法包在锡纸里，加入葱和香菜（随你喜欢）。按图示 1、2、3、4 的步骤将锡纸折起包住牛肉，并注意将缝隙 2、3、4 的边都一直保持正确的一面向上，这样汤汁就不会漏出来。

提前将烤炉加热到 230 摄氏度。然后提醒你的客人，这道无懈可击的作品 6 分钟内就要出炉了。因为 6 分钟是烤肉必需的时间，也是恰到好处的出炉时间。锡纸包（它最好仍然保持着正确的一面向上）应该在餐桌上打开，肉和所有的汤汁都可以倒在你碗里的米饭上，或者可以趁热吃掉它——注意，它是烫的！用几包牛肉要看菜单中其他菜肴的多少来决定。

作为变化，可用羊肉或猪肉，后者须多烤 2 分钟。

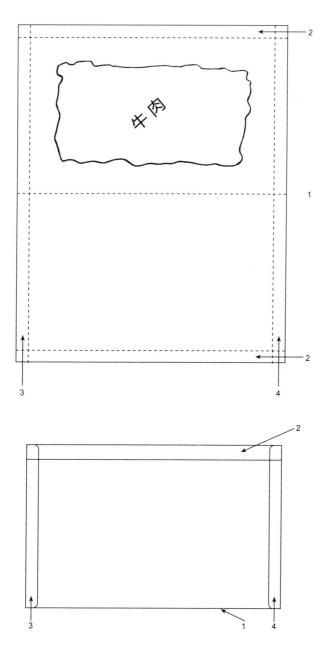

牛肉

图 8 用锡纸包牛肉

23.4 B. 锡纸包鸡

用鸡胸肉和鸡腿肉最佳。注意烘焙时间是 6 分钟，比炸纸包鸡的时间略长。同样是照图 8 的折叠说明来操作。

在所有这些锡纸菜谱中，成品的质地既不像烧的也不像炸的，既不像煮的也不像烤的。事实上这些菜的味道并不像是用烤炉做出来的食物。[1]

---

[1] 意思是这些好吃得不可思议！——赵元任

关于茶的注解

　　茶 [1] 是中国最普通的饮料。任何能负担得起它的人（茶很便宜，如果你不挑剔品质）都喝茶而不喝水。当有客人来你家或办公室拜访时，你会请对方喝茶（不添加辅料的那种）。商业或政府的办公室通常会持续供应热茶。茶馆是一种在现代生活中慢慢变得拥挤不堪的场所，在这里，人们聚在一起聊天，谈生意，平息纠纷 [2]，欣赏说书人的精彩表演，或者享受最伟大的中国式消遣——闲呆着。你可以买些吃起来很麻烦的东西，比如西瓜籽，或让人口渴的东西，比如咸花生，这会使你想喝更多的茶，于是侍者一趟一趟地跑来，给茶杯里那没换过的茶叶续上越来越多的水。一般来说，我们在就餐时不上茶。我们喝茶的次数是如此之多，以至于我们不得不在一天里暂停喝茶两到三次。

　　茶主要分两种：绿茶和黑茶（在中国叫"红茶"）。这两种茶并非产自不同种类的茶树，它们是不同加工方法的产物。与黑茶相比，绿茶是通过更快的干燥方法和更少的工序（如揉捻和发酵）制成的。由于绿茶的外观和味道都更接近茶树叶的原始状况，一般只有优质和细嫩的叶子用于制造绿茶，因此普遍的观念是绿茶优于黑茶。事实上，最好的黑茶，比如祁门红茶、云南的普洱茶或福建的铁观音，与最好的绿茶一样好喝，甚至可能还略胜一筹。

　　最简单的沏茶方法就是最好的，只要将沸水倒在茶叶上，茶就沏好了。茶水喝完后，留下一点剩茶叶，你可以倒入更多的沸水来做第二泡

[1] 茶这个词是从汉语中借用的，起头的发音是 da 或 dya。在现代汉语中它的发音是 ch'a，带着升调。当你在说粤语的餐馆里点茶时，你在说 ch'a 时必须使用低的降调。用错误的语调说 ch'a 会让侍者误以为你不会用筷子而想要一把叉子。——赵元任
[2] 短语"上茶馆"在字面意思之外还另有含义，它的特殊意义是"到茶馆去评断一起纠纷"。——赵元任

或第三泡。你们可能会感到新鲜——对于优质中国茶叶来说，如果用绿茶，第二泡的茶水有时会比第一泡更好；如果用黑茶，第二泡绝对比第一泡好。若不解此，你在点茶时可能会喝掉全部有色物质和一部分茶，但却将茶的精华倒掉了。在中国，非常讲究的品茶人在第一次快速浸泡后经常会把水倒掉，而只喝第二泡的茶水。

茶可以用杯或壶来沏。在聚会上和茶馆里，每人通常都有一个独立的盖杯，每个杯里都有茶叶。在喝茶时，杯盖可避免茶叶进到嘴里。在沏普洱茶或铁观音等黑茶时，将茶煮沸几秒钟会有很好的效果。除了在受到西方影响的餐馆里，福建和广东东部是仅有的两个在就餐时喝茶的地区。茶盛在小酒杯中，沏得很浓，看起来像酒一样。在办公室和有些家庭，茶壶被包在填充了棉絮的包裹物内保温（仅露出壶嘴），或者置于一个埋在灰烬中慢慢燃烧的炭粉球上方。在我上学的日子里，给自己倒一杯这种醇香的红茶，这可是我离开书桌的充分借口。

在正常时期，中国的任何地方都能轻易地得到茶。产自杭州的龙井绿茶是如此著名，以至于龙井二字被不大严谨地用来指代任何高档绿茶。安徽南部的绿茶是中国最好的绿茶之一，但这一地区所产的祁门红茶却遮住了绿茶的光彩，因为祁门红茶在中国出口的茶叶中占了一大部分。台湾的冻顶乌龙茶也是一种优质红茶。

阿萨姆邦、锡兰、爪哇或苏门答腊所产的红茶占据了茶饮料的更大市场份额，与它们一样，祁门红茶亦可很好地与糖和柠檬或奶油搭配起来使用。但即便不添加辅料，味道仍然很好。对我而言，最好的茶就是茶本身。只有缺乏自信的茶才需要借助香料提升自己，所以，尽管北京的茉莉花茶颇受欢迎，但行家在喝它的同时却又鄙视它。对学着以中国方式喝茶的西方人来说，略带甜味的荔枝茶是个好的开始，它不含糖，并且在美国中餐馆里广为供应。

我不会提到任何与沏茶相关的数字，因为数量完全可以灵活掌握。沏茶这件事，用中国方式模糊地叙述就足够了，比如：不要用太多茶叶，让烧的水更热些（事先须将茶杯或壶加热），将茶叶多浸泡一会儿，不加糖或柠檬。如果你非要数字不可，这里有：

菜谱 T

　　茶叶 1 茶匙 ± 任何想要的量

　　沸水 1 杯

将水倒在茶叶上。

给剩茶叶续上更多的开水，浸泡出的茶水往往比新沏的还好。

How to Order and Eat in Chinese

怎样点中餐

杨步伟与赵元任

前　言

自从《中国食谱》一书出版以来，我已经收到了很多询问。他们平时不下厨或者无暇下厨，问我如何在中餐馆点餐。《中国食谱》这本烹饪书中零星有一些关于点餐的提示，但并未有总体性的说明。这本小书就是为此而设计的。我将简要叙述中国的餐饮体系，但主要目的是讲怎样在美国点中餐和吃中餐。[1]

像以往一样，我用中文写作，由我女儿们中的一位译成英文。这次是我的三女儿赵来思（Lensey Namioka），她负责翻译，照例配有我丈夫那离题万里的注释。

杨步伟

加利福尼亚，伯克利

1973 年 1 月

---

[1]　本中文版《怎样点中餐》（How to Order and Eat in Chinese），基于美国兰登书屋（RANDOM HOUSE inc. New York）1974 年版译成。——编者注

自　序

　　中国历史悠久，幅员辽阔，人口众多，中国的烹饪极为丰富多彩。在中国的大家庭里，食物的烹制永远都受到特殊关注。事实上，早在两千多年之前的中国，手写菜谱就已经问世了。

　　早年间交通不便，因此各地烹饪难以形成统一的风格，各地经济水平不同，物产各具特色，由此造成了地方风味的不同。后来有了火车和飞机，交通条件得到了极大改善，这些地区性烹饪风格得以被全国民众所领略和欣赏，而其固有特色仍然做到了原汁原味。

　　特殊的烹饪风味和风格有两种成因。中国人的食物供应一半靠大自然一半靠农牧业。任何东西只要无毒，就被认为是可食用的。事实上，即使是一些有毒的东西，人们也研究出了去除毒素的方法，并且从中发展出了一种特殊的风味。

　　另一种风味来自食物保藏的需要。在没有罐头和冰箱的时代，食物的处理要靠盐腌和风干。[1]

　　人们开始享受用这些方法处理过的食物，于是困难反而变成了长处。今天我们有了罐藏食品和冷冻食品，但它们的味道与盐腌和风干的食物并不相同，因此有些人并未放弃旧的保藏方法。

　　中国人也有对付微生物的技术。例如，在热天他们不吃用生食材制作的沙拉。他们采用的烹饪方法或是慢炖或是热油炒。炖、炒所达到的高温足以杀死所有的细菌，也就自然而然地实现了消毒。人们戏称，连苍蝇的头炒过之后都可以吃。

　　另一种保藏技术是，先让食物变质，然后放在盐水和烈酒中浸泡几

---

[1]　见《中国食谱》第 9 章。

个月再吃，用这种方法处理过的食物变得无菌又美味。经典例子是臭豆腐，它足以与西方国家的干酪相媲美。

中国烹饪的风味和技巧长久以来几乎没有变化。与过去一样，现在的配方有赖于食材的可获得性。但就像我在其他地方讲过的，中国烹饪是灵活的，它能很好地根据变化的条件进行自我调整，而不同于西方烹饪的是，中国烹饪倾向于遵循相对明确的程序。

今天，中国与西方之间的壁垒已经被打破，于是中餐受到了极大的关注。人们喜欢阅读关于中国式豪华宴会的文章，在那些宴会上他们兴致盎然地仔细研读菜单。不幸的是，许多著名而稀有的菜肴并不适合家庭主妇在家里烹制。首先，所需的食材难以获得，其次，有些菜肴如果按小分量烹制，就会大为逊色。你可能长时间地为某道菜肴忙活，但最终的结果却令人失望。例如，鱼翅、海参和燕窝这些食材只有很淡薄的味道。你必须加上鸡、鸭、猪肉或其他食材来提味。在餐馆里点这些菜会好得多。餐馆的人已经准备了大量的这些食材，而必要的高汤也永远常备待用。一个例外是燕窝，它准备起来相对简单，而且烹制时的分量多寡皆宜。[1]

中国烹饪永远不会单调，一个重要的原因是，中国人重视季节性食物。囿于自然规律，某些食物仅盛产于一年中某个特定的时间，这就是孔子"不时不食"的意思。冷冻食品或罐头食品被认为不具备最佳质量。

在我继续谈论如何在中餐馆点菜之前，我想说说烹饪的地区性差异。就像我曾说过的，中国幅员辽阔，过去的交通运输又困难，由此每个地区得以保持各自独特的烹饪风格，而不会受到其他地区的影响。海外的中餐馆提供一种味兼南北的混合型菜肴，你可以问清某道菜的味道是偏咸、偏甜还是偏辣。每个地方的菜肴在风味和配方上都迥然不同。（这与多数西方国家的情况不同，后者的烹饪风格相对统一，在地区之间只有细节上的些微变化。）

[1] 见《中国食谱》第15章。

　　我将专章叙述主要的中国地方菜肴。因为我显然无法介绍所有细微的地区性差异，我将中国分成四大部分：广东、北方、四川和南方[1]。我心目中的北方包括山东、河南、河北（当然了，北京就位于该省）。南方是指长江流域，但不包括四川，后者属于第三个主要类别。

　　事实上，在中国以外的中餐馆，最常见的菜肴是粤菜。严格来说，它并不属于所谓的长江地区的南方菜。粤菜原本就是主要的中国菜之一。无论如何，为致力于迎合西方人的口味，许多海外的广东餐馆在烹饪上已经变得驳杂不纯。结果，许多人就认为粤菜或所有的中餐都不过是些杂烩蔬菜，这种误解实在可悲。同时，北方和四川食物在海外正变得越来越流行。

　　我将介绍如何在中餐馆区分不同种类的菜肴、如何点餐。我也会增加一些内容，告诉你如何在家给家人或客人烹制这些菜肴。但首先要介绍的是中国本土中餐和海外中餐的类型。

---

[1]　传统意义上的中国四大菜系是粤菜、鲁菜、川菜、淮扬菜（又称江南菜系、江苏菜系），本书作者的划分方法基本上与之相对应，但又有所不同。——译者注

第1章　餐与两餐之间

在我的故乡中国，我们在用餐时间和两餐之间都会吃东西，在美国我们也保持了这样的习惯。我们也说一日三餐。我首先将简单介绍在中国实际的饮食类型，然后你就可以与在美国找到的中餐做个比较。在中国的大多数地区，人们所吃的早餐很清淡，例如粥（一种用大米煮成的稀饭）、一些用蔬菜腌制的"小菜"、松花蛋等调味品、煎蛋或炒蛋（可有可无），有时再加上油条或芝麻饼。然后就是两顿主餐了，通常是午餐和晚餐，主餐包括米饭和附随菜肴。我说附随菜肴，是因为一餐的核心部分是米饭（中文的"饭"一语双关，既指煮熟的大米又指一餐，可见米饭在中餐里的地位是多么重要），而餐桌上所有其他东西都是第二位的，或者说是下饭用的。如果小孩吃了许多米饭，但只吃了少量下饭的菜肴，他仍然会得到夸奖。这与西方国家的理念恰恰相反，在西方，像烤肉这样的主菜才是"饭"，而包括米饭和土豆在内的所有其他东西都是附随菜肴。结果，大多数中国菜都添加了大量的调味料，因而不适合在美国式正餐中当主菜来吃。广东话称未搭配谷物的菜肴为 soong，意思是"送"，也就是用它将米饭送进肚子的意思。

在广州地区和中国的其他一些地方，普通劳动者一天只吃两顿饭，一顿在上午的中段，另一顿在下午稍晚的时候。不过，当地有闲有钱的富裕人士会享用一顿早餐、一顿午茶和一顿夜宵。在像广州这样的地方，茶或点心的吃法就成为一种重要的习俗。

在中国中部（包括我的祖籍安徽省），早餐就像另外两餐一样，也有常规的煮米饭而不是稀粥。因此，当地人每天要享用三顿充足的膳食。

在北方，小麦种得比大米多，人们吃的是小麦粉做的馒头而不是大米饭，但一餐仍被称之为"饭"。

至于蔬菜，因为卫生的缘故，或是做熟了吃，或是在做蔬菜沙拉时至少煮至半熟，冷却后食用。

中国人在用餐时不吃甜味的面制糕点或水果，除非是在宴会上，或者只在两餐之间。日常餐的所有菜肴是同时上桌，而宴会则不同，在宴会上，菜肴是一道接一道地上桌。在宴会的中期，会上一两道甜食作为调剂。

正常来讲，茶不在用餐时上，而只在两餐之间上。至于流质的附随食物，早餐有粥（用大米煮成的稀饭），其他餐有汤。汤不是在开餐才有，从头到尾餐桌上都会有汤，就像美国餐供应的水那样。

中餐的一个重要特色在于共同分享的惯例，也就是说，菜肴（无论是在便餐上一次上齐，还是在正餐上陆续上桌）上桌后被摆在桌子的中央，每个人都用自己的筷子或勺子直接从菜碗里取食，只有上米饭时才是一人一碗。

以老派中国人的风格用餐可不简单。在美国的唐人街或美国化的中国家庭吃中餐（后者在这里并非主要的关注点）是大异其趣的。许多在美的中国家庭只吃美式早餐，有橙汁、烤面包等，尽管我个人仍然想在咽下鸡蛋之后吃一点中式精美小咸菜。至于油条和芝麻烧饼，还有粥（中文发音是 chuk，读音与快速发音的 joke 相似），粥在纽约和旧金山地区的一些地方可以找到，它不在早餐时供应，而经常是作为周末白天的特色品或夜宵。

除了有米饭、有副食常规餐，我们还有特殊的节日菜肴。罗汉斋由种类繁多的蔬菜构成，有些人因为信仰或健康原因而必须茹素，罗汉斋能令他们大快朵颐。但此菜也可以在一顿大餐上成为众多美食中的一道。另一道宴会菜是火锅或称中式保暖锅。涮羊肉特别适合用火锅。位于餐桌中央的一大锅汤始终开着锅。每位客人把飞薄的羊肉片在沸腾的肉汤中快速地"涮"过，然后在自己的调料碗里冷却、调味，就可以吃了。最后阶段，各种蔬菜被放进锅里烹煮成汤，这就成了一餐最后的美味。另一种特色菜是北京烤鸭，或曰脆皮鸭。在家里没法烤这道菜，人们总去餐馆吃。多年来都有种说法——北京顺承门[1]外著名的便宜坊烤鸭店用的鸭子其实是在中国繁殖饲养的长岛鸭[2]。另一个故事则是说长岛鸭源自中国。无论如何，北京烤鸭的烹饪法百分之百是中国的。

吃螃蟹是一种特别的餐会。在上海地区，或有时在北方省份，当淡水蟹的产季到来，家庭经常会举办大聚会，人们在餐桌上把清煮的螃蟹去壳，然后蘸着醋和姜末吃，每人两至三个螃蟹，具体数量要看螃蟹或者食客的个头。因为传统上螃蟹被认为是"寒"性的，人们通常会饮用热的红糖姜汤以"去寒"。无论红糖姜汤的医学价值如何，它总能在味道上提供一种好的对比。在螃蟹宴上获得的饱足感其实是种错觉，无论如何，在聚会之后，或是等一会儿，人们会再吃些包含粥和小菜的清淡晚餐。

在美国中餐馆找到的主餐其实已经入乡随俗了。每位食客都各有一个餐盘，如果女主人不确定她的美国客人是否会用筷子，她有时会要求额外提供叉子，尽管中国菜都不是用刀叉吃的。菜肴上桌后，由每位客人或女主人分到各自的餐盘里再吃；但汤是按每人一碗上桌的，并且通常都按美国习惯在一开头就上桌。与中国习惯相反，茶通常就像水一样常备于桌上，而不是在餐前或餐后快散场的时候才上。有些美国中餐馆甚至还供应凉水，特别是在不供应佐餐酒的情况下。在一餐的末尾会上些甜品（这又是美国习惯），例如八宝饭等，经常紧接着再上福饼（fortune cookies），还有些原本不属于中餐的食品。

[1] 顺承门（Shunchin Gate），北京内城南垣西门（今已不存），后改名宣武门，民间又俗称顺治门。——译者注
[2] 长岛是纽约市东南部的一个岛屿。长岛鸭是产于长岛的一种大型蛋肉兼用的优良鸭种，适用于加工烤鸭，国内通说认为长岛鸭是在北京鸭的基础上选育而成的。——译者注

第 2 章　中国餐桌习俗

　　在中国，招待餐的开头是一场座次之争，或者毋宁说是谦让座次之争：谁应该第一个进入餐室，谁应该坐在桌首，谁应该坐次座，等等。在一场分寸恰当的僵持之后，资格老的客人会说一句"恭敬不如从命"，在首位落座并让聚会顺利进行。贵宾坐在餐室最靠里的位置，而主人或女主人的座位则背朝侍者上菜所走的门。在多个家庭的聚会上，每对夫妇被安排坐在一起，这是多年来我在美国遵循的惯例。美式惯例是让夫妇分开落座，以便让每个人都能与邻座的客人相互交谈。但我个人的理论是，在餐桌边的话题应该是普遍性的，这样大家都能聊到一块儿。我向来不喜欢大桌中餐的原因是，无论是正餐还是便餐，除非是针对沿着长桌而坐的客人适当地增加重样的菜，否则在大桌上就不得不将菜肴传来传去。

　　大家都对筷子很熟悉了。已经能熟练使用筷子的读者都知道，因为食物已加工成一口大小，用筷子比用刀叉方便得多，如果用刀叉，你会时常将叉子从左手换到右手。

　　因为许多光顾中餐馆的美国人已经学会用筷子，如果餐馆不提供叉子（除非顾客主动索取），这其实是对顾客的一种恭维。一次，我说吃任何东西都可以用筷子，有人问道："那牛排呢？"我说："当然——你只需夹起牛排咬一口。如果你做不到，那说明这块牛排做得不够嫩。"

　　因为共享进餐的惯例，餐盘很小，因此每个人应当一次只取一小份。如果从每道菜取得太多，都堆在自己的餐盘上，在中国人看来就有贪婪之嫌。在美国，有些家庭和餐馆遵循这样的惯例：在每人的筷子之外，提供公勺和公筷。但在美国断断续续地生活了 40 年之后，我仍然不习惯在公筷和私筷之间换来换去。我会忘记换筷子并心不在焉地用公筷进餐，然后，当我想起来应该换筷子时，又会用我的筷子给邻座夹菜。如果以医生的身份发言，我发现用私筷夹菜是相当卫生的，特别是那些已经切好且方便夹的菜。如果食物是整个的，比如一大条鱼或者牛肩肉，女主人可以先用公勺或公筷将它分割成大小合适的块，以便每位客人自己夹取。我倾向于让客人自行选择食物块的大小，因为每个人的偏好不同。例如，如果给我直接上了鱼片或鸡胸脯，我可能就忘了自己本来爱吃鱼头和鸡翅。说到汤，大多数中国家庭和餐馆都过于美国化，以至于他们都是按每人一碗上桌的；甚至，与传统的中国惯例相反，是在一餐的开头上汤。尽管用餐时咂嘴被认为不雅，但从勺子或碗里吸溜热汤以降低温度、传播香味，却是再正当不过的。在我来美国之前，我曾在一间教会学校里被教导说，吸溜汤是不好的举止。后来我注意到美国人经常在公众场合擤鼻子，这发出的声音比吸溜汤要大得多，而且全无开胃的作用，从那以后，我对喝汤时出声这件事就不那么犹豫了。

按中国的习惯，人们不仅喝汤，在某种意义上说，还"喝"米饭。当一碗米饭所剩无几的时候，想用筷子捞尽最后的饭粒就很难，但只有小孩子才可以用勺子吃米饭，于是解决问题最有效的方法就是将碗举到适合喝（汤）的高度，并用筷子将米饭扒拉进嘴里，直至颗粒无剩。因为大米是他人的劳动果实，浪费任何粮食都被认为是种罪过。这种教导在我脑海中根深蒂固，直至今天我都不愿意丢弃任何米粒，尽管我并不在意扔掉任何肉或蔬菜。我丈夫在台湾的一个同事来到美国，他有时不得不用盘子吃东西，这也正常，但当盘子里盛的是米饭时，他会将盘子凑到自己的嘴边，并把米饭扒进嘴里，这样就能不剩下、不浪费哪怕一粒米。在中国有种说法，如果一个小孩吃剩了饭，他未来配偶脸上的麻子就会像他碗里剩下的米粒一样多。由于我因早年痘疮的困扰而在脸上留下了三四个小坑，看来在我丈夫还是个孩子的时候，他一定经常吃饭没吃干净。

圆转盘（lazy Susan）是一种让人能在餐桌上轻松取食中国菜的"新"发明。我给新字加了引号，因为很久以前美国的中餐馆就开始使用圆转盘了。我父亲发明了一种自制的转盘，将其放在桌子中间的一个洞下面，用滚珠轴承来支撑，主人可以从桌子下面旋转它，这样就能让多种菜肴都处于客人伸手可及的范围之内。在吃中式火锅的时候，火锅放在桌子上都会显得太高，可以将这个装置降低一点，以便让火锅与桌面几乎平齐，使每个人都能更方便地取食。在美国，在使用圆转盘时，我通常会吩咐侍者将菜肴靠边摆放，使它们更容易够得着。但因为女主人被认为应热情待客，而客人又希望表现得温文尔雅，每个人都仍然倾向于替坐在自己对面的人效劳，于是圆转盘成了摆设，失去了它真正的功能。无论中国客人还是美国客人都会出现这种情形，我通常会用一句现在已成陈词滥调的话督促每个人："恭敬不如从命。"

当然，如果你和一位中国女主人或客人一道去美国中餐馆，问题就简单多了。但如果你身边没有中国同伴，那就要确保给你上的菜确实是你想要的。就算是只言片语（无论是普通话还是广东话，见第2章）也能让侍者有个印象。另一件事是索取筷子来代替刀叉，或者至少是作为对刀叉的一种补充。双语菜单现今已经很常见，善加利用的话它会很有帮助。但是不要点任何形式的杂碎菜（suey）或者炒面面条（Chow mein with Noodles），除非你真的喜欢它。一个在菜单上列有这两种食物的餐馆，无论如何都不是地道的中餐馆。

第3章　菜肴与调味品的类型

因为本书是面向用餐者的，我将仅从用餐者的角度介绍烹饪与调味品。就像我之前说过的，传统中餐一般不在餐桌上提供调味品（不过蟹宴之类的特殊场合会提供醋和姜），因为菜里的盐、胡椒、酱油的使用一般应由厨师来掌握。在美国的中餐馆，惯常的做法是在桌上准备一整套各种各样的调味品（例如酱油、芥末），供每位顾客按需取用。当我的一位朋友（他是著名的生物化学家）将酱油倒在他的米饭上的时候，我总是忍俊不住；当我们邀请他来我家时，我会在他面前摆一瓶酱油。一般来说，在添加任何调味品之前，最好先尝尝食物的味道，以免不必要的调味品破坏了美味。

在美国中餐馆里，酱油和芥末通常分别装在不同的小碟或瓶子里，置于桌子的中央；有时也有姜、蚝油、辣椒酱和甜面酱（用于烤鸭）。

酱油是众所皆知的，在许多普通的食品杂货店里都能买到。不易买到的是豆瓣酱那样比较稠的酱，有些菜需要用到它。中文通用名称的发音是酱（chiang），第4声，与普通的酱油（chiang yu）的发音是不一样的。有些种类的配料虽然名称不同，但性质上并无大异。有些调味品用发酵的小麦粉制成；有些用海味制成，也就是广东话的"海鲜酱"（hoiseen cheung）。尽管这几种酱的味道并不完全相似，它们的功能却是相同的，也就是说，这些浓厚的增稠酱可用于烤肉，有时还用于煮面条。

另一种用于许多粤菜的黄酱是蚝油（ho-yau）。正常情况下，它是用干蚝制成，但大多数瓶装的蚝油是用蚝汁制成，并加焦糖调成深色。在味道上，一道用了蚝油的菜肴并没有明显的"鱼味"。蚝油比酱油更稠，但比酱或豆瓣酱要稀薄一些。说到其他的调味品和香味料，我愿意介绍香菜（coriander）或者叫中国欧芹，有些人不喜欢它，而另一些人则非常喜欢。[1] 四川辣椒或花椒一般是用于烹饪而不是装饰性配菜。[2]

要从烹饪方法上划分菜肴种类，最重要的是红烧、清炖、干烧、炒、蒸、烤和卤菜。

红烧

做菜时放酱油和适量的水，盖上盖子在锅里小火慢炖，这就是红烧。这样的菜在家里比在餐馆里更常见，因为它不要求太高的烹饪技巧，也因为此菜常常需要收汁，而餐馆觉得这种做法投入的食材偏多，不划算。

清炖

此法是将食物浸在水中，用小火慢炖。所谓"清"是指只加了很少的调味品：一些盐，可能再加一两片姜和一点料酒。最终炖出来的肉汤是最重要的，并且会当作汤上桌。

干烧

此法是将食物加少量水（或不加水）与酱油、料酒、葱、蒜等调味品一起用中火烹制，直至汤汁几乎烧干。最终得到的是一道味道极为浓厚的菜肴。

炒

用来炒的话，食物被切成末、丁、片或者细丝，然后下在平底锅里用大火、热油连续翻炒。如果你恰好拥有一个中式火炉（炉灶顶端有个

---

[1] 我头一次吃的时候不得不把它吐掉了，此后，我只好学着去接受它。——赵元任
[2] 要知道以烹饪为目的的更多的细节，我推荐读者查阅我的《中国食谱》第 3 章。

大洞，可以把镬坐在上面）的话，一口镬^[1]（wok，一种半球形的铁锅）就是用来炒菜的理想厨具。即便没有这样的炉子，镬也照样能用，因为现在美国商店里出售的镬都带有一个环形的底座，可以把镬坐在上面。

"炒"（stir-fry）这个英语词是我在《中国食谱》中创造并使用的，现在它已经得到了普遍应用，在不少烹饪书中都能见到。

蒸

中式蒸锅是最合用的。它包括一个煮水用的大锅，锅里附有一层或多层带孔的蒸屉。馒头就是蒸出来的，它对那些不爱吃面包的人来说可谓完美。此法也被用于烹制某些鱼类和鸡类的菜肴。在食物的下面垫一层纱布或者一些生菜叶子是明智的，这可以防止食物粘在蒸屉上。

烤

在家庭烹饪中，中国人不经常烤东西吃，因为这需要特殊的装备。他们更喜欢在餐馆里享用烤鸭、烤猪，等等。

卤

卤汁（Lu-tzu）就是一种肉汁，而卤菜是在一种深褐色的液体〔它含有酱油、料酒、糖（可选项），再加上八角茴香这样的调味品〕中煮成的。鸡、鸭和鸽肉经常是用这种方法烹制。食物在卤好、切好之后，可作为凉菜上桌。卤汁可以久藏并反复使用，间或添加些水和调味品。经过一定时间后，它就变得味道浓郁、浓厚黏稠。我认为袋装的卤汁早晚将会上市，但就像即成原汁（au jus）一样，它的味道总会有所欠缺。

---

[1] 镬，系本书菜单常用汉字表中的译法，一般称为炒锅或炒菜锅。——译者注

上述所有烹饪形式都可以在煤气灶或电炉上实施，尽管传统的中国烹饪仅使用煤火或炭火。但炒菜还是用煤气火更好，因为炒菜需要快速加热和快速停火。如果只有一个电炉可用的话，在菜做好了需要停火时，你只要把平底锅或镬从电炉上拿开即可。

第 4 章　便餐

　　除了一些特殊的聚会，常规的中餐（无论是在餐馆里点餐或是在家烹制）可分为两大类：便餐和宴会（我是在以下意义上使用"宴会"一词：有用于特定性场合的圆桌，有确定的结构形式）。

　　"便餐"在中文里是指平常的家庭餐，但它并不仅供家庭成员享用，亦不限于家庭烹饪。举例来说，你可以对一些朋友说："一起去哪里吃个便餐吧。"你可以选择一家有名的大餐馆或是一个气氛宜人的小地方。重要的是，一到餐馆就得告诉他们你要的是便餐，然后他们就知道你的需求，给你的菜单就是可以快速提供的菜肴。

　　有些小餐馆只提供便餐。他们不求面面俱到，而只供应有限的菜肴，或者仅供应一道他们擅长的特色菜。吃中餐的一种最大乐趣就在于，找到那些小馆子去吃他们的特色菜。当然，这并不意味着这些地方的其他菜就没法吃，而只表明他们的名声源于那些特色菜。每位中国的美食家都有一些自己最喜欢的小地方，这些馆子虽小，但烹制的某些菜肴却是无与伦比的。

在家或餐馆吃便餐

　　在便餐上，所有的菜肴几乎会同时上桌。在用餐者就座之前，卤菜或干烧菜就已准备好，可供上桌了。炒菜必须在最后一刻下锅，但即便这样，炒菜也能一道接一道地上桌——换言之，厨师不等用餐者吃完上一道菜就让下一道菜上桌。便餐的一个好处是，你知道你能吃到什么，于是就可以为你的"进攻"做好计划。

　　在烹制便餐时，你可以提前将所有的卤菜、干烧菜和炖菜都烹制停当，等到最后一刻再下锅。要用切成丁、片或丝的鸡、肉、虾等食材做炒菜的话，必须在用餐者就座之后才下锅，但炒菜的配料可以事先准备齐全。用很旺的火，这些菜在几分钟之内就能炒好。

在中国，有时候客人们在快吃饭的时候突然来访。这是司空见惯的事，不会被认为是缺乏教养或者考虑不周。原因在于，中餐的构成使女主人能轻松地招待额外的用餐者。当然，诀窍是充分利用已经做好的菜肴。

假设鲜肉或蔬菜不够招待客人的话，女主人往汤里掺些水，在桌上添双筷子，也就足以应付。在便餐上，给有些菜肴添加些保藏食材就能撑大菜量。那些盐腌的、风干的或者发酵的食物能改善许多菜肴的味道，家里人和客人都欢迎。

在冷冻食品和罐藏食品出现之前，冬季是一年里较为忙碌的时节，因为人们要加工和保藏各种食物，例如腌肉、腌鱼、臭豆腐、糟鸡、熏鱼等。冬季寒冷而干燥的空气对于食物的保藏特别有效，保藏食品因而获得一种浓缩的味道，被称之为"鲜"（hsien）。罐藏食品失于平淡无味，解冻之后的冷冻食品显得潮湿松散，二者都远不及保藏食品[1]。用这些保藏食品撑大菜量还有个好处——使这类剩菜更好保存。"鲜"（hsien）的字面意思是新鲜，但就味道而言，它事实上指的是食物因恰到好处的变质而获得的绝佳风味，而不是说它们味道变糟了。因为"鲜"字已经获得这样一种专门的意义，如果你确实想说"未变质的"，你将不得不说"新鲜"（hsin-hsien）。

便餐上可以饮酒；有些美国中餐馆供应鸡尾酒来搭配凉菜。但在上酒之后，要等到客人们已经酒过三巡的时候才上米饭。在一顿中餐上，若确实需要饮酒的话，最标准的酒是绍兴酒，这是一种酒精含量占22% ~ 23% 的米酒，目前在大多数美国城市（比如纽约、波士顿或旧金

---

[1] preserved foods，亦可译为腌制食品，唯因本书提到的 preserved foods 还包括风干等不使用盐的保藏方法，故在本书中译为保藏食品，但与一般的食品工艺用语不同的是，本书所称的保藏食品并不包括冷冻食品和罐头食品。——译者注

山，甚至伊萨卡[1]）都能买到。绍兴酒加热后味道最佳。

供应家庭餐的小餐馆没有卖酒执照，于是他们通常提供茶水用以佐餐。（就像我前边提到过的，中国人喝"茶"通常并不在用餐时，而是在两餐之间。）美国的中餐馆采用西方的习惯，仅在一餐的开头上汤，这样一来，用餐者们如果口渴，就只能饮用大量的茶水了。

到过中国的美国人都知道中国有一种烈性白酒叫茅台，亨利·基辛格曾试图警告尼克松总统不要与周恩来总理干杯，当时所喝的就是这种酒。此酒在宴会上供应，它的劲头与杜松子酒和伏特加酒差不多。在酒会上经常有个特色活动：划拳，输了的一方必须喝光他杯中的酒。因为在这些活动中，饮酒（而不是吃饭）才是最主要的兴趣，因此更详尽的叙述就超出本书的范围了。

给同伴安排便餐

假设我们要在餐馆里举办便餐聚会，点多少菜取决于有多少人。就像我已经讲过的，在便餐中，所有的菜几乎是同时上桌。但这条规则也有例外。例如，当一餐进行到一半时，你可能会发现菜不够。某位客人乍看上去最无恶意，他的食量超过你的预期。接下来你能做的就是叫来侍者，再多点一些菜。你当然会请侍者推荐该餐馆特别新鲜、优质的食物。这些都是餐馆能够快速上菜的。在聚会上，没人会因为额外点餐而感到尴尬；便餐的好处就是，它的氛围真的很随意。

在家里，进餐中食物告罄更不算事儿。女主人可直接从食品橱里拿出些食物（比如熏鱼或是盐水鸭），然后将其装盘上桌。当食物即将告罄时，一些聪明的女主人有诀窍——上些咸菜或辣菜，就可以用来下饭了。客人会一碗接一碗地吃个饱，离开餐桌时还觉得自己已经享用了丰盛的一餐。当然，任何称职的女主人在煮饭时总是会多煮一些。

---

[1] 伊萨卡（Ithaca），美国纽约州中部的一个小镇。——译者注

讲个关于用餐者添饭失败的故事。一位客人吃完了自己碗里的米饭，耐心地等着主人注意到他的空碗，主动给他添饭。他不想主动要求添饭，那样似乎不够矜持。但因为某些原因，主人却没有注意到客人的空碗。最后，客人决定释放一个微妙的暗示。他将碗倾斜过来使空碗的内部朝向主人，然后开始赞赏碗的背面。"喔，多么美的一个古董饭碗！"他惊呼道，"让我读读碗底的款识！"主人无动于衷地看着空碗闪亮的内部，然后笑着说，"我很高兴你对古董感兴趣。我给你展示一件更好的古董。"他跑进厨房然后拿着一个空饭盆回来。"这儿，看看这个非凡的古董盆的款识！"

通常，中国人希望在一餐后仍能剩些米饭。这并非浪费，因为剩米饭可以有许多用途。例如炒饭 [1] 就是用熟米饭做成的，而不是用生米。剩菜也会留着下次再吃而不会扔掉。在中国，就像在许多美国家庭一样，吃剩菜并不可耻。相反地，许多菜肴的风味经过混合和深化之后，反而变得更加美味。我提到过一些作为便餐的菜肴，比如炖的或煮的，还有那些使用保藏食材的，当这类菜肴在家庭餐桌上第二次或第三次出现的时候，其味道总是变得更好。客人即使明知招待他们的是剩菜，也同样不会生气。

应急食品（Emevgency Meals）

在结束便餐这一章之前，我愿意谈谈应急中餐，也就是你从外卖店购买的已经烹制好的那种食物。尽管吃一整餐从外卖店买的膳食会让人感到沮丧，但有时人们还是需要外卖食物，比如：某一位职业妇女回家迟了，所以没时间自己做饭。即便是最差的中餐外卖店，他们供应的食物也优于罐头意大利式细面条或速冻盒装便餐。较好的外卖店会提供许多选择，包括已经烹制好的鸡肉、鸭肉、猪肉和蔬菜等。我甚至还见过

---

[1] 就是著名的"飞虫"（flied lice）的中文发音。——赵元任〔在英语中，炒饭（fried rice）与飞虫（flied lice）发音相近，因此赵元任在这里把炒饭戏称为飞虫。——译者注〕

已经烹制好的海参。粤式烤鸭和烤猪是代表性的即食食品。它们在价格
和质量上与餐馆里的"好"菜相比也毫不逊色,"得来速"卖的汉堡包根
本无法与之相提并论。

应急食品是用纸盒包装的,大多数菜肴都仅需在平底锅或烤炉上加
热,当然有些菜肴是可以凉着吃的。一个招待不速之客的诀窍是,从外
卖店订购一些炒菜,然后给它们加些肉、鸡等家里的现成食物装点一下。
有些地方甚至出售现成的糖醋酱,你可以用它来美化你的剩菜。一次,
我来不及为感恩节后的正餐订购任何食物,于是就从旧金山唐人街点了
一些现成的菜肴,然后带着它们和几样我自己做的菜肴去找我的同伴了。

廉价午餐

最典型的便餐是盛在一个大浅盘或碗里的米饭,以及盖在米饭上的
肉片炒绿叶蔬菜。在午餐时间,你可以在几乎所有的广东餐馆里找到它,
对办公室职员、店主和学生来说,这种便餐方便快捷、营养美味、价格
低廉。曼达林 [1] 小餐馆(Mandarin Café)的一些分号(特别是那些靠近
大学校园的分号)亦开始提供这种午餐。这种餐通常都会配有茶水,有
时是一小碗汤。售价大约是 1 美元(不同地区会有价格差异),它的营
养成份比热狗更均衡。有些精打细算的学生们会省下一半食物带回家里,
加热之后就成了他们的晚餐。他们称之为"经济"饭,意思是节俭的
一餐。

---

[1] 曼达林,英文为 Mandarin,有满清官吏、普通话、国语等含义,在本书中作为形容词使用
    时有"中国通行的"之意。——译者注

第 5 章　怎样点便餐

　　在点任何便餐时，你首先要告诉侍者——你要的是便餐，你大约打算花多少钱。中国人不像盎格鲁－撒克逊人那样耻于谈钱。此外，用这种方式点餐的话，结账时可以避免不愉快的意外纠纷。我女儿告诉某餐馆，给她的家人上 10 美元的餐。在朴素而美味的一餐之后，她收到了一份仅 8.5 美元的账单。餐馆已经估量了她家人的食量并准备了他们最好的食物，不过，他们当天其实也没有什么高档菜肴可供客人选择。

　　至于你应该准备多少钱，我无法给出具体的建议。如果我说今天在便餐上花了人均 3 ~ 6 美元，这信息可能明天就过时了。此时此刻，点一道像北京烤鸭这样的昂贵菜肴需要再加 18 ~ 20 美元，但我不保证这个价格能维持一年不变。

　　另外，各地餐馆在价格上差异也很大。我发现美国东海岸的餐馆定价比西海岸高得多。并且，你当然会预计到，高级餐馆里有着柔和灯光和穿制服的侍者，而小食摊上只有老板那穿着罩衫和衬衫的女儿在效劳，前者的价位显然会比后者更高。在我看来，餐馆的外观与其菜的味道是两码事。我们曾说过，在唐人街要当心那些装潢花哨的餐馆，它们绝对是游客陷阱。无论如何，这都已不再是事实。许多餐馆已经了解到，他们的西方顾客在用餐时看重气氛，他们已经放弃了欢乐而简陋的外观并开始重塑风格。现在，我们可以有把握地说，一家外观优美的餐馆亦可以提供好的食物！

　　说到钱，我必须考虑到西方朋友们的感情。因为我的客人可能会因公开谈钱而感到尴尬，我的惯例是提前到达餐馆，甚至吃便餐也不例外。这样我就有时间安排点餐的事，并且解决好一餐的预算问题。

　　既然侍者知道你要的是便餐，也了解了你的价格档次，他将会给你一份菜单。在昂贵的地方，这菜单会是一个大对开本，包括许多用银色流苏装饰的页面。在装饰不吸引人的低档餐馆，菜单会是一张肮脏的页首注有日期的复印件，上面列着当天可点的菜肴。另一方面，大餐馆会印制令人印象深刻、长期不变的菜单，因为他们有能力维持一个种类齐全的长期库存。

有些菜单将菜肴的中英文名称左右并列；有些菜单则是先排英文部分，再排中文部分，这样篇幅会长些。有些餐馆甚至将英文菜单和中文菜单分开，各备一份。如果你怀疑有些菜英文版菜单里有，中文版里没有；或者是相反的情况，那你是对的：中文菜单上很可能有胡椒酱蜗牛，但英文版上就没有。

有时，餐馆会推荐一组适合搭配在一起的菜肴，广东话称为"和菜"（ho-ts'ai or wo-ts'oi）[1]，"和谐的菜肴"。

如果你看不懂中文但又决心吃地道的中国菜，你可以让一位懂中文的朋友陪你去中餐馆。如果厌倦在聚会上跟他焦不离孟，怎么办呢？你可以装出能阅读中文菜单的样子，并会心地点点头，然后随机指向菜单上的一些菜，期待能够歪打正着。这样做的风险在于，你可能会因为上下颠倒地拿着菜单而功亏一篑。也许最佳方法是坚持使用中文菜单，同时让侍者在一旁帮你把关和翻译。这会费些工夫，但至少他们会知道你是认真的。

下一个问题是决定点多少菜。两人用餐的话，2～3道菜加1道汤可能就够了。如果是4人聚会，你可以点4道菜和1道汤。一般规则是点1道汤加上与用餐人数相等的菜肴。自然，这意味着你的聚会上人越多，你享用的菜肴种类就越多。如果聚会人数达到8人或更多，也可化繁为简，减少菜肴数量并增加每道菜的分量。大多数餐馆的菜肴都分大小份。因此，针对12人的聚会，你可以只点8道菜，但其中一些菜要加倍的分量。

---

[1] 甚至，作为一种"自由"形式，广东话将一碟食物称为"送"。——赵元任

便餐的一个好处是，每张餐桌容纳的聚会人数极具弹性，从 2 ~ 12 人（如果客人中有儿童，有时甚至可以是 14 人）均能从容应付。它与宴会不同，在宴会上每张餐桌容纳的人数是固定的，一般是 10 人，12 人的情形比较少。

吃便餐应该点多少个菜？一成不变的规则是有风险的。这不仅取决于聚会的规模，也取决于客人的块头。一个大块头客人的食量可能相当于两个人的。但如前所述，你总是可以中途加一些菜。如果剩了太多食物，餐馆会帮你打包带走。因为剩菜是完全拿得出手的，你不需要给你的打包袋做任何伪装。大多数中餐馆都乐意提供不漏水的纸盒，供顾客将剩菜打包带走。吃炸对虾的客人既然有此嗜好，他们会乐于将剩下的菜带回家次日再吃。如前所述，鱼头是我最喜爱的剩菜之一，尽管许多用餐者根本不吃鱼头。一次，我回家后发现纸盒里有两个鱼头。我打电话给餐馆，询问他们是否出了差错。"不"，他们说，"一个是你的鱼头，另一个是其他客人的。"

假设你在一个享有美誉的餐馆里阅读正确的菜单——你将能享用到一餐佳肴吗？不幸的是，也不尽然。我的许多朋友讲过，当他们到我推荐的餐馆用餐时，经常会大失所望。令他们烦恼的是，当我邀请他们来到一个餐馆时，他们吃到的是一种口味，但一星期后他们自己去时，却是完全不同的口味。不可思议的是，甚至有些同样的菜吃起来都大为不同。

现在，在中餐馆吃美味并不需要花很多钱，也不必具有一种易受催眠的个性。诀窍在于，首先要使自己确信，其次要让餐馆知道你确实想吃地道的中餐。若你不是一个东方人，这未必能轻易做到。侍者一看你那美国人的脸孔，就会草率地认为他知道你想要的食物类型。

有些方法可以用来转变侍者的态度。多数人对不寻常的食物都需要时间来适应，第一次食用鱼肚（鱼鳔）时会感受到巨大的文化冲击。多年来，中餐馆已发展出一个"安全"菜肴的清单，包括像腰果鸡肉、糖醋肉、软炸虾（Batter-Fried Prawns）等。为求事半功倍，许多地方都有套餐（complete dinner），每套都有固定的价格，包括精选的适合一起搭配的各种菜肴。如果你不想在食物上冒险，那么自行点菜还不如直接点个（比方说）4 号套餐。你甚至不需要接受这些套餐中的每一道菜。如果你对 4 号套餐中的蚝油黑菇没胃口，可以吩咐侍者用价格相当的其他菜肴来替代。

许多餐馆发现了一种有利可图的做法——提供异国情调的氛围和完全没有异国情调的食物。他们的一些顾客其实想吃牛排，但要由长着黑眼睛、穿着紧身衣的女侍者上菜。不过，因为本书的读者并非那种顾客，我假定你想要的菜肴是识货的中国顾客所点的那种。

你可以从拒绝刀叉并坚持使用筷子开始入门。无论如何，诀窍并不是最重要的。若想赢得侍者的尊重，最确定的办法是让他知道你真的了解中餐。记住一些基本的中国菜，这样一来，你说的开场白就能立即让侍者认为你是个行家。

作为便餐的一个例子，以下菜肴是相当具有代表性的：酸辣汤或虾仁锅巴汤（Shrimp-Meat, Rice-Toast Soup）或冬瓜汤（不是大半瓜汤）；牛肉炒大葱或炒蚝油，炒虾仁或干炒大虾；宫保鸡丁（如果你想加辣椒就告诉他们）或核桃鸡丁；糖醋排骨或古老肉；鱼，红烧或糖醋的；炒青菜。至于甜点，你可点八宝饭或拔丝香蕉。上述菜肴大约可供 6 人食用。

但在开始提及菜名之前，你首先应该了解餐馆的类型。如果你在四川餐馆，叫出一两道著名的川菜就能立即引起侍者的兴趣。在广东餐馆里坚持点一道川菜的话，则会有损于你的声誉，即使在这个餐馆恰好有这道菜，那也不太合适。但如果你确实喜欢这道菜，可以稍后再点。

第6章　宴会

　　与便餐不同的是，宴会应提前安排。许多场合都需要宴会：生日、婚礼、丧礼，向某人表达感谢，欢迎外地来的访客，一群人向共同的朋友致敬。这都是点一桌或更多桌宴席的理由。

　　宴会包括鱼翅宴、海参宴、燕窝宴，等等。它当然并不意味着你不吃别的、只吃鱼翅或燕窝等。当鱼翅上桌时，客人们通常都会说："太费事了！（给你）添麻烦了！"有一次，我丈夫的一位康奈尔大学的同学受邀参加了我们举办的宴会，此君不懂中文，在席间向我学会了上述客气话。后来当他本人邀请我们参加一个鱼翅宴时，他说："太費事了！"

　　在餐馆里点一次宴会，通常的程序是：介绍宴会的原因，确定主菜，并告知客人的数量和你的预算。如果你恰好特别喜欢这个餐馆的某些拿手菜，可要求他们加上这些菜。这时你还可以告诉餐馆不想要哪些菜。例如，你可能不喜欢他们的糖醋鱼，你的贵宾可能极其讨厌螃蟹或者相信某些民间风俗（比如认为螃蟹与柿子同吃会致命，或者认为甲鱼和苋菜一起烹制会产生有毒物质。但是我曾经将螃蟹和柿子同吃，事后并未感到有什么不适。）

你应该举办一次宴会吗？

　　如果你和朋友们在一起只是为了享受相处的乐趣，那么不一定要非常正式的聚会。一次宴会是隆重的事务，往往是为了庆祝或纪念某个时刻。宴会与便餐之间的界限并不总是清晰的，客人名单可以包含那些你不太熟悉、但又希望向其致敬的人。因此，你要提前打电话给餐馆，确认这顿饭是出类拔萃的。可能你开始打算订的是一顿便餐，但等你点了8

到 10 道菜，其中包括像鱼翅这样精致的菜肴，无论如何你就进入了宴会的价格区间。既然如此何不索性一以贯之，直接订一个完整的宴会呢？

　　在你策划一个宴会之前，你应该注意它那严格的结构。首先，要先决定每桌人数。通常的规模是每桌坐 10 人，不过你可与餐馆协商一下增加到每桌 12 人。针对各种宴会，餐馆有特定尺寸的上菜盘和特定的菜肴数。他们也对鱼翅宴、燕窝宴等规定了常规的价格，轻易不会大幅度改变。如果你一桌只安排不到 10 个人，则仍须按每桌 10 人付账。（在宴会上，你付账是按桌数而不是按菜肴数。当你说你想要一个 60 美元或 80 美元的宴会时，你是指每桌的价格。）有 15 个人在你的宴会上是一个误算。你应该再找 5 个人以凑够第二桌。

　　在宴会上，一次只上一道菜，客人必须练就一种几乎是超人的自我控制力。这里的风险在于，你可能在真正的好菜上桌之前就把肚子填饱了。[1] 相反则是，你可能忍耐得过了头，等发现自己错过了最好的菜肴时已经太晚了，但这种情况并不经常发生。在宴会上，要等、要忍、要耗得起漫长的时间，许多人无法忍受这些因素，他们偏爱更为放松的便餐。

　　大多数宴会是从 4 个凉菜开始的，比如火腿片、干炸虾、熏鱼、松花蛋（腌制并保藏的鸭蛋）、鱿鱼皮。在多数美国中餐馆里，这些菜上桌时通常是盛在有 4 个或更多格子的大号上菜盘里。接下来的是 4 个炒菜，一道接一道地上桌。例如芙蓉鸡片、炒（鲜）虾、炒瘦猪肉（现在经常被代之以牛肉片），还有炒鱼片。然后上的是大汤，比如冬瓜锅巴汤，或者各种类型的酸辣汤。宴会上的主菜可以是鱼翅、海参，或北京烤鸭配薄饼，或樟茶鸭，或红烧、清蒸、糖醋整鱼。在中国，重头戏是 4 道大菜。汤在各道菜之间会出现一两次，末了再上一次。这套程序会有些地域性的变化，但要记住，最重要的是，餐馆在办宴会时会遵循一套确定的计划，妄加改动它是不明智的。如果你认为某道菜不合适或者试图重新安排上菜的顺序，你可能会给人留下一个没有经验的印象，这将造成

---

[1]　为什么从儿时起我就总偏爱便餐呢？因为在宴会上一次只上一道菜，我总是先吃了太多自己最喜欢的菜肴，在真正的最佳菜肴稍后上桌的时候，我却没有食量了。——赵元任

不利的结果，不单单是影响到一餐，而且还会影响未来在那个特定餐馆的所有餐宴。

依靠餐馆的专业意见

我的建议是将宴会的安排留给餐馆。归根结底，你选择了某个特定餐馆是因为你相信这里的职员的判断。他们会决定哪些菜肴适合你的场合，这些菜肴应以何种顺序上桌才能实现最佳效果，等等。

在这个问题上，我假定你已经找到了一个可以信赖的餐馆。对许多人来说，问题在于怎样去找到这样一个地方。或者，如果你已经听说某餐馆是好的，怎样才能让他们全力以赴地为你服务呢？无论你是点宴席还是点便餐，这都是个问题。最重要的是让老板相信，你真的想吃地道的中国菜。

家宴

目前为止，我尚未讨论过怎样办家宴。理由是显而易见的——安排并执行用于宴会的冗长菜单，这超过了一个业余厨师的能力，无论他多有才华。

从前，不少富裕的中国家庭会在家里雇佣一位厨师。没有全职厨师的家庭如果要办家宴，可以临时向餐馆聘用一位厨师。在那个年代，较大的餐馆都至少有 6 位好厨师，他们总是会空出一两位应付上门服务。

从餐馆雇用厨师，有点像请了一位酒席承办人。餐馆会送去所有食材，甚至提供桌椅（除非是主人有一些特别的、令人印象深刻的物件，比如他想向客人展示的古董饭碗）。厨师来到家宴现场提供烹饪服务。与美国的酒席承办人不同，餐馆并不提供烹饪以外的其他服务。主人自己的服务员必须负责上菜和事后的清理，另外，他们还得煮米饭，因为第一流的厨师是不屑于煮饭的。

为大型聚会安排餐宴

我将只对班级聚会、学术团体会议等大型聚会的中餐点菜略做介绍。当人数达到一百或更多时，必定会有些人对食物有偏爱或有禁忌。若你的团体是世界性的，那就更是如此。具有不同信仰和文化背景的人们有着不同的饮食习惯。许多佛教宗派是素食者。按照犹太人的正统观念，猪肉是不能吃的，但中国人却视之为美味佳肴。

一次，我不得不在旧金山为美国东方学会（American Oriental Society）的会议安排一个 38 桌的宴会。此聚会包括了各种宗教派别的信徒。这意味着有些人吃牛肉不吃猪肉，有些人则吃猪肉不吃牛肉。有些人不吃荤食但能接受奶制品，有些人则不吃任何动物制品。甚至，有些人吃海味但不吃贝类水生动物，而有些人则拒食所有的海味。有些人吃海味和鸡肉，但不吃有蹄动物的肉。

中餐馆对这样的聚会来说堪称完美之所。中餐烹制海味的方法特别丰富，另外，对于严格的佛教徒，中餐在优雅的素食烹饪方面有着悠久的传统。在招待学会的宴会上，我们准备了多种菜肴以适应每种信仰和文化的限制。

第 7 章　粤菜

我先从粤菜开始讲。粤菜是四大菜系之一，在美国中餐馆也能找到，因为早年来美国的中国移民主要来自广州地区，他们建立了美国的第一批中餐馆。甚至时至今日，广东餐馆的数量仍然是最多的。广东菜相对来说清淡而不太油腻，因此比较符合美国口味。在中国，广东菜深受推崇。它在口味和烹饪方法上都迥异于中国的其他地方。

无论如何，许多美国人在提到粤菜的时候，首先想到的是炒杂碎（chop suey）。炒杂碎这个词的来源有几种版本。一个故事是说，在一次外交宴会上，中国使节李鸿章因为这道菜而得到了来宾的称赞。这道菜包含一些被切成细末的食物，当被问到此菜的配方时，他表现出典型的男性在厨房问题上的无知，在嘴里咕哝道"切……切……"，然后他又无法用英语表达，于是就加了个中文字用来表达"切碎的"，也就是 suey。这个故事杜撰的痕迹太明显了。

另一个版本是说，早年的中餐馆是工人们开的，他们对精致的烹饪没什么经验。泡在淀粉糊里的芹菜丝和豆芽的混合物，可能就是他们用来搭配猪肉和豆子的尝试。也许这位厨师不好意思诚实地给这道菜命名，于是决定创造一个混合的名词"杂碎"（chop suey）。旧金山的某小餐馆里有个海报写道：我们切自己的碎（WE CHOP OUR OWN SUEY）。在中文里，双音节词"杂碎"（普通话称为 tsa sui）的字面意思是，"混杂的、破碎的"（miscellaneous broken）。

今天，没有像样的广东餐馆会用特长的筷子搅动杂碎菜了，但这个词负面的含义仍然存在。这很不公平，因为广东菜的最佳水准完全可以与其他主要菜系相媲美。你能在其他任何地方找到以蛇和猴子为特色的宴席吗？因为做这些特色菜的许多食材在西方国家无法找到——你怎样就你的猴子宴说服动物保护协会（SPCA）？——在中国以外，这些食材在很大程度上是不为人知的（事实上，在中国也并非尽人皆知），除了一些道听途说。本人曾在广东吃过以蛇汤为特色的一餐，但它是靠汤里的鸡肉提味的。

广东烹饪并不长于焙烤类菜肴。当你在唐人街散步时，你可能会闻到一股促使你胃液分泌的香味儿。在小餐馆里挨着查尔斯·兰姆灯罩挂着的，是一整只烤猪。它的脆皮令人无法抗拒。路人可以让卖肉的砍下450克或900克带回家，那些自制力不强的人有时当场就狼吞虎咽地吃一片。如果要办个特别的宴会，你可以点一整只22.7千克或27千克重的烤猪送到你家里，肉量足可供100人食用。根据我的经验，粤式烤猪的味道要比夏威夷式烤野猪好得多。

另一种广东特色菜是燕窝汤。在广东餐馆里，燕窝不需要提前点。这些餐馆知道西方人喜欢燕窝，于是他们总是将一些燕窝事先泡好，并准备好高汤与之搭配。无论如何，北方和四川餐馆通常并没有随点随有的燕窝。他们只为宴会提供此菜并且需要提前预订。传统上，燕窝宴必须在一个大盖碗里装满燕窝，而不是只有汤里的一点薄片。

粤菜做燕窝的另一种方法是将其放在冬瓜汤里。此汤是用完整的半个冬瓜烹制而成，不是切成片。这道广东特色菜必须提前一天预订。这是一道著名的粤菜，通常在北方或四川餐馆里无法吃到。甚至在广东餐馆里，你也不会点它，除非你有一个8至10人的大聚会，因为每个冬瓜能做出10～20碗汤。普通冬瓜的个头与中号的南瓜相当。挖掉瓜籽，将冬瓜带皮完整地烹制。瓜肉须煮得细嫩但又不是太软（否则整个瓜会塌陷），冬瓜内部的空洞要用含有鸡肉、火腿、燕窝和其他美食的汤填上。这是一道宴会菜，在便餐上通常是看不到的。

有一道广东特色菜是许多美国人都熟悉也非常流行的，它就是点心（tim-sam，发音类似deem sum），它的字面意思是"点缀心情"。这些肉馅的面粉糕点是供人们在11时至16时之间享用的，不会是在晚上。你喝茶就着点心，而在常规餐上你不会吃点心，因此这种饮食有时被称为茶。就像我曾经讲过的，广东人每天吃两顿主餐，一顿是在上午，一顿在午后。一个穷人可能忍饥挨饿直到晚上，只能靠一些稀粥果腹。另一方面，一个富裕的广东人一天吃五顿餐。除了两顿主餐，他还要吃三顿小吃。这些"清淡"小吃就包括茶和点心。有些人（特别是儿童）喜欢这小吃胜过任何常规膳食。

在点心店不需要索要菜单。当侍者端着一个大盘子或者推着装有浅碟的手推车（每个浅碟里都盛有三四种面粉糕点，这些糕点一般都是蒸的，间或也有炸的或烤的）来到你面前时，你就可以挑选点心了。你告诉侍者你想要的点心，或者指给他看，他就会端到你桌上。一旦厨房准备好了一批新做的点心，侍者会趁热送出来。侍者每次经过的时候你叫住他，直到你再也吃不下了。多数餐馆有 10 ~ 20 种点心，但很少有顾客能一口气全部品尝一遍。为了算账，侍者会计算他留在你餐桌上的浅碟的数量。有些面粉糕点比其他种类昂贵，不同的种类就用不同形状的浅碟来区分。法国人在点心店里会觉得像在家里一样自在。盛着他们选好的点心的大盘子就像什锦小吃（hors d'oeuvres）手推车，数浅碟的做法亦与法式咖啡馆如出一辙。

有些顾客喜欢在点心之外再享用些别的。对广东人来说，最棒的是茶，但对其他人来说则是午餐。多数点心店也供应汤、面条、少数的肉食和蔬菜。在夜晚，他们会提供常规的菜单。点心店最大的优点在于他们相对低廉的价格，你必须在钱包花光之前让自己吃到麻木。

如前所述，另一种广东小吃是粥，广东人喝粥是在晚上，尽管它在北方是作为早餐来食用。粥是用大米加许多水熬出来的，因此其稠度就像是浓汤，不过还是比麦片粥要稀一些。穷人吃的是白粥，也许再加些泡菜佐粥。但是对那些条件稍好的人来说，粥加上肉片、鸡肉、鸭肉等食材后，味道会更好。有一种粥里加了生鱼片，你在餐桌上将鱼加进粥里，它会被热汤烫熟并变得美味可口。在较大的美国城市，有些广东小餐馆精于米粥和汤面条，后者是另一种流行的夜宵。从剧院、音乐会和电影院来的人们以及工作到很晚的学生，都喜爱这些小餐馆。因为稀饭或面条吃到肚里很是清淡，它们不会引起威尔士干酪般的噩梦。

以下是一张清单，上面列举了一些在广东餐馆里能找到的典型菜肴。偶尔，这些菜肴会以奇怪的名称出现在菜单上，让人很难通过菜名知道它的内容是什么。当你看到一个像凤凰泡沫神仙酱（Phoenix Foam in Celestial Sauce）这样的菜名，你不得不向侍者询问这道菜的食材，它是荤的还是素的，是鱼类还是禽类。在我的清单上，只要有可能，我将给出通用名称而不是行业俗名。但是有些奇异名称已经固定下来了，在这种情况下我将先列出此名称，并在其后说明其配菜。每个名字先用中文表示，然后是英文翻译。有必要的话，我会加上一些备注。我亦将在下文的其他各章中贯彻这一办法。

A. 烤类

1. 八宝鸭 Eight-Jewel（烤鸭配黏米和干果）

2. 脆皮糯米鸭 Crisp Skin Duck in Glutinous Rice

3. 叉烧 Barbecued Pork

4. 烤猪 Roast Pig

5. 脆皮乳鸽 Roast Squab with Crisp Skin

6. 脆皮鸭、挂炉鸭 Roast Duck with Crisp Skin（更常用的名称是北京烤鸭）

B. 炒类

1. 生炒排骨 Stir-Fried Spare Ribs

2. 蚝油牛肉 Beef Slices with Oyster Sauce

3. 牛肉菜心 Beef Slices with Greens（例如菠菜或芥蓝）

4. 叉烧菜心 Barbecued Pork Slices with Greens

5. 水晶明虾球 Crystal-Clear Shrimp Balls

6. 豆豉明虾球 Shrimp Balls in Black Bean Sauce

7. 糟溜鱼片 Wine Fish Slices

8. 蚝油鲍片 Abalone Slices in Oyster Sauce

9. 蚝油冬菇 Black Mushrooms in Oyster Sauce

10. 冬笋冬菇 Black Mushrooms with Bamboo Shoots

11. 冬菇菜心 Black Mushrooms with Hearts of Bok Choy

12. 奶油白菜 Cabbage in Cream Sauce

13. 烩炸豆腐 Bean Curd

14. 炒虾仁 Shelled Shrimp

15. 炒鱼片 Fish Slices

16. 炒肉片 Pork Slices or Shreds

17. 炒鸡片 Chicken Slices

与竹笋、荸荠、荷兰豆（snow peas）等一起炒

C. 糖醋类

1. 糖醋排骨 Sweet-Sour Spare Ribs

2. 古老肉 Ancient Old Meat（事实上既不古也不老；将猪肉丁软炸并浇上糖醋汁）

3. 糖醋鱼 Sweet and Sour Fish

D. 蒸煮类

1. 清蒸鱼 Steamed Fish

2. 清蒸滑鸡 Steamed Whole Chicken（切好装盘）

3. 油煎子鸡 Oil-Splashed Chicken（先用煎锅煮过然后浸在热油和酱油中）

4. 香肠蒸鸡 Chicken Pieces Steamed with Sausage

5. 白切鸡 White Cut Chicken（清炖后切好装盘，用餐者蘸着盐或酱油吃）

6. 卤乳鸽 Squab boiled in sauce

E. 红烧类

1. 红烧鸭 Red-cooked Duck

2. 红烧豆腐 Red-cooked Bean curd

3. 罗汉斋 Lohan Chai, or Arhat's Feast（18 种风干的蔬菜与少量新鲜蔬菜同煮）

4. 红烧包翅 Red-Cooked Shark's Fin（因为鲨鱼翅味道过于平淡，它总是与猪肉、鸡肉等一道烹制。此菜极为精致，因此其他的所有菜肴都必须围绕它来部署）

5. 蟹黄大生翅 Shark's Fin with Crab Liver Sauce

6. 蟹肉烩鱼翅 Shark's Fin with Crab Meat

F. 凉菜类

1. 冷拼盘 Large Combination Cold Platter（包括凉肉片和泡菜，在一餐的开始阶段上桌以搭配葡萄酒或鸡尾酒）

G. 汤类

1. 清炖冬菇汤 Clear-Simmered Mushrooms

2. 燕窝汤 Bird's Nest Soup（可以与锅巴填在冬瓜里）

3. 冬瓜盅 Winter Melon Soup（此菜与下面的菜可以合在一起）

4. 锅巴汤 Soup with Crisp Rice（米饭先煮过，然后烤干或深炸。它可在餐桌上放进热汤里，发出一阵嗞嗞声 [1]）

以上清单称不上完整，但它确实囊括美国广东餐馆供应的代表性菜肴。你将发现遇到的大多数其他菜肴很可能就是这些菜的变种。

---

[1] 要点在于，上汤时应该是一人一碗，然后将热炸的锅巴放进汤里。有些侍者由于疏忽或懒惰先将锅巴放进大碗里，使得锅巴变成湿透的；应该事先提醒他们不要这样做。

第 8 章　北方食品

　　一直到最近，美国人才意识到，在粤菜之外还有许多其他种类的中国菜。自从中美关系开始解冻，美国人对"真正的"中餐的兴趣蔚然成风，人们不再满足于美国化的中餐。从前，每个人口超过二百人的美国城镇[1]都会有个杂碎食摊，现在，美国的每条主要街道上都会有个曼达林小餐馆。

　　在介绍北方菜之前，我想先澄清一个误解。美国有许多人以为"曼达林（Mandarin）菜"与中国北方菜是一回事。今天，任何餐馆只要能拿出一两道粤菜以外的中国菜，就声称自己是曼达林。这种态度并非毫无道理。"曼达林"（这个词的起源甚至不是中文）被欧洲人用来指代中国官员。因为这些官员被派遣到中国各地任职，所以任何高级饮食只要是全国性的（而不是区域性的），都可以自称是曼达林。在一些曼达林餐馆，你可以在一餐中吃到源自中国不同地区的菜肴。

　　对曼达林和北方菜的混淆是因为"Mandarin"也指中国的普通话，而普通话基本上源自中国北方。然而，不是所有说普通话的人都是北方人。昆明是云南省的省会，一个位于中国西南角的城市，昆明方言也是普通话的一种。同样地，你在曼达林餐馆点的餐可能是以酸辣汤开头，而此汤却是一种四川的特色菜。

　　最好的北方饮食来自山东、河南以及相邻地区，而以北京烤鸭闻名的北京则更为都市化。鲁菜与豫菜有一些差异，但中国以外的北方餐馆通常是不加区分的。在味道上，北方菜比其他地区略微偏咸一些。北方

---

[1]　一次，我们开车经过佛蒙特的一个小镇，此地的咖啡店的菜单上列有"杂碎三明治"。我们出于好奇点了一个。他们直接开了一个豆芽罐头，然后将豆芽夹在两片面包之间，让我们惊讶的是，这三明治的味道还算不错。

菜会使用大量的葱、蒜以增加食物的风味。

中国北方的土壤和气候不适合种植大米。人们通常食用小米，因为它易于种植且不要求优质的土壤。但它被视为是一种粗劣的谷物，很少有北方餐馆不嫌麻烦提供这种食物。我丈夫时常会因为怀乡之情而渴望吃些小米粥和窝窝头，后者是用玉米粉做的一种馒头。你可以试着在北方餐馆点个窝窝头，当然在北方餐馆也未必真能点得到，但他们的厨师很可能会忍不住乡愁而跑出来，趴在你的肩上大哭起来。

小麦是北方人的主食。因此，北方烹饪素以馒头、面条、饺子和各种糕点而闻名。而粤式点心则更讲究，它适合搭配像茶这样清淡的饮品，而对应的北方食品比如包子（面团里填了馅）、饺子、面条、薄饼（玉米饼，或"小餐巾"饼）、烧饼（热芝麻饼）等都非常实在，足以当作一顿主餐。最无产阶级的小麦食品是大饼，这种热饼直径46厘米、厚2.5厘米，外呈褐色而内部柔软，略带一点咸味。它很能果腹，有个众所周知的故事说：有个懒惰的丈夫，他的妻子要外出许多天，出门前，她将一个大饼套在丈夫的脖子上，但等她回到家时，她丈夫已经快饿死了，因为他只吃了大饼的前半边，而懒到不愿意把饼转一转去吃饼的另外半边。

清汤面条在许多北方中餐中取代了米饭。一个真正的北方人很爱吃只浇了些醋而未加任何配菜的煮面条。烹制面条还有一些其他方法：比如炒面（chow mein）。人们在美国找到的炒面是脆的，它在中国鲜有人知，当它与软炒面混合在一起时，你得到的食物就是"炒面面条"（Chow Mein with Noodles）[1]。

饺子（wrapling）是一种面食，用切碎的肉和蔬菜做馅，包在用未发酵的面团擀成的薄圆形面片中，饺子就做好了。饺子在美国逐渐获得了它应得的赞誉。餐馆经常供应煎饺子，称为"锅贴"，但北方人

[1] 我女儿赵如兰最近写信告诉我，她看到一张海报上写着"今天的每日特色汤"(Soup du Jour of the day)，她把这个词与"炒面面条"做了比较。无论如何，前者比"炒面面条"更累赘（redundant），而"炒面面条"还算好了。

最喜欢的还是煮饺子，蘸醋吃。在家举办的包饺子聚会是一个活泼的场合，女主人和客人一道动手包饺子。每个人都有说有笑又互相干扰，尽管有太多的厨师，成百的饺子还是做了出来，然后被当场吃光。一般人能吃 12 ~ 15 个小号北方饺子，不过我也曾见有人一次吃掉 30 个。在多数餐馆，饺子必须提前点，一般还要再吃些配菜。在家里，饺子能当一顿饭，最多再加上一些小菜（比如泡菜）。汤有时甚至会被遗漏，而真正的北方人会喝煮过饺子的清汤。你总是可以预期，有些不太会的人包出来的饺子会煮破，这反而改善了清汤的风味。

另一种北方面点餐会是春饼宴。春饼是一种平整、柔软、未经发酵的薄面饼，用平底锅烘焙而成，与墨西哥玉米粉圆饼并无不同。薄饼直径 10 ~ 13 厘米，如果制作得法，可以撕开分成两个更薄的面饼。这样的一餐包括薄饼和多种做馅的菜肴：炒肉丝和豆芽，煎炒鸡蛋和葱，等等。食用的程序是，将适量的馅放在薄饼中央，然后将其卷成一根管子。卷出来的成果就像一根粗笨的自制雪茄，用手拿着吃。如果你很贪吃且加了过多的馅，包出来的卷会散开，馅的汤汁也会灌进你的袖子，与你一道进餐的同伴们会将此当作趣事。薄饼能分成两片，也许就是为了准备用其中一片来擦拭流到你肘部的汤汁？

薄饼也与所有北方菜中最著名的北京（烤）鸭一起食用，烤鸭在广东话中有时被称为"挂炉鸭"（见第 7 章，A6）。吃这道菜，你要将鸭片、葱、豆酱用面饼卷起来。有些餐馆用梅子酱（plum sauce）或海鲜酱（hoisin sause）来代替豆酱。注意，要在薄饼里包进足够多的脆皮，因为脆皮是烤鸭的精华。

以北京鸭价格之昂贵，不大可能有哪个漫不经心的用餐者随随便便地点只烤鸭。即使他想这样做，也不太可能达到目的，点烤鸭需要提前一天预订才行，这是由于鸭皮必须以一种特殊的方法去掉水分才能变脆。少数有能力的餐馆可以提前预备好已经使鸭皮变干的成品。一经干化处理，鸭子就无法再派其他用场。由于必须提前预约，此菜常见于宴会上，而便餐上很少见。如果你特别喜爱烤鸭，或者如果你希望享用一顿特别优雅的便餐，你可以提前一天打电话给餐馆。就像我已经讲过的，你大约要为此菜支付 18 ~ 20 美元。

甚至早在北方餐馆出现之前，美国人就已经很熟悉北京鸭了。一些广东餐馆多年以前就将其列入自己的菜单。但在广东餐馆里，北京鸭上桌时搭配的是被称为"花卷"（fa-chün，像花的卷）的分层蒸饼，而不是薄饼。广东人擅长烤肉，有时他们做的烤鸭甚至能够赛过北方餐馆，后者在鸭皮的火候上往往过多地迁就西方人的口味，以至于鸭肉经常没有熟透。

另一种广受欢迎的中国北方特色食品是包子，一种用发酵过的面团和肉馅蒸成的带馅面食。粤式点心包括包子（通常是叉烧包），但他们的版本是精致美食，把面团做得比较甜，让你几口就能吃光。另一方面，北方的包子个头很大，有一两个就是一顿午餐了。在加利福尼亚，许多曼达林免下车快餐店和外卖店都出售包子。包子特别受穷学生的欢迎，因为它们仅售 15 或 20 美分一个。不过无论如何，别指望那些特别便宜的包子里能有多少肉。如果咬了太大一口，你也许就咬过了头，把小小的肉馅整个吞了下去而没能品尝到它的味道。

有个中国故事说，有个人在一个包子上翻越面团之山。最后他看到了一个告示，上面写道："到肉馅——还有 1 英里。"[1] 尽管有这种故事，真正的北方包子馅里包含肉和蔬菜，是营养丰富又均衡的膳食。如果囊中羞涩，你可以舒舒服服地用一些包子把自己填饱。如果包子在美国人的生活方式中取得仅次于比萨饼的地位，我绝不会感到惊讶。

在较好的北方餐馆里，你可以点豪华版的包子，用的馅包括螃蟹、虾等。有种汤包或称小笼包（见下文 A6），你吃的时候要多加小心，因为它的馅是滚烫的液体。当这些盛在蒸屉上的小包子上桌时，我通常会向客人展示一下技巧，用筷子夹起一个包子并放在汤匙上，因为放在盘子上会使汤汁流失。尽管它并不很贵，但汤包通常还是需要提前预订。

---

[1] 中国版本是"三里"，1 里约等于 1/3 英里。

在中国北方，仅次于猪肉的常见肉类是羔羊肉或羊肉。它浓烈的气味让很多地区的人们无法接受，想辨别北方人就看他对羊肉的反应：如果他避开了，那就不是一个土生土长的北方人。你亦可以此法分辨绵羊和山羊。[1]

涮羊肉（Rinsed Lamb）在所有著名的羊肉菜肴中的地位是公认的。它就是中国北方版的瑞士牛肉火锅（Fondue Bourguignonne）。你用筷子夹着像纸样薄的羊肉片，在火锅里煮沸的清汤中涮烫。不要松开筷子，你要把羊肉涮到刚好烫熟为止。然后你快速地将羊肉从汤里夹出，在你按照自己的口味拌好的调味汁里蘸过再吃。多数食客喜欢芝麻酱、酱油、虾油和葱末混合的小料。等到清汤里涮了许多羊肉片，它就成了一道非常美味的汤。你往汤里加些蔬菜和面条，然后在无所顾忌的吸溜声中结束这一餐。另一种可选程序是，将许多羊肉片放进清汤里，然后把看颜色已经煮熟了的羊肉片夹出来。有时这样做会更快，但稍嫌忙乱。

如果你在餐馆里吃涮羊肉，除了一些凉菜（见下文清单），你不必再点任何其他菜。传统的搭配食物比如烧饼（芝麻饼）理所当然地会上桌。北京有一些令这座城市引以为豪的著名涮羊肉餐馆，但在其他国家很少有餐馆供应此菜，尽管其他形式的火锅（也就是在餐桌上烹制的菜）可以在美国的北方餐馆和广东餐馆中找到。

在美国，华人女主人在家请客时喜欢准备涮羊肉。她们发现深电锅是用来做涮羊肉的理想炊具，用起来极为方便。此外，涮羊肉只需做很少的准备工作——主要就是把羊肉切成片。有些人甚至跳过了这个步骤，他们请肉店的人用切片机把羊肉切好。

什锦火锅（见下文 E1）是一种著名的菜，它几乎在全国都广为人知。从最下面一层开始数，它里面有大白菜叶、豆面粉条、小片的（事先烹制好的）红烧肉和鸡、煮熟的豆腐、肉馅鸡蛋卷（见《中国食谱》菜谱20.10，但不用油炸）、竹笋片（如果找不到鲜竹笋就用罐装的）、直径

---

[1] 作者这里似乎是指用山羊肉来做上面的测试的话，效果会更好，因为山羊肉的膻味比绵羊肉更大。——译者注

1.3 厘米的肉丸，最后是黑蘑菇。当所有各层都摆好了，就加上清肉汤，上桌之前在厨房里将整锅煮沸，然后坐在小炭火上（或用电锅）。接下来，根据各人的口味，将各种不同的东西盛在不同的碗里。

以下列出一些代表性的北方菜。就像我之前说过的，有些北方菜（比如北京鸭）早已被广东餐馆采用，美国顾客也熟悉它们。许多菜正开始在西半球亮相。

A. 点心

点心的字面意思是"点缀心情"（tien-hsin 是北方话，粤语发音是 tim-sam）。北方点心通常比广东点心分量更重、个头更大。

1. 油条 Yu-t'iao，字面意思是"油炸的条"（一种中空的长面团，但它是咸的而不是甜的）

2. 烧饼 Shao-ping，"芝麻饼"（一种烘焙而成的饼，外部酥脆，内部松软，表面撒了一层芝麻）。"蟹壳黄"是一种更精致、更甜的上海烧饼，在一些美国城市也能找到。

3. 春卷儿 Ch'un-chüar，"spring rolls"（它更像是鸡蛋卷，现在几乎可在任何地方找到，甚至冷冻快餐里也有它）

4. 炸馄饨 Cha hun-t'un "fried Won Ton"（另一种广受欢迎的点心，几乎可在任何地方找到）

5.（大）包子 Pao-tzu, or Ta Pao-tzu（用发酵面团蒸熟的肉馅面食）

6. 小笼包 Hsiao-lung Pao，"small steamed dumpling"（更小、更精致的包子，用未发酵的面团制成；它起初是一种江苏特色食品，但今天在北方餐馆也能找到）

7. 花卷儿 Hua-chüar "flowery rolls"（蒸熟的卷，其横截面就像一个果冻蛋卷）

8. 饺子 Chiao-tzu "wrappings"（包着肉和蔬菜馅的面食）

9. 锅贴儿 Kuo-t'ier，"pot-sticker"（煎饺子）

B. 凉菜

1. 黄瓜凉拌粉皮 Cucumber Strips with Rice Noodles（一种用黄瓜和扁平的米粉条做成的沙拉）

2. 糟鸭肝 Duck Liver with Fermented Sauce

3. 酥鱼 Su Yü "flaky fish"（鱼与酱油、醋和葱同炖，直至鱼刺变软并且可食用）

4. 糟肉 Meat in Fermented Sauce（在浙江省，它是热着上桌，变成一道不同的菜）

5. 羊膏 Yang-kao "lamb cake"（羊羹）

6. 糖醋黄瓜 Sweet and Sour Cucumber

7. 虾米拌素菜 Salads of Dried Shrimps and Vegetables

C. 炒菜

1. 软炸鸡 Soft Fried Chicken（鸡带骨切块，然后不裹玉米淀粉糊油炸）

2. 酱爆鸡丁 Stir-Fried Diced Chicken with Bean Paste

3. 糟溜鸭肝 Duck Liver Stir-Fried with Fermented Paste

4. 酱汁瓦块鱼 Tile Fish（大块鱼，形状如同瓦片，裹上糖醋调味糊油炸）

5. 炸凤尾虾 Phoenix Tail Prawns（软炸对虾，保留其尾巴作为装饰）

6. 芙蓉蟹 Crab Fu-yung（螃蟹炒蛋）

7. 葱爆羊肉或牛肉 Sliced Lamb or Beef, with Onions

8. 溜黄菜 Thin-Flowing Eggs（一种更呈液态、流质的芙蓉蛋）

9. 糖醋大鱼 Sweet and Sour Whole Fish

10. 油爆鱿鱼 Oil-Splashed Squid

D. 干烧菜（在烹制过程中不加汤水）

1. 干煎大鱼 Dry-Cooked Fish

2. 干烧冬笋 Dry-Cooked Bamboo Shoots（在美国只好用罐头竹笋，尽管它们的味道不十分理想）

3. 虾子锅塌豆腐 Pot-Smeared Bean Curd with Dried Shrimps

4. 锅烧鸭子 Pot-Braised Duck

5. 干烧肚子 Dry-Cooked（Pork）Tripe

6. 鸡汁鱼肚 Fish Tripe with Chicken Juice

7. 红扒鱼翅 Red-Cooked Shark's Fin（是大块的，不是丝）

8. 砂锅鱼翅 Sha-Kuo Yü-Ch'ih "sandy pot shark's fin"（砂锅是用粗质、未上釉的陶器制成的焙盘或蒸锅）

9. 葱烧海参 Sea Cucumber with Onions

10. 红烧大乌参 Red-Cooked Large Sea Cucumbers

11. 水晶肘子 Slow-Cooked Shoulder of Pork

E. 火锅

什锦火锅 Ten-Variety Fire-Pot（配方的例子见第 344 页）

F. 甜品

1. 炒三泥 Stir-Fried Three Pastes（用红、绿、黄豆泥做成的彩色菜肴）

2. 拔丝苹果 Pull-Thread Apples（用糖煮过的切片的苹果，以滚烫的状态上桌）。每位用餐者用筷子夹取一片，在盛有凉水的碗里蘸一下。"拔丝"就是把糖拉成又细又长的线。

3. 拔丝山药 Pull-Thread Sweet Potatoes（处理方法同上）

4. 拔丝香蕉 Pull-Thread Bananas（处理方法同上）

5. 八宝饭 Eight-Jewel Rice〔黏米与八种果干、坚果（比如中国枣、白果、莲子、豆泥等）一起蒸〕

第9章 川菜

四川菜在美国开始变得非常时髦。它特点鲜明，许多人只要克服了最初的冲击之后，就会满腔热情地爱上它。

川菜最大的特点，是用辣椒调味而成的浓烈辣味。未加防备的人第一次食用川菜时，会觉得他吞下去的是一个爆炸的爆竹。如果你不习惯辛辣，你应该告诉川菜馆的侍者少放些辣椒。忍受侍者轻蔑的样子总比忍受被辣得灼痛的嗓子要好。但如果你愿意承担风险，或者如果你拥有一条如同加了石棉内衬的消化道，你会发现吃真正的川菜是一种让人眼界大开（同时也眼泪汪汪）的体验。越来越多的人发现这种烹饪是他们喜欢的，川菜馆也越开越多。

川菜不仅用辣椒，也离不开其他调味品。首选的烹饪方法是干烧。干烧时，食物是用油和调味品烹制的，只加少量（或不加）汤水，这样菜肴的味道就变得非常浓厚。最经常使用的香料和调味品包括：辣椒、黑胡椒、花椒、八角、豆豉、豆瓣酱（black bean paste）、料酒。为什么川菜被视为好的下饭菜？答案是显而易见的。就像美国餐馆供应番茄酱一样，川菜馆会在每张餐桌上准备一碟辣酱供顾客使用，因为有些顾客希望辣上加辣才好。糖醋菜在川菜中也很常见，但即使是这类菜，辣椒也会悄悄溜进来。因此，不要期待一道川菜糖醋鱼的味道与北方的或广东的一样。

一般而言，四川烹饪并不擅长海味。四川是个内陆的多山省份，只有少数可航行的江河湖泊，甚至连鱼塘都不多。为了弥补优质海味的缺乏，四川烹饪在处理蔬菜上有着异乎寻常的丰富方法。

在地理上，湖南靠近四川，它的烹饪特点与四川十分相似，以至于两地的饮食在国外被归为一类。无论如何，在中国，湖南烹饪享有属于自己的声誉和地位。湘菜甚至比川菜更经常地使用辣椒，我女儿去湖南上学，她告诉我，她们午餐的主菜是大辣椒炒更辣的小辣椒。湘菜的典型例子是干烧童子鸡、干煸鳝背、酱爆鸡丁、猪肉丁——全都使用辣椒。后三种菜与下文列出的 B1、B5 和 D3 相同。但按照湖南的风俗，餐桌上会备有一罐辣椒油（extra-hot oil），以防用餐者觉得菜里的调味品还不够辣。湖南亦精于风干食品，猪肉、鸡肉、鱼等都风干并蒸过。在美国，偶尔能找到腊肉，其他食品在中餐馆里则难觅踪影。因为湖南饮食总体上与四川饮食很相似，我就没必要专门用一整章来介绍了。

最著名的川菜（不包括像酸辣汤和回锅肉这种所有曼达林餐馆的顾客都熟悉的菜肴）之一是樟茶鸭。这道著名菜肴的配方值得一提。首先，先将鸭子腌泡至少 6 小时。（调味品的选择要看你自己的口味，但通常应包括酱油、料酒和八角。）其次，找一口大号的高锅，在锅底放一些樟木片（不是樟脑结晶！），红茶叶和干橘皮。如果你无法找到樟木，可代之以山核桃木片。在这些食材上面放一个金属架，并将鸭子置于架上。将锅盖盖紧，用大火加热。锅里的木片、茶和橘皮很快会开始燃烧并冒烟。如果你的锅有个能盖紧的盖子，那你的邻居很可能不会叫消防队。将鸭子熏大约 15 分钟，直至它变成深褐色。然后将鸭子蒸到半熟，大约要用半小时。最后一步是将鸭子放在大油锅里深炸 10 分钟，直至鸭皮变脆。将鸭子切成适合下嘴的块，上桌时凉热皆宜。你从菜谱就能判断，这不是一道日常菜肴，很少有餐馆在临时通知的情况下能供应此菜。

现在我将列出一些典型的川菜，许多菜并非川菜的专利，在曼达林或北方风格的餐馆中亦能找到。有些川菜甚至已经成了广东餐馆菜单中的常规菜品。

A. 凉菜

1. 辣白菜 Spicy Hot Cabbage（甜、酸且辣）
2. 椒麻鸡 Boiled Chicken with Spiced Sauce
3. 陈皮鸡 Chicken Spiced with Orange Skin

B. 炒菜

1. 酱爆鸡丁，也叫宫保鸡丁 Diced Chicken with Bean Paste（比 C2 的北方版本还辣）

2. 酱爆肉丁 Diced Pork with Bean Paste

3. 酱爆肉片 Pork Slices with Bean Paste

4. 辣子鸡丁 Diced Chicken with Hot Peppers

5. 辣子肉丁 Diced Pork with Hot Peppers

6. 青椒炒鸡丝 Chicken Shreds with Green Peppers（如果你不希望它太辣，可以用甜椒做的版本）

7. 耳环鱿鱼 Squid Earrings（鱿鱼切成的薄带，将其炒得卷曲，看起来就像耳环）

8. 干炒牛肉 Dry Stir-Fried Beef

9. 火爆猪肝 Stir-Fried Pork Liver

10. 泡菜肉末 Ground Meat with Pickled Cabbage

11. 蚂蚁上树 Ants Up a Tree（此菜并不像听起来那样糟糕：它是上面撒了肉馅的炒粉条）

12. 回锅肉 Twice-Cooked Meat（猪肉先煮过，切片，与豆瓣酱和辣椒一起炒）

13. 醋溜黄瓜 Cucumber in Vinegar Sauce

14. 麻婆豆腐 Bean Curd with Ground Pork, Hot Pepper, and Bean Paste

C. 干烧类

1. 干炸明虾 Dry-Cooked Prawns（with shells on）

2. 黄焖鸡块 Braised Chicken

3. 贵妃鸡 Chicken Imperial Concubine（别太兴奋，它只是鸡肉）

4. 子姜鸭块 Duck with Ginger Sprouts

5. 醋溜黄鱼 Kingfish in Vinegar Sauce（黄鱼在美国并不易得，但我曾在纽约的餐馆里吃到过此菜，他们从 Keemoy 进口了黄鱼）

6. 糖醋鱼 Sweet and Sour Fish

7. 酸辣海参 Sour and Hot Sea Cucumber

8. 干烧鱼翅 Dry-Cooked Shark's Fin

9. 脆皮鱼 Crispy Skin Fish

D. 蒸菜

1. 粉蒸鸡 Chicken Steamed with Rice Flour

2. 粉蒸肉 Meat Steamed with Rice Flour

3. 清蒸鱼 Steamed Fish

E. 特别菜肴

1. 樟茶鸭 Camphor-Tea Smoked Duck（在本章的简介中已经叙述过）

2. 香酥鸭 Fragrant Flaky Duck（上一种菜的简版，将鸭子腌泡、蒸，然后深炸直至鸭皮变得酥脆，有点像美国南方炸鸡的表层）

第 10 章　南方菜

在前面的各章中，我已经介绍了中国四大菜系中的三种。尚未提及的一种就是中国南方菜，也就是长江下游流域周边地区。尽管这个地区包括南京、上海、杭州以及许多其他以精致饮食为傲的城市，但在美国很少能找到专营南方菜的餐馆。我们这些来自中国这一地区的人习惯称自己为南方人。一次，我陪同丈夫在真正的南中国做方言调查，在广东省（广州就是该省的省会），我发现自己说，"你们广州人以这种方式做事，我们南方人却以其他方式做这些事。"我忘了他们才是真正的南方人，而我们上海、南京地区的人则来自曾经出版过英文报纸《北中国每日新闻》（《字林西报》）的地方。

广东菜很早就出现在美国；因为北京是中国的首都，北方菜更能满足一些人的虚荣心；四川菜以其强烈的风味给人一种即刻的冲击。南方菜没有这些优势，但也慢慢地在美国赢得了人们的认可。无论如何，欧洲的中餐美食家对南方菜熟悉已久。例如，在巴黎和伦敦就有些著名的南方菜馆。

幸运的是，在美国，一些著名的南方菜可以在北方、四川和广东餐馆找到。南方烹饪精于炒菜。事实上，许多列在北方菜那一章里的炒菜就是多加了一点盐、酱油或大蒜的南方菜。四川炒菜在南方菜中亦有相对应的菜肴，只不过是少放一些辣椒罢了。

在味道上，南方菜倾向于偏甜。例如，所有用酱油红烧的菜，都会加些糖。在极端情况下，像红烧猪后肘（圆蹄）放了大量的糖，以至于肉汤都几乎变成了糖浆，其味道与日式照烧酱别无二致。

中国南方烹饪在淡水鱼、虾类菜肴上罕有其匹，因为这一地区有丰富的河流湖泊。甚至一些说不出任何其他南方菜名的美国人也知道一道著名的（甚至是声名狼藉的）菜肴——醉虾，杭州这座城市也因此而广为人知。将虾在烈酒和调味品中浸泡过之后，剥去虾壳并食用仍在蠕动的虾肉，只用你的牙和舌头即可，不需要再用你的手帮忙了。

另一个南方特色菜是火锅。当然，在餐桌上烹调并非此地区所独有，甚至也不是中国所独有。我已经详细地介绍过北方涮羊肉。在南方的版本中，鱼、虾、贝类和鸡肉都经常与猪肉片一起加进火锅。南方人声称，他们的火锅并不油腻、不单调，所以更为优雅。有种版本是菊花火锅，在结尾时会在锅里加进菊花瓣。要是用我父亲多年前发明的"陈旧的"圆转盘（lazy Susan）的话，围桌而坐的每个人就都能够得着火锅。

我不会将南方菜的清单收入本书，因为在美国很难找到南方中餐馆，也因为一些南方菜在本书关于北方菜和四川菜的章节中已有涉及。但有一道菜我不能不提，我在美国的一个北方餐馆中吃过此菜，但它其实源自南方（比如南京）。这道菜被称为"叫化鸡"（乞丐的鸡），有这么一个名字是因为：有个乞丐偷了一只鸡，自颈部放掉鸡血，然后将鸡脖子折到鸡翅下面，将鸡用黏稠的泥巴包起来，置于燃烧的木头上焙烤，较长时间后用砖头或石头砸开泥壳——已经变得又干又烫的泥壳——破碎之后，鸡毛就会自动脱落。美式中餐的版本是先将鸡洗净，将其用锡纸包好，再裹在泥里放在烤炉中焙烤。烤好之后，侍者会将鸡和一把锤子交给你，由你用锤子施以第一次重击，然后侍者会将鸡拿到边桌上把鸡打开，加上必要的调味品，最后将不带泥巴或锡纸的鸡装盘上桌。但我最近发现，用三层锡纸并在焙烤之后加上调味品，一点泥巴也不用，也能烤出叫化鸡，而且效果更好，程序也更简单、干净。为帮助那些有兴趣尝试的人，以下列出更详细的指导：

A. 特别菜肴

1. 叫化鸡 Chiao-hua Chi（Beggar's Chicken）

首先，将一只重 1100 克或 1400 克的鸡清理干净。在鸡的表面擦 1 茶匙盐，将其用 3 层锡纸包好，锡纸需要折到鸡翅和鸡腿下面，更好地传导热能。在烤炉中以 230 摄氏度将鸡烤 2 小时（或 3 小时，若鸡的重量超过 1400 克的话）。烤好后，将鸡的胸骨取出以便加入调味品：1 小罐蘑菇、3 汤匙酱油（最好是生抽或浅色酱油）、2 茶匙糖、2 棵切好的葱（将这些调味品置于小锅中煮好，在上桌前灌入鸡肚里）。

第 11 章　怎样阅读中文菜单

　　既然我们已经浏览了广东、北方、四川、南方菜系的典型菜肴，了解一些中文菜单甚至最常用的汉字将是有用的——就像略知一些法文以便阅读美国菜单一样有用，即使美国中餐馆的菜单通常是双语的。[1] 以下是一些中文菜单上最常用的汉字。每个字的普通话和广东话发音又各有两种形式，第一种是人们最有可能在菜单中找到的，第二种则更接近（美式）英语。

　　需要明确的是，想要聪明地点餐，也不是非得要学会这些汉字，但对它们略知一二还是常常会有帮助，至少给侍者留下一个更为亲切的印象。

菜单常用汉字表

汉字	含义	普通话发音	近似的美语	粤语发音	近似的美语
一	one	i	yee	yat	yut
二	two	erh	err	yi	yee
三	three	san	san	saam	psalm
四	four	szu,sze	s+z	sei	say
五	five	wu	woo	ng	(lo)ng
六	six	liu	Leo	luk	look
七	seven	ch'i	chee(se)	ts'at	(i)t's ut (tter)
八	eight	pa	bah	pat	ba(r)t(ender)

[1] 没人能保证双语形式是严格对应翻译的。一次，在上海的基督教青年会（YMCA）的理发店里，我看到一张理发价目表，包括剪发、剃须、洗头等，英文的标价都比中文标价要高。——赵元任

中
国
食
谱

汉字	含义	普通话发音	近似的美语	粤语发音	近似的美语
九	nine	chiu	Joe	kau	gou(t)
十	ten	shih	shir	sap	sup,sub
元	$	yuan or	you an(d)	yün*	—
（块，文）	$	k'uai	qui(te)	man	mon(th)
毛	dime	mao	mou(th)	—	—
毫	dime	—	—	hou	ho(se)
水	water	shui	shoe-y	shöi*	shoe-y
火	fire	huo	wha(rf)	fo	fau(cet)
冰	ice	pīng	bing	ping	bing
油	oil	yu	yo	yau	yow(l)
盐	salt	yén	yen	yim	yeem(low tone)
酱	bean paste	chiang	jiahng	cheung	jey-ong
醋	vinegar	ts'u	(i)t's oo(ze)	ts'ou	(i)t's oa(ts)
卤	gravy	lu	loo(t)	lou	low
片	slice	p'ien	pian(o)	p'in	pean(ut)
丁	dice	ting	ding	ting	ding
块	lump	k'uai	quit(te)	faai	figh(t)

* 英语里没有 ö 或 ü，在用它们来表示普通话或粤语时应按德语发音。

——赵元任

汉字	含义	普通话发音	近似的美语	粤语发音	近似的美语
皮	skin	p'i	pea	p'ei	pay
心	heart	hsin	sheen	sam	some

汉字	含义	普通话发音	近似的美语	粤语发音	近似的美语
丝	shreds	szu	s+z	si	see
饼	cake	pǐng	bing	ping	beng
饺	wrapling	chiao	jow(l)	kau	gou(t)
包	dumpling; to wrap	pao	bou(t)	paau	bou(t)
饭	(boiled) rice; a meal	fan	fan	faan	fa(r)n
粥	congee	chou	jo(ke)	chuk	joke(said with a jerk)
面	noodles	mien	me an(d)	min	mien
煮	boil	chu	drew	chü	j+ü
蒸	steam	cheng	jun(k)	ching	jing
烧	cook	shao	shou(t)	shiu	she+you
炒	stir-fry	ch'ao	chow(der)	ch'au	chow(der)
炸	deep-fry	cha	ja(r)	cha	jow(l)
腌	to salt	yēn	yen	yim	yeem(high tone)
牛	ox,cow	niu	new	ngau	(si)ng ou(t)
羊	lamb,sheep	yang	young	yeung	yea-ong
鸡	chicken	chi	jee(p)	kai	guy
鸭	duck	ya	ya(rd)	aap	aap
鱼	fish	yü	—	yü	—
肉	meat	jou	roa(d)	yuk	yoke
虾	shrimp	hsia	sha(rk)	ha	hea(rt)

汉字	含义	普通话发音	近似的美语	粤语发音	近似的美语
菜	vegetable; a dish	ts'ai	(i)t's i(ce)	ts'oi	(i)t's oi(l)
素	vegetarian	su	soo(the)	sou	so
大	large	ta	da(rt)	tai	dye
小	small	hsiao	shou(t)	siu	sui(t)
红	red	hung	hoong	hung	hoong
白	white; plain	pai	by	paak	ba(r)k
甜	sweet	t'ien	tea an(d)	tim	team
酸	sour	suan	so an(d)	sün	—
苦	bitter	k'u	coo(l)	fu	foo(l)
咸	salty	hsién*	she an(d)	haam	ha(r)m
辣	hot (taste)	la	la(rd)	laat	la(r)d
生	raw	sheng	sh(r)un(k)	saang	—
香	scented	hsiang	she-ah-ng	heung	hay-ong
清	clear	ch'ing	chin(k)	ts'ing	chin(k)

* 用高升调，这与下面的 No. 62 不同，后者是高平调。——赵元任

汉字	含义	普通话发音	近似的美语	粤语发音	近似的美语
鲜	savory	hsiēn	she-an(d)	sin	seen
锅	pot	kuo	gour(d)	wo	wa(r)
镬	cauldron	kuo	gour(d)	wok	walk
盘	plate	p'an	pan	p'un	poon
碗	bowl	wan	w+an	wun	(s)woon
碟	saucer	tieh	dea(r)	tip	dip

写给美食家的后记

既然能阅读一些中文并用中文点餐了，你就为在美国吃中餐做好了准备。

中文版编后记

去年夏天，接到九州出版社李黎明编辑的电话，说他们出版社想翻译出版杨步伟女士写的 *How To Cook and Eat in Chinese*（《中国食谱》）一书，我们当然没有太多的理由反对他们这样做，于是就同意了。这本食谱本来是杨步伟用中文写的，然后由赵如兰、赵来思翻译成英文，由赵元任校阅英文后出版的；而现在又由英文翻译成中文出版，有时想想这件事觉得也挺有趣的。由于赵元任特别强调文章要口语化，喜爱玩文字游戏，所以我们有些担心译者不了解当时的背景，可能会翻译得比较生硬。但出版社认为找一个水平较高的译者，不会有什么问题。既然出版社都认为没问题，我们也相信不会有什么问题吧。现在这本书终于要出版了，真是一件高兴的事情。

杨步伟生性好动，早在 1920 年代，她就在清华园里创办过"小桥食社"，为清华的师生提供餐饮，她从五芳斋的厨师那里学了不少做菜的方法，再加上她自己的异想天开，自创了不少做菜的方法。"二战"期间，美国大陆的食品供应比较紧张。杨步伟看到美国人把很多很好的食材都扔掉了，觉得太浪费，很可惜，于是在一些朋友的鼓动下，写了一本怎样利用各种食材和配料做中国菜的书，书名叫 *How To Cook and Eat in Chinese*（《中国食谱》）。

杨步伟

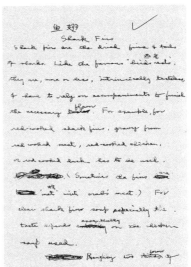

"鱼翅"一节的中英文手稿

美国人做事很较真，教美国人做菜，不能说放"一勺盐"，凡事都要讲究量化，美国人才听得懂，学得会。为了写这本书，杨步伟买了一套量具，把书里所有的菜做了不止一遍，把各种食材和配料的用量、制作过程记录下来，书里还对各道菜的吃法和文化背景进行了介绍，才最终写成了这本书。"二战"期间在美国波士顿地区到赵家当"小白鼠"，尝过、吃过赵太太做的中国菜的中国留学生恐怕有上百人之多；家人就更不用说了，食谱中的每道菜不知吃过多少遍，而且还得对菜的味道做出评论。

由于杨步伟的英文水平不够好，她就用中文写这本书，然后请亲朋戚友翻译成英文，而赵元任坚持要经过他的修改和过目后才能发表。

可经过他的修改后，这本书的英文就带上了学究式的赵氏风格，以"炒鸡蛋"这道简简单单的菜为例，一把锅铲写成了"一个带把子的薄金属平板"，使人看上去忍俊不禁。书中写道：

炒鸡蛋（Stirred Eggs）

炒鸡蛋这份儿菜可以说是用最普通的材料、用最普通的做菜方法、每天都吃的最普通的菜。学做炒鸡蛋可以说是做菜技术的 ABC。由于这是我丈夫唯一能做好的菜，而他还说要么就不做，要么他就做的好，那我就让他说说炒鸡蛋是怎么做的。（以下为赵元任说）

取：

6 个平均大小的新鲜鸡子儿（因为这是我炒鸡子儿时一次炒的最多的数目）

3 克食盐（或者以 4 克调味用盐代替）

50 毫升新鲜油（大约相当于 4 平调羹的油）

1 根大约 30cm 长的中国葱（如果没有中国葱可以用大葱代替），直径约 7mm（这个配料是任选的）

打碎有壳或没脱壳的鸡子儿的方法就是用一个敲打另一个，随便什么顺序都行（注：由于将两个鸡子儿碰撞时，只会有一个碎，因此需要取第 7 个蛋用来打碎第 6 个蛋。如果第 7 个先碎而不是第 6 个，也是常有的事情。一个办法就是用第 7 个蛋，把第 6 个蛋放回去；另一种做法就是，把数数字的过程推后，等第 5 个鸡子儿被打碎之后，再碎的那个鸡子儿就叫做第 6 个），但一定不要忘记搁一个碗在下面接蛋壳里掉出来的东西。用一双筷子又快又使劲地搅这碗里的东西，这就是所谓的"打鸡子儿"动作，这一动作当然不只是就做一次，而是要反复多次。也可以用专门为这一个目的发明的自动机器，一个恰当的叫法就是所谓的"打鸡子儿机"。

切葱段儿，大约 7.5mm 长，一共切约 40 段，当打鸡子儿最终完成前，将切好的葱和量好的盐丢进去。

把油放在一个平底锅里，用比较强的火加热，直到它（指的是油）开始冒出微弱的烟来，马上把碗里混合的液体倒进锅里。下一步操作是要得

363

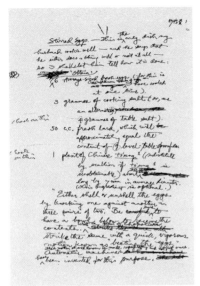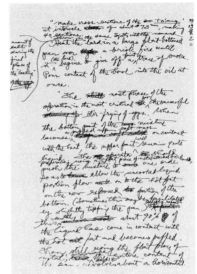

赵元任写炒鸡蛋的手稿

到最成功的炒鸡子儿的关键一步，当混合液体碰到热锅时变得膨胀而松软成一团的时候，面上还是很稀的液体状态，操作者最好用一个带把子的薄金属平板，把混合料推到一边儿，使还不熟的部分流到热油露出的平面的地方（有时候可以悄悄地把锅斜撬一点，这样更简单），马上重复这一操作直到90%的液体都跟热油接触而变膨胀。然后，还用那平面金属平板把锅里的整块东西按照横轴方向转动180度。这一微妙的操作叫做"翻面"，对一个初学者说可能失败。用不同批的鸡子儿反复练习，就可能操作得很好，不浪费。当翻面的操作成功了，等5秒钟，就是大约数从1到12的时间，把东西倒到菜碗或菜盘里，这道菜算是做完了。

　　检查这道菜是不是做得好，观察吃这菜的人。如果他发出双唇音鼻音，带有慢慢降音的声调，意思就是菜好，如果他反复地发出yum的音节，就是说这道非常好。——Y.R.C.注。（以下为杨步伟说）

打鸡蛋的漫画

杨步伟关于马肉食谱的便条

炒鸡蛋实际上很容易做。做比讲怎么做容易得多。当不速之客来时，上这道菜非常方便。记住，只有用猪油或其它动物油做这道菜才合适。所以要趁热吃，不吃剩的。

最近在整理杨步伟的文稿时，看到一幅有关打鸡蛋的漫画，十分有趣。只是时过境迁，资料有限，无法确认这幅漫画的真正作者了。通过稿纸上的 Logo 猜测是林语堂先生画的，估计是林先生用漫画中的林氏幽默来附和"炒鸡蛋"中的赵氏繁琐和幽默。

在杨步伟的文稿中还看到有一张便条，是她当年随手写的餐谱，提到红烧马肉和马肉松，不由得想到胡适吃马肉的故事。

杨步伟在她写的《杂记赵家》一书中曾提到，1944 年胡适到哈佛大学讲学半年，就住在离赵元任家不到半条街的地方，因此几乎每天都要到赵家至少吃一餐饭。胡适有个嗜好，喜欢吃大块的肉，可限量供应的牛肉根本不够他吃。在"二战"期间，美国国内的物资供应比较紧张，牛肉限量供应，满足不了人们的需求，就从加拿大进口了大量的马肉。杨步伟只好买马肉，每天做红烧马肉给胡适吃，还把多买的马肉做成肉松，让胡适带回去下酒，只是没告诉胡适这些菜都是马肉做的，胡适吃后直呼好吃。有一天赵元任夫妇请胡适到哈佛大学教职员俱乐部餐厅去吃"马扒"，胡适吃后说，别的都好，只是马肉有点酸。杨步伟这时才告诉他，这几个星期他吃的红烧肉都是马肉做的。胡适摇摇头，才回过味来，连说中国的烹调真好，杨步伟的烹饪更好。

杨步伟的这本食谱由胡适和赛珍珠分别作序，在美国出版后很受欢迎，再版了十几次，杨步伟还多次应邀在电台介绍她写的食谱。

由于杨步伟是学医的，所以在食谱中比较注重营养搭配，并不讲究奢华。她说："因此书都是写中国食物和各处风俗等的原理、方法，并不是在乎做菜配菜等，因为中国的配菜无限止的。"她还就这本书的特点写道（下图）：

以上特点

1. 不论那一国都可用，不须把它是中国菜式才能叫做中国饭。用为烤鸭焦鱼那国俭为，素菜也可随地取用。

2. 只是她得普通但荤素素菜皆然等合手紫养你量，照吃不会缺少唤养料。

3. 多为减碳只，后手紫养世量的合用而又觉得吃饱了，其这些多是我只去时想到合手我做医生人的菜用，可以那些什么特别的菜勿无分等之间席各那的菜么提一提而没为

特别好对人经养而特别未发了做。

4. 西方一层一般人以为中国菜须究多少时间来做才算是美术手艺，我则不然，我喜欢用最简单的方法来做出菜来一样的好吃好子看以着重要吗，例如隔水蒸菜面（全蒸）或用小火来炖，可以放在火上不论他多少时间去看他一下做出来一样的好吃好看所以我做菜总以有时间而做无暇老做出来味色一样的

由于有些美国人看了食谱还是不会做中国菜，想到中国餐馆吃中国菜却不知道如何点餐，即使是在国内的餐馆就餐，如何叫菜也是一门学问，很有讲究。于是杨步伟又写了这本食谱的姊妹篇 *How To Order and Eat in Chinese*（《怎样点中餐》），专门教人在中国餐馆如何叫菜，这次随同《中国食谱》一起翻译出版。

《怎样点中餐》1974 年美国版封面

谢谢九州出版社及李黎明张罗出版了杨步伟的食谱，同时也谢谢柳建树与秦甦先生翻译了这本食谱。由于杨步伟这本食谱中文版的发行，国人可以有机会了解到 70 年前中国人在美国是如何利用美国人不怎么喜欢的食材做出了美味的中国家常菜。

赵新那

黄家林

2015.11.16 于长沙